KB233324

일본군사사

日本軍事史

(下)

－戰後篇－

후지와라 아키라(藤原彰) 저

서 영 식 역

제이앤씨
Publishing Company

  메이지유신 이래 120년의 근대일본 역사는 군사국가를 지향한 전반 80년과 평화국가를 국시로 한 후반 40년으로 구분된다. 전반 80년 동안은 오로지 군국주의 강국으로의 길을 걸었다. 메이지유신 이후 국가건설의 중심 슬로건은 '부국강병'이었으며, 천황에게 충성을 다하는 강력한 군대를 만들기 위해 정치, 경제, 교육, 사상 및 문화까지도 동원되었다. 그 결과 세계적으로도 유례가 없는 군국주의 국가를 만들게 된다.

  군국주의 일본은 끊임없는 전쟁과 대외출병을 반복했다. 1874년의 대만출병, 1875년의 강화도사건, 1882년의 임오군란과 84년의 갑신정변, 1894~95년의 청일전쟁, 1900년의 의화단사건, 1904~05년의 러일전쟁, 1907~10년의 조선병합을 위한 식민지전쟁, 1914~18년의 제1차 세계대전, 1918~25년의 시베리아출병, 1928년과 29년의 산동출병, 그리고 1931년의 만주사변을 시작으로 중일전쟁과 태평양전쟁을 거쳐 1945년 패전에 이르는 15년 전쟁이 그것이다.

  끊임없는 전쟁의 반복으로 영토는 확대되고, 경제도 급속하게 성장하여 근대국가로 발전했다. 하지만 그것은 군사대국으로의 길이었다. 청일전쟁 이후 제2차 세계대전이 끝나는 날까지 임시군사비라는 명목의 군사비가 지출되지 않은 해가 없었다. 군수품에 의존한 경제는 전쟁을 치를 때마다 성장하는 군사경제였다. 모든 국민은 교육에 의해 천황의 충성스런 신민이 될 것을 강요받아, 남자는 병사가 되어 죽을 것을, 여자는 군국의 어머니 또는 아내로서 자식과 남편을 전장에 보낼 것을 요구받고, 그 죽음에 눈물을 보이는 것조차 허용되지 않았다.

  일본국민에게 가혹한 희생을 강요한 군국주의는, 인접 아시아 국가의 국민에게 있어서는 유례없는 해악을 초래하는 것이었다. 한국, 중국, 동남아시아 국가들 모두가 군화에 짓밟혔다. 인명의 희생과 가옥이나 재화의 피해뿐만 아니라, 문화와 언어까지 빼앗아 깊은 민족적 원한을 남긴 것이다.

일본국민에게 있어서 이 군국주의와 전쟁의 역사는 결코 자랑할 것이 못 된다. 그러나 군국주의와 전쟁에 의한 희생과 피해가 컸던 만큼, 더욱 그 실태와 원인을 명확히 규명할 필요가 있다. 군사사는 전쟁의 재발을 막기 위해서라도 반드시 규명되어야 한다.

일본역사에 있어서 1945년은 메이지유신 이상의 큰 변환기였다고 할 수 있다. 일본이 전쟁의 처절한 체험을 바탕으로 비로소 군국주의와 결별하고 평화국가로서 살아갈 것을 선언했기 때문이다. 하지만 평화국가를 지향하는 헌법이 있음에도 불구하고 겨우 5년 만에 다시 재군비가 시작되어, 이후 35년 동안 군사력 증강이 착실하게 진행되었다. 패전 후 미국의 단독점령하에 놓여, 강화 후에도 냉전 대립세계의 한쪽과 군사동맹을 맺음으로써 좋든 싫든 군사화의 길을 걸어오고 있는 것이다.

그래도 어쨌든 전후 40년 동안은 전전에 비해서 상대적으로 군사비의 비중이 작고 전쟁이 없는 시대였다. 그것이 일본경제의 고도성장에 있어서 하나의 큰 요인이었다. 그러나 경제대국에 걸맞는 군비를 가져야 한다는 내외로부터의 압력이 가중되는 한편, 인류의 파멸을 초래할 수 있는 핵전략체제에 깊숙이 편승되어 가고 있는 것도 분명한 사실이다. 전전에 있어서의 군사사의 교훈이 과연 전후의 일본에 작용하고 있는 것일까.

이 책은 본인이 25년 전에 『일본현대사대계』 중의 하나로 동양경제신보사에서 간행한 『군사사』를 개정 증보한 것이다. 구서는 절판된 지 오래되어, 그대로 재간하는 것도 의미가 있을 것이라고 생각했다. 그러나 내용에 결함이 있기도 하고 자료가 너무 오래된 것도 많아서 필요한 부분을 개정했다. 특히 하권의 전후 부분은 전면적으로 새로 집필했다.

　전쟁에 참가한 사람으로서의 반성을 곁들여, 필자가 정치사의 한 측면인 군사사를 연구하기 시작한 지 벌써 40년이 흘렀다. 그러나 군사사 연구를 통해 군국주의를 비판하고 전쟁을 근절시키는 데 기여하겠다는 나의 바람은 애석하게도 아직 전혀 실현되지 않고 있다. 오히려 최근 10년 일본의 상황은 군사대국의 경향이 짙어짐에 따라 군사화·우경화가 진행되어 과거의 역사를 고쳐 쓰기에까지 이르고 있다. 교과서 문제에 나타나 있는 것처럼 침략전쟁을 미화한다든가 전쟁과 관련된 꺼림칙한 사실을 은폐한다든가 하는 움직임도 활발하다.

　이러한 상황이 진행되는 것을 보면서 군사사 연구가 결코 무의미한 것은 아니라는 생각이 든다. 나는 최근 수년간 일본군의 남경대학살과 오키나와전투에서의 주민학살 관련 연구회에 관여해 왔다. 내일부터는 싱가포르와 말레이시아의 화교 살해현장 견학을 가려고 한다. 이 책이 군국주의 일본의 재현을 방지하고 평화를 추구하는 데 조금이나마 도움이 되었으면 하는 바람이다.

1987년 3월 25일

후지와라 아키라(藤原彰)

이 책은 후지와라 아키라(藤原彰) 교수의 『日本軍事史』(社會批評社, 2006년판)를 번역한 것이다. 내용 면에서 보면, 상권은 메이지유신에서 1945년 8월 패전에 이르기까지 제국주의적 대외침략의 역사를, 하권은 이후 1980년대 후반에 이르기까지 미일군사동맹을 축으로 하여 일본이 군사대국화해 가는 과정을 다루고 있다. 우리의 입장에서 보면, 상권은 그 전쟁의 직접적인 피해자가 우리라는 것을, 하권은 미쓰야 연구(三矢研究)에 단적으로 나타나 있듯이 일본의 군사대국화가 한반도에 미치는 영향이 우리의 일반적 상식 이상이라는 것을 새삼 일깨워 준다는 점에서, 이 책은 타산지석 이상의 의미를 갖는다고 해야 할 것이다.

1941년 일본 육사 55기로 임관하여 중국과 일본본토에서 각각 중대장과 대대장을 역임한 저자는, 패전 후 도쿄제국대학에서 역사학을 전공하고 54년부터 90년대 중반까지 히토쓰바시대학(一橋大學) 등에서 교수로 재직했다. 그의 연구활동은 일본의 침략전쟁에 대한 직업군인으로서의 반성적 입장에서 전개되어, 남경사건에서는 20만 명에 이르는 대규모 학살이 있었고 중일전쟁에서는 일본군이 독가스를 사용했다는 주장을 펼치기도 했다. 또한 전체적으로 같은 맥락에서 집필된 도야마 시게키(遠山茂樹)·이마이 세이치(今井清一)와의 공저 『쇼와사(昭和史)』(岩波書店, 1955)는 베스트셀러가 되기도 했다.

하지만 한국전쟁과 관련해서는, "미 공군 전투기부대는 기타큐슈(北九州)에 집결해 있었다. 그리고 북한이 침략했다는 이유로 한국군이 38도선을 넘어 진격했다."(『쇼와사』)라고 하여, 한국전쟁의 발단이 미군의 지원을 받은 한국군의 선제공격에 의한 것이었다는 주장을 전개했다. 이에 대해서는 당시 일본에서도 '진리를 무시한 이데올로기적 편향'이라는 등의 비판이 있었으나, 72년 후르시초프의 회고록에 의해 '북한군에 의한 남침'이라는 사실이 밝혀진 후에도 자신의 주장을 철회하지 않았다.

　다만 이 책『일본군사사』에서는 "1950년 6월 25일 새벽 38도선에서 남북 간의 전투가 시작되었다. 북측의 조선인민군도 남측의 한국군도 전쟁준비를 서두르고 있었으므로 전투는 곧바로 전면전으로 확대되었다. 그리고 전투의 경과는 압도적으로 북측이 우세하여 한국군은 모든 전선에서 붕괴되어 북한군이 파죽지세로 남하를 개시했다."(하권 2장 2절)라고 하여, 선제공격에 대해서는 언급하고 있지 않지만, 이후 전개되는 전투경과에 있어서는 비교적 객관적 입장을 취하고 있는 것으로 판단된다.

　1994년 국방대학교 엄수현 교수에 의해 번역된 적이 있는 이 책은, 절판 상태임에도 불구히고 2009년도 국회노서관 최다대출 도서목록 5위(오마이뉴스, '10. 2. 20.)를 차지할 정도로 꾸준히 독자층을 확보하고 있다. 이번에 새롭게 번역함에 있어서는 한자에 익숙하지 않은 젊은 세대 독자를 위해 한글 표기를 원칙으로 하고, 인명·지명·문장의 흐름 등에 보다 세심한 주의를 기울였다. 참고로, 하권 후반부로 갈수록 시제가 과거형에서 현재형으로 바뀌게 되는데, 그것은 이 책의 집필 시점과 동시대의 내용이기 때문임을 밝혀둔다.

　저자 후지와라 아키라 교수는 "군국주의 일본의 재현을 방지하고 평화를 추구하는 데 조금이나마 도움이 되었으면 하는 바람"(서문)에서 이 책을 집필하게 되었다고 한다. 역자 또한 근대일본의 전쟁과 그 과정에 있어서의 한일관계를 이해하고, 나아가 궁극적으로는 양국이 평화적 관계를 지향하는 데 조금이나마 기여할 수 있었으면 하는 바람에서 이 책을 번역하게 되었다.

　아울러 이 책의 한국어판 번역을 흔쾌히 허락해주신 일본의 사회비평사 고니시 마코토(小西誠) 대표님, 출판을 위해 아낌없이 지원해주신 제이앤씨출판사 윤석현 대표님, 그리고 43년의 군 생활을 마감하고 지난 7월에 정년퇴임하신 은사 박재권 교수님께 감사드린다.

2013년 8월

화랑대에서 역자

| 목 차 |

저자 서문 / 3
역자 서문 / 6

제1장 패전과 군의 해체 ——— 19

1. 패전 시의 육해군 ——— 21
팽창된 육해군 / 21　　　　　군대의 질적 저하 / 22
장비의 부족 / 23　　　　　　군기의 붕괴 / 25

2. 항복과 복원 ——— 27
본토의 복원 / 27　　　　　　외지부대의 항복 / 28
관동군의 패전 / 31

3. 점령군의 비군사화정책 ——— 33
미국의 일본점령 / 33　　　　비군사화의 진행 / 34
오키나와 점령과 군정 / 36　　불씨 보존의 노력 / 37
잔존된 군 기능 / 39

제2장 재군비의 시작 ——— 41

1. 점령정책의 전환과 일본재군비 구상 ——— 43
냉전과 로열 연설 / 43　　　　미국의 일본 재군비론 / 44
중국혁명과 한반도 / 45

2. 한국전쟁과 경찰예비대의 창설 ——— 47
한국전쟁의 발발 / 47　　　　맥아더 서한 / 49
경찰예비대의 발족 / 50

3. 점령하 재군비의 성격 ——— 53
미군에의 종속성 / 53　　　　민중억압을 위한 무력 / 55

4. 경찰예비대의 성장과 해상경비대의 창설 ——— 57
구군인의 채용 / 57　　　　　해상보안청의 강화 / 58
해상경비대의 창설 / 60

제3장 강화·안보조약과 보안대·경비대 ───── 63

1. 강화·안보조약의 체결 ───── 65
강화조약과 군사조항 / 65   미일안전보장조약 / 67
행정협정과 미군기지 / 68

2. 보안청의 신설 ───── 71
미일의 재군비 구상 / 71   보안청의 발족 / 73
재군비와 헌법 / 74

3. 보안대와 경비대 ───── 76
보안대로의 개편 / 76   경비대와 미일 선박대차협정 / 78
보안대학교와 보안연수소 / 79   한국 휴전 / 80
일본의 재군비 구상 / 81   이케다·로버트슨 회담 / 83

제4장 자위대의 발족 ───── 85

1. 본격적인 재군비 ───── 87
정계의 동요와 재군비론 / 87   보수당의 방위절충 / 88
방위2법의 성립 / 89   재군비의 구체안 / 90

2. 항공의 독립 ───── 93
구군인의 독립공군계획 / 93   보안대의 항공학교 / 94
항공자위대 창설준비 / 95

3. 방위청·3자위대의 창설 ───── 97
방위청과 통합막료회의 / 97   미군의 홋카이도 철수와 육상자위대 / 99
해상자위대와 항공자위대 / 100   자위대 발족과 헌법문제 / 102
평화운동의 발전 / 103

4. 국방방침과 방위계획 ───── 107
자위대 발족 후의 증강 / 107   국방회의와 국방의 기본방침 / 108
제1차 방위력정비계획 / 110

제5장 안보개정과 자위대의 변모 ───── 113

1. 미 극동전략의 변화와 자위대 ───── 115
뉴룩전략 / 115   미사일 갭 / 116
1차방과 자위대의 근대화 / 117   차기주력전투기 기종 문제 / 119

2. 안보개정과 반대투쟁 ───── 121
안보조약의 개정 / 121   반대운동의 고양 / 122
자위대 출동문제 / 123   저자세로 전환 / 124

3. 방위2법 개정과 2차방 ──────────────── 126
방위2법의 유산과 성립 / 126   자위대의 변모 / 127
제2차 방위력정비계획 / 128   치안대책의 중시 / 130
케네디 전략과의 관련성 / 131

4. 대소전략과 핵전쟁 ──────────────── 134
미 극동전략과 자위대의 역할 / 134   종속군인가 독립군인가 / 136
3무사건 / 138

제6장 한일조약과 미일군사체제의 신단계 ──────────── 141

1. 미쓰야 연구 ──────────────────── 143
고도성장과 안보효용론 / 143   긴박해진 아시아 / 144
미쓰야 연구의 폭로 / 146   한반도의 군사정세 / 147

2. 한일조약의 체결 ──────────────── 149
한일회담 / 149   한일조약의 군사적 목적 / 150
자위대의 한국에서의 역할 / 151

3. 베트남전쟁의 격화와 3차방 ────────── 154
전쟁의 격화 / 154   베트남 반전운동 / 155
제3차 방위력정비계획 / 156   3차방의 목적 / 157
미 전략에의 밀착 / 158

제7장 고도성장과 4차방 ────────────────── 161

1. 오키나와 반환과 70년 안보문제 ──────── 163
고도성장과 사토 내각 / 163   닉슨의 등장과 괌 독트린 / 164
오키나와 반환운동 / 165   사토·닉슨 공동성명과 미일군사체제 / 166
안보 자동연장 / 167   오키나와 반환의 실현 / 168

2. 제4차 방위력정비계획 ──────────── 171
달러쇼크와 중일수교 / 171   난감한 방위청 / 173
방위백서와 4차방의 난항 / 174   4차방의 내용 / 175
오키나와 배치와 반대운동 / 176

3. 수렁에 빠진 베트남전쟁과 자위대의 역할 ──── 178
베트남 화평협정 / 178   오일쇼크와 보수의 위기 / 179
4차방의 정체 / 181

제8장 미일안보체제의 신단계 ─────── 185

1. 미키·포드 회담 ─────── 187
사이공 함락 / 187 　　　　세계적 불황과 일본 / 188
미일방위협력의 강화 / 189 　　　방위협력소위원회 설치 / 190

2. 방위계획의 대강 ─────── 192
포스트 4차방 문제 / 192 　　　「방위계획의 대강」 결정 / 193
방위비의 범위 결정 / 194 　　　F15와 P3C / 196

3. 가이드라인과 유사입법 ─────── 198
안정하의 우경화 / 198 　　　구리스 발언과 유사입법 / 199
「미일방위협력을 위한 지침」 결정 / 201
지침의 내용 / 202 　　　지침의 문제점 / 204
공동작전의 구체화 / 207

제9장 군비증강으로의 길 ─────── 209

1. 미일공동작전체제의 긴밀화 ─────── 211
소련의 위협 강조 / 211 　　　군비확충 캠페인 / 213
「중기업무견적」의 책정 / 214 　　　중업의 문제성 / 215
림팩 참가 / 216

2. 56중업과 군비확장 ─────── 218
카터·오히라 회담 / 218 　　　「중업」 조기실현 요구의 의미 / 219
스즈키 내각과 군비확충 / 220 　　　레이건·스즈키 회담 / 222
「중업」과 「대강」의 재검토 / 223 　　　56중업의 책정 / 224

3. 핵전략체제의 강화 ─────── 227
레이건의 핵전략과 일본 / 227 　　　라이샤워 발언 / 228
비핵 3원칙의 동요 / 230 　　　스즈키 정권의 동요 / 232

제10장 경제대국에서 군사대국으로 ─────── 235

1. 일본열도의 불침 항공모함화 ─────── 237
나카소네 정권의 등장 / 237 　　　수상의 방한과 방미 / 238
불침 항공모함 발언 / 239 　　　전후의 총결산 / 241

2. 59중업과 신방위계획 ─────── 243
59중업의 책정 / 243 　　　정부계획으로 격상 / 244
신방위계획의 내용 / 245 　　　신계획의 문제점 / 247
방위비 1% 범위의 돌파 / 248 　　　안전보장회의와 안전보장실 / 250
SDI 참가 / 251

3. 자위대는 무엇을 지키는가 ──────────────── 254
　끝없는 군비확장 / 254　　　　　미일공동작전의 진전 / 256
　자위대는 무엇을 지키는가 / 258　　전쟁에 휘말릴 위험 / 260

| 참고문헌 ────────────────────── 263

제1부 전전 간행 도서 ──────────────── 265

제2부 전전을 대상으로 전후에 간행된 도서 ──────── 301

제3부 전후를 대상으로 전후에 간행된 도서 ──────── 305

| 찾아보기 ────────────────────── 325

| 일본군사사 (上) 戰前篇 목차 |

제1장 무사단의 해체와 근대군제의 도입

1. 봉건군비의 무력화
   - 오시오의 난
   - 무사단의 퇴폐
   - 유명무실한 군역제

2. 군제개혁
   - 근대무기의 도입
   - 막부의 3병
   - 각 부대의 성격
   - 군사조직의 근대화
   - 조슈번과 사쓰마번

3. 유신내란의 군사적 의의
   - 왕정복고 쿠데타
   - 삿초군과 막부군
   - 무진전쟁
   - 도바·후시미 전투
   - 내전의 심화
   - 중앙의 군제정비

제2장 징병제 채용과 중앙병력의 정비

1. 무사단의 해체와 중앙병력의 창출
   - 유신정권의 군제
   - 번병의 동향
   - 진대의 설치
   - 동북 개선군의 처리
   - 어친병의 설치
   - 병제의 정비

2. 징병제 채용과 그 모순
   - 징병령 제정
   - 군의 규율과 훈련
   - 면역제의 성격

3. 서남전쟁과 근대군대의 확립
   - 유신 후의 사쓰마번
   - 내란의 발발
   - 전쟁의 결과와 의의
   - 사이고와 사학교당
   - 양군의 질과 전략

제3장 천황제 군대의 성립

1. 대내적 군비에서 대외적 군비로
   - 대만과 류큐
   - 청국을 대비한 군비확장
   - 국민개병의 기초
   - 국민적 군대의 내실
   - 프러시아식 병제로의 전환
   - 조선을 둘러싼 청일대립
   - 국권과 민권의 대립
   - 징병제의 모순
   - 프랑스와 프러시아의 군제

2. 징병령의 개정
   - 개정의 필연성
   - 국민으로의 확대

국민개병의 실태　　　　　　　병역기피
3. 1886~89년의 병제개혁
병제개혁의 배경　　　　　　　헌병과 군기
군대내무의 강화　　　　　　　군의 규격화
간부양성과 획일화　　　　　　개혁에 대한 비판
프랑스파의 패배

제4장　청일전쟁

1. 해군력 정비와 전쟁준비
해군의 창설　　　　　　　　　해군력의 정비
해군력의 급성장
2. 전쟁의 경과와 결산
전쟁의 도발　　　　　　　　　양군의 병력과 작전계획
전투 경과와 승패의 원인　　　전쟁의 결산
3. 군사기술의 발전
무기생산의 진보　　　　　　　조선업의 발달
전술변화와 교범개정

제5장　러일전쟁

1. 전쟁준비
와신상담　　　　　　　　　　　육군의 확장
해군의 확장　　　　　　　　　의화단사건
2. 전쟁의 경과
개전시기 선정　　　　　　　　군의 작전계획
전황의 추이
3. 전쟁 승패의 원인
병기와 장비　　　　　　　　　군대의 질과 사기
일본군 승리의 원인　　　　　　일본군의 고전과 그 모순
조선병합전쟁

제6장　제국주의 군대로의 변화

1. 러일전쟁 후의 교범 개정과 그 의의
일본군의 독자성　　　　　　　정신주의의 강조
공격정신과 생명경시　　　　　가족주의의 도입
병사의 자발성 결여
2. 제국주의 하의 군대와 그 모순
군기문란　　　　　　　　　　　복종의 강요
양민과 양병　　　　　　　　　농본주의의 출현

3. 군부와 정치
    군부의 지위강화   국방방침의 제정
    국민교육에의 개입   재향군인회의 창립
    중국에 대한 간섭

4. 육해군 군비의 확장
    미일대립과 건함경쟁   해군의 대확장
    육군 2개 사단 증설문제

5. 대전 참가와 시베리아 출병
    참전과 청도공략   남양제도의 점령
    시베리아 출병   출병의 결산
    국방방침의 개정

제7장 총력전 단계와 그 모순들

1. 제1차 대전의 영향
    전쟁성격 변화   총력전 사상
    반군국주의의 개화

2. 군축과 그 의의
    워싱턴회의와 해군의 군축
    일본육군의 낙후   개혁의 필연성
    합리화를 위한 군축

3. 총력전체제의 정비와 그 모순
    우가키 군축의 목적   대중군 창출의 어려움
    장비 근대화의 낙후

4. 군대의 성격과 구조의 변화
    속전속결주의의 강화   청년장교의 급진운동
    국민통합에 대한 군의 관여

제8장 만주사변

1. 중국침략에 대한 충동
    중국혁명과 산동출병   만몽확보의 요구
    중국혁명에 대한 위기감   런던조약 문제

2. 군부 내의 혁신운동
    대외 위기감과 청년장교운동   육군장교의 출신계층
    특권적 신분의 재생산   혁신운동의 성격

3. 만주사변
    관동군의 만주점령계획   사변의 확대
    북만주 점령   만주점령의 결과
    상해사변   열하작전과 관내작전

4. 군비확장과 군대의 모순
　　만주주둔 병력의 정비　　　　　해군의 건함계획
　　군내의 사상문제

제9장　중일전쟁

1. 파시즘체제의 확립과 군부의 역할
　　군부의 정치화와 파벌대립　　　청년장교의 급진화
　　2·26사건의 동기와 목적　　　　2·26사건의 결과
　　국방방침의 개정
2. 중일전쟁의 개시
　　화북 분리공작　　　　　　　　전쟁확대의 원인
　　노구교사건의 발발　　　　　　고노에 내각의 강경태도
　　화북 총공격　　　　　　　　　전면전으로의 확대
　　남경점령과 대학살　　　　　　화평공작의 실패
　　전선 불확대방침과 그 파탄　　장고봉사건과 무한작전
　　노몬한사건　　　　　　　　　　대전의 발발
3. 군대의 확대와 변질
　　전쟁의 규모　　　　　　　　　군대의 확대와 그 모순
　　군기문란과 사기저하

제10장　태평양전쟁

1. 미영과의 개전
　　독일의 승리와 시국처리요강　　독소전과 관동군특종연습
　　미영에 대한 전쟁준비의 진전　　전쟁의 전망
2. 초기의 전황과 문제점
　　초기작전의 성공　　　　　　　승리에 내재된 패인
3. 전황의 전환
　　산호해 해전　　　　　　　　　미드웨이 해전
　　과달카날 전투　　　　　　　　패배의 원인
　　절대국방권의 설정
4. 전선의 붕괴
　　마리아나 공방전　　　　　　　전쟁경제의 붕괴
　　임팔작전　　　　　　　　　　　중국전선의 양상
　　레이테·이오지마·오키나와 전투　본토공습
　　본토결전과 1억 옥쇄
5. 패전의 군사적 원인
　　전쟁지도의 분열　　　　　　　비합리적 정신주의
　　군사기술의 낙후　　　　　　　천황군대의 본질

일본군사사

日本軍事史

(下)

- 戰後篇 -

제1장

패전과 군의 해체

1. 패전 시의 육해군

2. 항복과 복원

3. 점령군의 비군사화정책

1. 패전 시의 육해군

▌ 팽창된 육해군

1945년 8월 14일 항복이 결정되었을 당시 일본의 육해군 병력은 유례가 없을 정도로 팽창되어 있었다. 육군은 일반사단 169개, 전차사단 4개, 비행사단 15개, 병력은 본토에 약 240만, 외지에 약 310만, 합계 약 550만에 달해 있었다. 해군은 함정의 대부분을 잃어 마치 육상부대와 같은 상태가 되어 있었으나, 그래도 병력은 사상 최대로서 본토에 약 130만, 외지에 약 40만, 합계 약 170만이 남아 있었다. 육해군 합계 720만의 대군으로서 군 창설 이래 최대 규모의 병력이었음은 말할 것도 없다.

육군은 본토방위를 위한 스즈카(鈴鹿) 동쪽의 제1총군과 서쪽의 제2총군, 홋카이도(北海道)의 제5방면군, 대만의 제10방면군, 만주 및 조선의 관동군, 중국의 지나파견군, 남방 전역의 남방군, 라바울(Rabaul)의 제8방면군, 남양군도의 제31군, 그리고 항공총군으로 구성되어 있었다. 그러나 일찍이 정예를 자랑하던 관동군은 모든 현역사단이 남방과 본토로 전용되어, 현지징집으로 겨우 인원수만 채웠을 뿐, 병기 및 장비가 부족하고 훈련 등 질적인 면에서도 뒤떨어져 있었다.

해군은 육군 이상으로 괴멸상태가 되어, 이름뿐인 라바울의 남동방면함대와 필리핀의 남서방면함대는 대본영 직할로, 그 외에 연합함대 · 해상호위대 · 지나방면함대, 요코스카(橫須賀) · 구레(吳) · 마이즈루(舞鶴) · 사세보(佐世保)의 진수부(鎭守府), 그리고 오미나토(大湊) · 오사카 · 한국

진해·대만 고웅(高雄)의 경비부(警備府)는 해군총사령부 지휘하에 있었다. 그러나 이미 함대로서의 전력은 존재하지 않고, 연합함대 휘하의 제3, 제5항공함대 등이 특공병력으로 남아 있을 뿐이었다. 더구나 그 대부분은 선박도 항공기도 없는 육상부대가 되어 있었다.

▌군대의 질적 저하

이처럼 병력의 수는 확대되었으나 질적인 면에서는 거의 해체 직전의 상태였다. 본토에 있는 대규모 병력은 본토방위를 위해 급거 동원된 부대였다. 본토에는 육군의 야전사단이 거의 존재하지 않았으나, 미군의 본토상륙이 임박해진 45년에 들어서 서둘러 신설사단을 동원했다. 2월에 18개 사단, 4월에 8개 사단, 5월에 19개 사단, 그 외 다수의 혼성여단과 독립부대를 편성한 것이다. 대륙과 남방으로 가능한 한 모든 병력을 보낸 후였기 때문에, 이러한 급속한 병력동원에는 상당한 무리가 따랐다. 이 정도의 병력을 보충하기 위해서는 병역 적령자를 송두리째 동원할 필요가 있어, 징병연령을 낮추어 불구자나 병약자가 아니면 거의 전원을 징집하는 수단을 취했기 때문에 현역병의 징집률이 90%에 달했다.

현역병의 징집률을 아무리 높인다고 해도 방대한 병력을 현역병으로 충족시키는 것은 불가능하기 때문에 군대 내의 현역 비율은 저하될 뿐이었다. 그리하여 본토결전을 위한 부대편성이 끝난 후의 현역 비율은 15% 이하가 되었다. 나머지 대부분은 장년의 예비병이나 후비병 혹은 교육이 안 된 보충병이었으며, 더욱이 국민병의 비율까지 증가되었다.[1]

---

1   하나의 예로서 독립혼성 제121여단 제728대대 제4중대의 역종별(役種別) 인명부에 나타난 하사관 이하의 역종 구분을 보면, 총병력 160명 중 현역 21·예비역 17·제1보충역 33·제2보충역 12·제1국민병역 11·제2국민병역 66으로, 제2국민병역이 40%를 넘고 있다(茶園義男『本土決戰四国防衛軍』下卷).

<표 1> 현역병 징집률 (단위 : %)

연도	1941	1942	1943	1944	1945
비율	51	60	60	89	90

* 1944, 45년도는 제3을종(乙種) 이상을 전부 현역병으로 징집했다(林三朗『太平洋戰爭陸戰槪史』).

간부의 보충은 더 어려워, 현역장교의 비율은 12% 이하로 떨어져 있었다. 더구나 그 상당수는 급속한 진급에 의해 상위직책을 맡고 있었기 때문에 직무에 대한 역량과 경험이 부족했다.

▌장비의 부족

더욱 심각한 문제는 이 신설부대의 병기와 장비였다. 화포와 기관총 모두 탄약이 부족하여 간단히 생산할 수 있는 박격포로 보충했으나 그것마저 부족했다. 소총이나 총검과 같은 개인병기도 구비되지 않아, 무기도 없이 죽창만 휴대한 상태였다. 그럼에도 불구하고 동원은 계속되어, 각 부대는 장비가 충분하지 않은 상태로 배치되어 징발한 괭이나 삽으로 진지를 구축했다. 병기의 부족, 진지구축작업, 간부의 질 저하 등으로 병사에 대한 교육훈련은 거의 실시되지 않았다. 병사들의 사기가 떨어지고 체력도 고갈되어 있었다. 식량을 둘러싼 군대와 민간의 반목과 사고가 끊이지 않았다. 이름만 군대이지 실질적으로는 다수의 노동력을 놀리고만 있는 집단이라고 해도 과언이 아닌 상태였다. 이러한 군대에 전투력은 거의 기대할 수 없었다.

해군 역시 마찬가지였다. 오키나와 전투에서 전함 야마토(大和)가 마지막 남은 연료로 자살공격을 한 이후 움직일 수 있는 함정은 한 척도 없었다. 4월 해군총사령부가 신설되어 해군도 육상으로 올라가 본토방위군이 되었다. 그 대병력은 육군과의 대립경쟁 관계상 유지된 것으로, 경작과 진지구축으로 나날을 보내고 있었다.

육해군 공히 본토결전에 대비하여 항공전력은 모두 특공용으로 온존시키고 있었다. 그 수는 1만 대에 달했으나 자재의 부족, 생산능력의 저하, 직공들의 근로의욕 부족 때문에 비행기의 성능이 극단적으로 불량하여, 간신히 이륙을 했다고 해도 공중분해 되어버리는 일조차 있을 정도로 거의 쓸모가 없었다. 탑승원의 기량은 완전히 저하되고 훈련을 하려고 해도 연료가 없었다.

그럼에도 불구하고 국민들은 육군의 정예인 관동군만은 손상 없이 온존되어 있을 것으로 기대하고 있었으나, 이 역시 전력이 떨어져 있었다. 초기의 남방작전 수행 후, 관동군은 일시적으로 증강되었다. 하지만 남방의 전황이 급박해지자 유일한 예비전력인 관동군에서 병력을 차출하여, 44년 이후 합계 11개 현역사단이 남방 각지로 보내졌다. 필리핀이나 여러 도서에서 싸운 것은 이들 부대였다. 그리고 45년에는 본토방위를 강화하기 위해 4개 사단이 전용되어, 관동군에도 훈련된 현역사단은 하나도 없게 되었다.

이 때문에 국경수비대를 개편하는 등의 방법으로 사단을 신설하여 중국에 있던 병력을 전용했다. 그리고 소련과의 관계가 악화된 45년 7월 송두리째 동원한 일본인 거류민 25만으로 많은 부대를 신설하여, 8월에는 만주와 조선을 합해서 총 31개 사단 105만의 병력을 보유했으나, 질적인 면에서는 현저하게 저하되어 있었다. 병기와 장비도 만주에서 자급자족할 수밖에 없었기 때문에, 예전의 관동군의 모습은 찾아볼 수 없을 정도로 전력이 떨어져 있었다. 소련이 참전했을 때 국경진지가 하루 만에 돌파되어, 관동군 주력이 조선과 만주의 국경 산악지대로 대피하려고 했던 것도 이러한 병력 및 장비의 실정에서 볼 때 당연한 것이었다.

남방 각지에 고립된 상태로 남겨진 육해군 병력은 100만이 넘었다. 그러나 그 대부분은 병기와 탄약의 고갈, 지휘계통의 혼란, 기아 등으로 전투력은 거의 전무한 상태였다.

▌군기의 붕괴

패전 당시 숫자상으로는 사상 유례가 없을 정도의 대병력을 보유하고 있던 일본군도 군대로서의 전력은 거의 상실되어 있었다. 그러나 그 이상으로 문제가 된 것은 군기의 문란이었다. 일본군대가 그 특색으로서 자랑해 온 엄정한 군기는, 사실 그것 없이는 군대로서의 임무를 완수할 수 없는 일본군대의 모순이기도 했다. 계급적 모순으로 가득한 일본사회에 있어서, 그 모순이 군대 내에 유입되는 것을 막기 위해 군대사회와 일반사회의 완전한 단절이 의식적으로 행해져 온 것에 대해서는 상권에서 이미 기술했다. 그리고 이 단절된 군대사회 내의 질서유지를 담당해 온 것이 장교와 하사관이었다. 특히 하사관은 병사를 직접적으로 강력하게 장악하여 질서유지의 근간이 되었었다.

현역 하사관이 어느 계층 출신인지를 정확하게 알 수 있는 통계는 없다. 그러나 하사관은 현역으로 입영한 병사들을 대상으로 중학교 졸업 수준 정도의 시험을 거쳐 후보자를 채용하여 교도학교 교육을 거쳐 임용했으므로, 어느 정도 학력이 있고 가정이 그의 노동력에 의지하지 않아도 되는 것이 조건이었다. 따라서 극도의 빈농 출신은 드물고, 중농(中農)의 차남이나 삼남이 많았을 것으로 추정된다. 20세 적령 이전인 18세에 현역지원병으로 입대한 자들 중에서 하사관이 배출되는 경우가 많았는데, 이 지원병의 상당수가 농가의 차남이나 삼남이었다. 천황제의 가장 견고한 지반인 농촌의 중간층 중에서 의식적으로 배양되어 온 현역 하사관층이 진공지대의 하급 우두머리이며 질서 유지자였던 것이다.

하지만 앞에서 기술한 것과 같은, 군의 급속한 확대에 의한 현역병 비율의 저하가 이들의 역할을 상실시켜버렸다. 장교도 하사관도 병사도 여러 계층의 생활과 의식을 몸에 익힌 사회인이 대량 유입됨으로써, 현역은 그 수에 있어서 완전히 압도되었다. 그리하여 사회와 단절된 상태에서 현역 하사관의 강력한 장악력에 의해 유지되고 있던 군기가 붕괴되었던 것이다.

또한 일본군대의 군기는 병사의 자발성을 봉쇄하고 강력한 속박을 가함으로써 유지되고 있던 것도 이미 앞에서 기술한 바와 같다. 강요된 군기는 강제력이 없어지면 붕괴되기 마련이다. 전선에 있어서 일단 패배하면 더 이상 군기유지를 위한 강제력이 없어지게 되어, 자발적인 전투의지가 없는 병사들은 혼란에 빠지게 된다.

전쟁 초기 필리핀이나 미얀마에서 일본군의 공격에 의해 분산된 미국군과 영국군의 일부는 개별적으로 주민들 속에 잠입하여 게릴라전을 전개했으나, 이와 반대로 일본군이 패퇴했을 경우에는 지휘계통을 이탈한 자는 거의 게릴라 활동을 할 수 없었다. 강제력이 사라지게 되면 자발성이 없는 병사의 전투의지는 없어지는 것이었다. 지휘관 가운데서도 전황이 악화되면 명령에 의하지 않은 퇴각이나 전선이탈 등을 하는 이가 빈번하게 발생하고, 공격을 받기도 전에 식량부족으로 자멸하는 부대도 발생했다. 비교적 안정되어 있던 중국의 전장에서조차 항명, 상관폭행, 도망 등의 군기범죄가 속출했다.

이러한 경향은 본토에 있는 부대에서도 심각했다. 각 마을에 분산 배치되어 있던 부대에서는 식량부족과 병기부족으로 염전 분위기가 팽배하여 탈주나 꾀병이 끊이지 않고 발생하고 있었다. 이처럼 패전 직전의 일본군대는 이미 자멸 직전에 있었던 것이다.

2. 항복과 복원

▌본토의 복원

천황이 직접 지휘하는 군대로서, '살아서 포로가 되는 치욕을 당하지 말라'고 하여 포로가 되는 것을 부정해 온 일본군대가 순순히 항복하여 무장해제를 당할 것인지 어떻게 할지는 일본군 지도자들에게 있어서도 큰 문제였다. 그러나 '국체(國體)'를 수호하기 위해 최후의 병사 한 사람까지도 끝까지 싸운다는 정신주의 원칙은 전황의 불리함과 군대의 질적 저하 그리고 군기의 문란 등에 의해 이미 유명무실하게 되어 있었다. 당국자의 예상과는 반대로, 항복이 결정되어 정신주의의 주술이 풀리자 군대는 순식간에 자동적으로 붕괴되어버렸던 것이다.

항복에 반대하여 계속적인 항전을 주장하는 군대의 반란이 일어날 것을 우려하고 있던 정부 및 군의 지도자는 항복결정과 더불어 각종 대책을 강구했다. 여기서도 천황의 권위를 우선적으로 내세워, '성단(聖斷)을 내리시다'라고 하여 '승조필근(承詔必謹 : 천황의 명령에는 반드시 따른다)'이 강조되었다. 육해군 공히 각각 8월 14일과 15일에 '성단'을 전달하여 대명(大命)에 따를 것을 강조했다. 천황은 국민 전체에 대한 8월 15일의 조서(詔書)에 이어서, 8월 17일에는 「육해군에 대한 칙어」를 내려 군의 혼란을 막으려고 했다. 또한 천황의 대리로서 황족을 주요 외지군에 파견하여 순순히 항복하도록 설득하게 했다.

수뇌부의 우려와는 달리 항복을 부정하고 끝까지 전쟁을 주장하는 자는 의외로 소수였다. 8월 14일 밤 황국사관의 주도자인 도쿄대학 교수 히라이즈미 기요시(平泉澄)의 가르침을 받은 육군의 일부 막료가 모리(森) 근위사단장을 살해하고 허위 명령을 내려 궁성을 점령했다. 그들은 천황의 포츠담선언 수락 조서 방송을 방해하여 전쟁을 계속할 것을 기도했으나, 사정이 밝혀짐에 따라 허위 명령임이 폭로되어 쿠데타는 실패하고 주모자는 자살했다. 또한 해군의 아쓰키(厚木) 항공대 사령이 항복에 반대하여 부대를 움직여 전쟁 계속을 기도했으나, 사령이 정신장애라는 것이 밝혀져 큰일은 일어나지 않았다. 그 외에도 두세 건의 사건이 있었으나, 대부분의 부대가 이미 지쳐서 전쟁 계속에 대한 결의가 결여되어 있었으므로 이 사건들도 곧 진정되었다.

본토 부대의 복원(復員)은 연합국 군대와의 충돌을 피하기 위해, 되도록이면 그들이 진주하기 이전에 추진할 필요가 있었다. 하지만 이미 군기가 붕괴된 본토의 부대들에서는 탈주병이 속출했을 뿐만 아니라, 앞을 다투어 군수품을 처분하고 해산해버리는 일도 빈번했다. 특히 8월 14일의 각의에서 군수용 보유물자를 은밀히 긴급처분할 것을 결정한 것도 작용하여, 군용물자를 닥치는 대로 부정하게 처분한 경우도 많았다. 이 때문에 커다란 짐꾸러미를 짊어진 탈주병과 복원병이 전국에 넘쳐, 교통을 혼란시키고 물자부족으로 고통받는 국민의 불만과 원성의 표적이 되었다.

▌외지부대의 항복

본토 부대의 복원이 신속하게 행해진 것과는 달리, 외지의 육해군 350만의 복원은 매우 곤란한 문제를 안고 있었다. 태평양의 외딴섬이나 뉴기니, 필리핀, 미얀마 등, 기아 때문에 하루라도 빨리 구출하지 않으면 생존 그 자체가 문제가 되는 지역도 있었다.

또한 일본군으로서는 처음으로 조직적으로 항복하여 무장해제를 당하여 적군의 관리하에 들어가야 했던 중국에서처럼, 중국 국민당과 공산당의 격렬한 대립 때문에 그 쌍방이 일본군의 무기를 먼저 차지하기 위해 무장해제를 다투기도 하고, 일본군의 무력 그 자체를 내전에 이용하려고 하는 경우도 있었다.

1945년 9월 2일 도쿄만의 미조리 함상에서 항복문서 조인식이 거행되어 일본은 무조건 항복을 정식으로 수락했다. 일본은 항복문서와 더불어 연합군 최고사령관의 일반명령(육해군) 제1호를 수령했다. 이 명령은 각 지역에 있어서 일본군이 항복할 상대를 다음과 같이 지정하고 있었다(外務省『終戰史錄』).

① 중국(만주 제외), 대만, 북위 18도선 이북의 프랑스령 인도차이나 — 중국 국민당 정부의 장개석 총통

② 만주, 북위 38도선 이북의 한국, 사할린, 지시마열도(千島列島) — 소련 극동군 최고사령관

③ 안다만(Andaman), 니코바르제도(Nicobar Is.), 미얀마, 태국, 북위 16도선 이남의 프랑스령 인도차이나, 보르네오를 제외한 네덜란드령 동인도, 네덜란드령 뉴기니 — 동남아시아군 최고사령관

④ 보르네오, 영국령 뉴기니, 비스마르크제도, 솔로몬제도 — 호주 육군 최고사령관

⑤ 일본위임통치 제도(諸島), 오가사와라제도(小笠原諸島) 및 그 외 태평양 제도 — 미 태평양함대 최고사령관

⑥ 일본 본토, 북위 38도선 이남의 한국, 류큐제도(琉球諸島), 필리핀 — 미 태평양육군 최고사령관

이 중에서 ②의 소련 군관구(軍管區)를 제외한 모든 지역에 있어서 항

복한 군대와 더불어 그 지역의 일반 일본인도 연합군의 관리하에 들어 갔는데, 군인과 일반인을 합한 수는 대략 다음과 같았다(服部卓四郎『大東亞戰爭全史』4).

- 중국 군관구(국민당 정부 관리하에 만주로부터 귀환한 자를 포함)
  ― 311만 6,000명
- 동남아시아 군관구 ― 74만 5,000명
- 호주 군관구 ― 31만 9,000명
- 미국 군관구[⑤+⑥ 중에서 본토 제외] ― 99만 1,000명

항복한 군대와 거류민의 본국 귀환은 선박의 부족으로 인해 장시간이 소요될 것으로 예상했으나, 미 상륙용 LST 등 200척을 대여받아 신속하게 진전되었다. 식량 사정 등으로 인해 우선적으로 선박을 배당받은 중부 태평양 방면은 1945년 말까지, 중국과 필리핀 등의 지역은 46년 말까지 귀환이 끝났다. 하지만 중국에 있던 일부 부대는 패전 직후 국공(國共) 대립에 휘말려, 국민당 정부 측에 서서 중국공산당과 싸워 많은 사망자를 냈다.[2] 동남아시아 방면은 영국군에 의해 작업대로서 노역에 종사하

2　중국에서는 중경의 국민당 정부와 연안의 중국공산당 사이의 대립 때문에 항복 및 귀환에 혼란이 발생했다. 지나파견군(支那派遣軍)의 항복 조인식은 1945년 9월 9일 남경에서 총사령관 오카무라 야스지(岡村寧次) 대장과 중국 육군총사령 하응흠(何應欽) 대장 사이에 거행되었다. 그러나 이에 앞서, 특히 중국공산당과 접촉하고 있던 지역에서의 일본군의 항복과 무기 접수를 둘러싸고 국공(國共) 양군이 기선을 제압하기 위해 다투었다. 이에 일본군은 공산군을 적대시하고, 혼란을 이유로 무장해제를 연기하려고 했다. 8월 17일 오카무라 총사령관은 천황을 대신한 아사카노미야(朝香宮)에게 다음과 같이 군의 상황을 보고했다.
"16일 아침 이래 국지적으로 국민당 정부군과 공산당군이 상사의 명령임을 내세워 교통로를 점령하고 일본군 소부대의 무장해제 등을 실시하기 위해 일본군이 점령하고 있는 지역을 산발적으로 침입하여 상황이 매우 어렵습니다. 이에 파견군은 중국 측에 대해 그러한 불법적인 치안교란자는 장개석 통제하에 있는 자가 아닌 것으로 간주하여 부득이 단호하게 자위행동을 할 것을 통고함과 더불어, 아군 예하부대에

기도 하고, 인도네시아 독립투쟁에 휘말려 전투에 참가하기도 해서 약간 늦어졌으나, 47년 말까지는 거의 귀환이 끝났다.

▌관동군의 패전

일본은 소련을 제1의 가상적국으로 상정하여, 육군은 소련과의 전쟁을 목표로 전쟁준비를 갖추고 있었다. 관동군은 대소전의 제1선으로 편성되어 증강되고 있었으므로 병력과 장비 등 모든 면에서 전 육군의 최징에 부대였다. 특히 독·소전 개시 이후에는 소련과의 개전 기회를 엿보고 있었기 때문에, 육군의 남방작전이 일단락된 후인 1942년, 43년은 관동군의 병력이 가장 막강한 때였다. 그러나 44년 이후 태평양에서의 전황이 긴박해지자, 관동군의 상비사단은 차례로 태평양의 여러 섬이나 필리핀으로 전용되고, 45년 봄에는 남아있던 최후의 상설사단도 본토로 전용되어, 종래의 상비 16개 사단 모두가 빠져나갔다.

이 때문에 관동군은 빈껍데기만 남게 되었으나, 그 보충을 위해 만주에 거주하는 일본인을 송두리째 동원하고 중국에서 부대를 전용하여 45년 7월경에는 새로 편성된 16개 사단을 보유하게 됨으로써, 조선군을 포함하여 105만이나 되는 대군이 되었다. 그러나 질적 저하, 훈련 미숙, 장비 부족 등으로 '허수아비 같은 존재'가 되어 있었다(『戦史叢書·関東軍(2)』). 이 때문에 관동군의 대소 작전계획은 종래의 공세작전에서 44년 이후

대해서는 무장해제 등에 절대로 응하지 않음은 물론이고 필요에 따라서는 단호하게 자위무력을 행사하는 데 주저하지 말 것을 지시하여 치안확보 및 군의 철수작전에 만전을 기하고 있습니다."
국민당 정부도 공산군의 진출을 방지하기 위해 일본군을 이용하려고 하여, 일본군에게 공산군에 대한 무력행사를 요구한 경우도 있었다. 특히 산동성(山東省)과 산서성(山西省)에서는 일본군이 8월 15일 이후에도 공산군과 전투를 하여, 8월 15일부터 10월 중순까지 1,500명 이상이 전사했다(『戦史叢書·昭和二十年の支那派遣軍』). 중국의 정치적 대립에 휘말린 일본군이 어느 한쪽에 가담함으로써 발생한 희생자들이었다.

수세작전으로 바뀌었는데, 45년 상반기에 책정된 계획에서는 연경선(連京線)(대련-신경) 동쪽과 경도선(京圖線)(신경-도문) 남쪽, 즉 만주 동남부의 산악지대에서 버티는 지구전작전으로 계획되었다.

이 신작전계획에 의하면 만주국의 대부분은 처음부터 포기한 것이 되며, 부대의 대변동이 행해지는 도중에 소련이 참전한 셈이다. 그러나 만주에는 130만 이상의 일본인 거류민이 있었다. 하지만 싹쓸이 동원으로 청장년 남자는 이미 소집되었기 때문에, 대부분 노약자와 부녀자 거류민이 군에 남겨지게 되었다. 특히 북부의 국경지대에는 군사적 목적으로 개척단이 다수 배치되어 있었다. 이 개척단은 중국 인민의 토지를 강제로 빼앗아 원한을 사고 있었다. 이러한 사정은 소련이 참전했을 때 다수의 개척농민이 전화에 휘말려 집단자결 등의 비극을 낳고, 현재도 남아 있는 전쟁고아 문제의 원인이 되었다.

만주의 관동군을 비롯하여, 사할린이나 지시마(千島) 등 소련군과 싸운 지역의 일본군은, 양군의 불분명한 명령 등으로 인해 일본이 항복한 후에도 전투를 계속한 경우가 많았다. 더욱이 소련군에 의해 무장해제되어 그 관리하에 들어간 일본군은 주로 시베리아의 수용소로 보내져, 작업대로 편성되어 강제노동에 종사했다. 전쟁으로 피폐해진 소련 부흥을 위한 노동력으로 이용된 것이다.

그동안에 혹한과 식량부족으로 많은 희생자가 발생했다. 일본정부가 추정한 억류자 수는 57만이었는데, 미소대립 등의 영향으로 귀환이 늦어졌다. 시베리아로부터의 귀환은 46년 12월에 시작되어 50년 4월 소련이 귀환 완료를 선언할 때까지 47만이 귀국했다. 이 시베리아 억류는 일본인의 소련에 대한 악감정의 원인이 되고 있다.

3. 점령군의 비군사화정책

▌미국의 일본점령

포츠담선언은 일본군대의 무조건 항복과 일본에서 군국주의를 영원히 제거할 것을 요구했다. 포츠담선언을 수락한 일본이 연합국에 대해서 비군사화를 약속한 것이다. 일본점령을 실제로 담당한 것은 태평양육군 총사령관 맥아더를 연합군 최고사령관으로 하여 점령군의 대부분을 차지하고 있던 미국이었다. 그리고 점령 당초 미국의 대일 점령정책은 1945년 8월 29일 국무성, 육군성, 해군성 이 세 성의 조정위원회(SWNCC)가 작성한 「일본항복 후 미국의 초기 대일방침」에 명시되어 있었다. 그것은 일본이 다시는 '미국의 위협'이 되지 않도록 일본을 비군사화하여 약화시키는 것이었다. 이것은 일본의 민주화라고 하는 포츠담선언의 정신과 비군사화라는 점에서 공통적이었다. 그리고 점령 초기의 정책은 그야말로 철저하게 비군사화를 강행하는 것이었다.

미군은 1945년 11월 1일 남큐슈(南九州)로의 상륙작전(제6군 14개 사단에 의한 올림픽작전[Operation Olympic])과 46년 3월 1일 간토평야(関東平野)로의 상륙작전(제1, 제8, 제10군, 합계 25개 사단에 의한 코로넷작전[Operation Coronet])을 계획하고 있었다. 일본의 항복이 예상보다 빠르기는 했으나, 이미 준비를 하고 있던 제6군과 제8군이 점령업무를 담당했다. 45년 8월 28일의 선발대에 이어 30일 맥아더가 아쓰키(厚木) 비행장에 도착하여, 9월 중에는 거의 전국에 점령군이 도착했다. 당초 병력은 60만에 달했다.

일본점령을 담당한 것은 맥아더의 연합군 최고사령관 총사령부(GHQ · SCAP)였다. 이 사령부는 기존의 미 태평양육군 총사령부와 일본점령을 위한 전문부서를 둔 점령군사령부라는 두 가지 성격이 있었다. 즉 제1반(인사, G-1) · 제2반(정보, G-2) · 제3반(작전, G-3) · 제4반(후방, G-4)으로 구성되는 참모부와, 민정국(GS) · 경제과학국(ESS) · 법무국(LS) · 천연자원국(NRS) · 민간정보교육국(CIE) 등의 전문부서를 두고 있었다.

사령부 예하에는 처음에는 제6군(교토)과 제8군(요코하마)만 있었으나, 군정을 담당하기 위해 6개의 지방군정부(홋카이도, 도호쿠[東北], 간토[関東], 주부[中部], 긴키[近畿], 규슈[九州])와 각 도도부현(都道府県)에 부현군정부(府県軍政部)가 있었다. GHQ의 상부기구로는, 내정에 관해서는 미 국무성이 있고 군사에 관해서는 미 통합참모본부가 있어, 오로지 미국의 정책에 따라 점령정책을 시행했다. 일본점령에 관한 연합국의 최고 결정기관으로서 11개국 대표로 구성되는 극동위원회가 마침내 1946년 2월 26일 제1차 회의를 개최하고, 또한 최고사령관의 자문기관으로서 미 · 영 · 중 · 소 4개국 대표로 구성되는 대일이사회(對日理事會)가 46년 4월 5일 도쿄에서 제1차 회의를 개최했다. 그러나 이들 기관은 GHQ에 의한 일본점령이 이미 착수된 후에 설치된 것으로서, 실질적으로는 미국에 의한 단독점령이라 해도 좋았다.

▌비군사화의 진행

점령의 제1목적인 비군사화는 신속하게 진행되었다. 국내의 군대해산은 45년 9월 말에 80% 이상, 10월 말에는 거의 완료되었다. 대본영은 9월 15일, 군령부는 10월 15일, 참모본부는 11월 30일, 육군성과 해군성은 12월 1일에 각각 폐지되었다. 군대와 군사기관의 해체뿐만 아니라, 무장해제와 비군사화를 위해 비밀경찰의 폐지 · 전범의 체포 · 재향군인회를 비롯한 군국주의적 단체의 해산·군국주의자 및 호전적 국가주의자의 영향력 배제 등이 점령군에 의해 단행되었다. 비군사화는 교육과 언론 그리고 문화에도 미쳐, 시대극의 대부분이 호전적이고 군사적이라는 이유로 금지되는 등 지나친 정책도 눈에 띄었다.

경제적 비군사화도 단행되어 재벌의 해체, 군수공업의 폐지, 배상의 지정이 추진되었다. 단, 경제 비군사화는 점령정책의 전환으로 비교적 조기에 완화되었다.

일련의 비군사화 중에서 가장 영향이 컸던 것은 군국주의자의 공직추방이었다. 1946년 1월 4일 맥아더의 제1차 공직추방 지령이 발표된 이래, GHQ에 의한 비군사화 정책의 일환으로서 군국주의 지도자의 공직추방이 실시되었다. 그 후의 지령에 의한 추방 대상은 A급 : 전범, B급 : 직업군인 및 헌병, C급 : 극단적인 국가주의 단체의 간부, D급 : 대정익찬회(大政翼贊會) 간부, E급 : 영토 확대와 관련된 금융기관 등, F급 : 점령지 행정장관, G급 : 기타 군국주의자 및 초국가주의자로 분류되었다. 이 중에서 B급은 육해군 정규장교 모두를 포함하기 때문에 12만 추방자의 과반수를 차지했다. 이 때문에 구(舊)군인은 모든 공직에서 배제되었고, 이는 군부의 세력온존에 있어서는 큰 타격이었다. 공직추방에 앞서 45년 10월 군국주의 교원의 즉시 추방, 11월 군인연금 폐지 등의 GHQ 지령이 발령되어, 많은 구군인들이 직업을 잃고 생활고에 직면하게 되었다.

비군사화의 일환으로 점령군에 의해 철저하게 시행된 것은 민간으로부터의 일체의 무기 회수였다. 점령군에 대한 테러나 반항을 우려하여, 일본의 경찰을 동원하여 총포 및 도검류의 소지를 금지하고 철저한 검색을 실시했다. 이러한 무기 회수는 도요토미 히데요시(豊臣秀吉)의 칼사냥(刀狩り : 1588년 무사와 농민의 신분 분리를 위해 농민의 도검을 몰수)이나 메이지유신 때의 폐도령(廢刀令 : 1876년 대례복 착용자·군인·경찰을 제외한, 사족[士族] 등이 칼을 차는 것을 금지한 법령)에 필적하는 것으로, 그 철저함에 있어서는 오히려 그 이상이었다.

▌오키나와 점령과 군정

미군의 점령 형태는 본토와 오키나와(沖繩)가 완전히 달랐다. 치열한 전장이 되어 20만이나 되는 생명을 잃고 섬 전체가 초토화된 오키나와는 전투가 끝난 후에도 여전히 미군이 지배하고 있었다. 오키나와 본도(本島) 상륙 직후인 45년 4월 5일, 니미츠(Chester William Nimitz) 태평양 함대사령장관의 명의로 미 해군 군정부 포고 제1호가 발령되어, 오키나와에 대한 미군의 점령지배가 선언되었다. 일본 항복 후인 46년 1월 29일 GHQ는 「약간의 외곽지역을 정치 및 행정상 일본으로부터 분리하는 각서」를 발표하여, 오가사와라(小笠原)·지시마(千島)와 더불어 북위 30도선 이남의 남서제도를 일본의 영역에서 제외시킴으로써 오키나와의 점령을 고정화했다.

오키나와는 제2차 세계대전 후에도 미국의 극동전략에 있어서 요석(Key Stone)의 역할을 담당하는 중요한 전략거점이 되었다. 49년 3월 맥아더는 "오키나와는 알류산열도(Aleutian Islands)로부터 필리핀에 이르는 우리 방위선의 중심이다."라고 말했다. 항공기지·해군기지·육상부대 출격기지로서의 오키나와는 일본·한국·중국대륙을 겨냥한 중요거점으로서 섬 전체가 요새화되어 갔다.

오키나와의 이러한 전략적 중요성이 미국의 오키나와 점령을 고정화시켰다. 1951년의 대일강화조약(對日講和條約) 제3조에서 "오키나와와 오가사와라를 미국의 시정권(施政權)하에 둔다."라고 하여, 일본도 미군의 오키나와 점령을 인정했다. 이 때문에 오키나와 주민은 오랫동안 미국의 지배하에 놓여져, 오키나와 전투에 이어서 전후에도 고난의 길을 걸어야 했다.

▌불씨 보존의 노력

미국에 의한 일본의 비군사화 정책이 진행되는 가운데에서도, 일본의 구지배층과 군부는 은밀히 군대의 골격을 남겨 후일의 재군비를 위한 불씨로 삼으려는 노력을 끊임없이 하고 있었다.

패전 직후 군대 해산과 무장해제라는 사태에 대항하여, 현역군인을 경찰관으로 전용한 경찰대로써 군대의 근간을 남기려는 구상이 있었다. 그리고 이것을 점령군이 절대로 허락하지 않을 것이 확실해지자, 45년 9월 10일 금위부(禁衛府 : 1945년 9월 10일~1946년 3월 31일까지 궁내성[宮內省]에 설치된 기관) 관제(官制)를 공포했다. 이것은 궁성 등의 경비를 구실로 근위사단을 개편하여 위사총대(衛士總隊)라는 부대를 만들어, 여기에 전국의 현역장교와 우수한 현역병을 모으려 한 것으로, 초대 금위부장관에 고토 미쓰오(後藤光男) 근위사단장이 임명되었다. 그러나 이 금위부는 후일의 재군비에 있어서 그 근간이 될 정예부대를 온존시키려는 음모가 아닌가 하는 의심을 받아 GHQ에 의해 해산되었다. 또한 경찰력을 증강하려는 시도도 마찬가지로 GHQ에 의해 저지되어, 군대 그 자체를 남기는 것은 불가능하게 되었다.

1945년 11월 30일 육군성과 해군성이 모든 부속기관과 더불어 폐지되었으나, 복원업무가 남아 있다는 것을 구실로 총무 · 인사 · 조사 등의 기구 및 그 인원 전체가, 육군성은 제1복원성(復員省)으로, 해군성은 제2복원성으로 명칭을 바꾸어 남겨졌다. 이들 복원성은 1946년 6월 14일 폐지되었으나, 이와 동시에 복원청(復員庁)이 설치되어 그 아래의 제1, 제2복원국이 되었다. 이후 점차 축소된 복원국은 후생성으로 이관되어, 48년에는 후생성 인양원호청(引揚援護庁)의 복원국이 되었다. 여기에는 육해군의 중견간부가 남아 군의 자료를 정리보존하고 각종 조사를 실시하여 전사 편찬을 위한 기초작업을 하는 등, 군의 불씨를 보존하는 데 중요한 역할을 했다. 예를 들면 참모본부의 작전참모를 중심으로 한 인원으로 제1복원성 관방(官房)에 사실부(史實部)를 두어 전사 자료의 수집과 편찬을 담당한 것이 그것이다.

그리고 GHQ의 G-2(정보 담당) 반장 윌로비(Wiloby) 소장은 일본 구육해군의 참모장교들을 모아, 맥아더 관련 전사편찬을 이유로 47년 초 G-2 내에 역사과를 만들었다. 대미 개전 당시의 참모본부 작전과장 핫토리 다쿠시로(服部卓四郎) 대령 등 육해군 중견참모가 51년경까지 여기에 근무하면서 구일본군의 '불씨 보존'을 위해 활동했다.

이보다 더 미군 첩보기관에 협력한 것은 주로 육군의 대소(對蘇) 정보관계 군인들이었다. 미군의 차후 대소전을 위해 구일본군의 지식과 경험을 살린 대미 협력기관이 1947년부터 편성되었다. 이 대미 협력기관은[3] 대소 정보관계자뿐만 아니라, 국내 공산당 상황조사에 필요한 인원을 포함한 수십명의 구군 장교들이 근무하여, 1956년까지 계속되었다(有末精三『終戰秘史 有末機関長の手配』). 이 또한 미군에 의한 구일본군 온존의 일환이었다고 할 수 있다.

3　이 기관은 아리스에 세이조(有末精三) 『終戰秘史 有末機関長の手記』에 의하면 가와베 도라시로(河辺虎四郎) 중장(종전 시 참모차장)을 장으로 하고 시모무라 사다무(下村定) 대장(전 육상)을 고문으로 하여 다쓰미 에이이치(辰巳栄一) 중장(전 주영 국무관), 요시나카 와타로(芳仲和太郎) 중장(전 프랑스 주재원), 야마모토 모이치로(山本茂一郎) 소장(전 영국 주재원), 그리고 아리스에 세이조 중장이 참가했다. '가와베 기관'으로 불린 이 정보기관은 전국적으로 협력자가 배치되어, 대소 및 대공산당 정보를 수집 및 정리 분석하여 미군에 제공하는 것이 임무였다.
　그 외 나카무라 가쓰헤이(中村勝平) 해군소장을 장으로 하는 나카무라 기관, 아리스에 세이조(有末精三) 중장의 아리스에 기관, 핫토리 다쿠시로(服部卓四郎) 대령의 핫토리 기관 등, G2 부장 윌로비 소장과 연계된 여러 그룹이 활동했다. 일본 측은 구군 온존을 위해, 미국 측은 구군인을 조종하여 정보를 얻기 위해 그러한 것들이 얽혀 여러 기관이 난립하게 되었던 것이다.

▌잔존된 군 기능

일체의 군대와 군사조직을 해체한다는 점령정책에도 불구하고, 앞에서 기술한 복원성이나 대미 정보협력기관 외에도 몇몇 분야의 구군 기관이 남아 있었다. 그중 하나가 해군의 소해부대(掃海部隊)였다.

전쟁 중에 미군이 일본의 교통차단을 위해 투하한 기뢰와, 일본군이 미군의 상륙을 저지하기 위해 부설한 기뢰가 전후에도 폭발하여 다수의 희생자를 내는 등 문제가 발생했다. 이 때문에 해군의 소해부대는 해군성 폐지 후에도 제2복원국 총무부에 소속되어 약 1만 명의 인원이 남아 있었다.

1948년 5월 1일 해상보안청이 창설되었다. 이것은 미군의 요청에 의한 것으로, 밀무역이나 불법입국의 단속, 해상에서의 폭동이나 소란 예방 및 진압을 임무로 하는 것이었다. 이것은 미국의 연안경비대를 모방한 것으로, 소해 업무도 그 임무 중의 하나였으며, 요원은 구해군의 인원을 승계했다. 말하자면 작은 해군이었다.[4] 이 때문에 대일이사회에서 문제가 되어, 극동위원회에서도 뉴질랜드 대표가 이것을 금지하는 결의안을 제출했으나, 미국의 거부권에 의해 묵살되었다.[5] 해상보안청의 해상

4 　발족 당시의 해상보안청은 보안국(保安局)·등대국(燈台局)·수로국(水路局) 이 3개 국과, 요코하마(横浜)·나고야(名古屋)·니가타(新潟)·고베(神戸)·마이즈루(舞鶴)·히로시마(広島)·시오가마(塩釜)·오타루(小樽) 이 8개 해상보안본부로 구성되어 있었다. 이 중에서 보안국은 구해군을 계승한 운수성 해운총국의 소해관선부(掃海管船部)를, 수로국은 구해군을 계승한 운수성 수로부를 각각 확충하여 편성한 것이다. 초대 보안국장 야마자키 고고로(山崎小五郎)는 체신성(遞信省) 관료 출신이었으나, 그 후 초대 해상경비대 총감, 보안청 제2막료장, 자위대 해상막료장을 역임했다.

5 　해상보안청 설립을 금지하는 결의는 5월 6일의 극동위원회에서 뉴질랜드 외에도 중국, 영국, 호주, 소련 대표의 지지를 얻었다. 이에 대해 미국 대표는 최초의 거부권을 행사하여 이 결의를 묵살했다.
　이 시기에도 극동위원회는 일본의 재무장 금지에는 완고한 태도를 취하여, 48년 2월 12일에는 일본 비무장화에 관해서 '1. 일체의 무기 및 군사장비의 제조 금지, 2. 일본인의 무기휴대 금지, 3. 육해군 장교 및 군사기관 관리의 공직 및 교직 임용 금

병력은 구해군의 구잠특무정(驅潛特務艇 : 적의 잠수함을 공격하는 데 쓰이는 작고 빠른 배)을 연안순시정으로 사용한 것으로, 이것은 제2차 대전 후의 일본에 있어서 법률로 인정한 군비의 제1보였다고 할 수 있다.

그 외에 구육해군의 병원 상당수가 국립병원이 되고, 참모본부 육지측량부가 국토지리원이 되는 등, 전후에도 필요한 기능을 가진 기관이 이름을 바꾸어 남겨진 경우도 있었다.

지' 정책을 결정하여, 3월 23일 발표했다.

제2장

재군비의 시작

1. 점령정책의 전환과 일본재군비 구상

2. 한국전쟁과 경찰예비대의 창설

3. 점령하 재군비의 성격

4. 경찰예비대의 성장과 해상경비대의 창설

1. 점령정책의 전환과 일본재군비 구상

▍냉전과 로열 연설

미국의 대일 점령정책은, 일본이 또다시 미국의 위협이 되지 않도록 비군사화하여, 포츠담선언에 따라 민주화를 추진하는 것이었다. 하지만 유럽 정세를 둘러싼 미소 대립이 점차 강화되어, 1947년 3월 4일 그리스와 터키에 대한 트루먼독트린(Truman Doctrine : 공산주의 폭동으로 위협을 받고 있던 그리스 정부와 지중해에서 소련의 팽창으로 압력을 받고 있던 터키에 대해 즉각적인 경제·군사 원조를 제공할 것을 공약한 선언)이 발표되고, 동년 6월에는 마셜플랜(Marshall Plan : 제2차 세계대전 후 서구 여러 나라에 대한 미국의 원조 계획)이 발표되는 등 냉전이 격화되자 대일정책에도 전환의 조짐이 나타났다. 특히 중국에서 국공내전이 격화되어 국민당 정권의 장래가 위험해짐으로써 미국의 극동정책은 변경이 불가피하게 되었다. 그것은 중국의 국민당 정부를 극동에서의 미국의 동맹국으로 육성하려고 한 종래 방침의 파탄을 의미했다. 이 때문에 중국 대신에 일본을 극동정책의 지주로서 재건하려는 방침으로 전환한 것이다.

1948년 1월 6일 로열(Kenneth C. Royall) 미 육군장관이 샌프란시스코에서의 연설에서, 대일정책을 수정하여, 일본을 경제적으로 자립시키기 위해 "극동에 있어서의 반공의 방벽"으로 육성할 것을 언명했다. 로열의 연설은 실제로 구체화되어, 3월에는 드레이퍼(William H. Draper) 육군차관 등의 사절단이 일본을 방문하여, 일본에 대한 배상정책의 대폭적인 완화 등을 통해 일본을 '극동의 공장'으로 재건하는 정책을 보고했다.

이에 따라 맥아더도 대일 조기강화와 일본의 경제적 자립의 필요성을 본국에 요구하고, 비군사화와 민주화 점령정책을 크게 수정했다. 48년 7월에는 공무원의 쟁의행위 금지 등에 관한 지령을 발령하여 민주화에 역행하는 노동정책으로 전환했다. 48년 12월에는 미 국무성과 육군성이 맥아더에게 경제 9원칙을 지령하여 독점자본 육성을 중심으로 하는 일본경제 재건정책을 취하게 하고, 49년 3월에는 그 구체적인 안으로 닷지 공사에 의한 닷지라인(Dodge Line : 일본경제의 자립과 안정을 위해 실시된 재정금융 긴축정책)이 일본정부에 제시되었다.

▌미국의 일본 재군비론

로열의 연설 후 미 육군은 일본 재군비에 관한 계획을 연구하기 시작하는데, 공식적으로 채택된 것은 국무성에 의해 입안되어 48년 10월 7일 국가안전보장회의(NSC)에서 결정된 NSCB/2에 의한 일본의 경찰력 증강 방침이었다. 이 방침은 보다 구체적인 내용을 갖추어 48년 11월 22일 GHQ에 하달되었다(小関彰一「冷戦政策における日本再軍備の性格」 歴史学研究会 『世界史認識における民族と国家』). 그것은 기동력을 갖춘 경찰예비군(Police Reserve Forces)의 창설을 내용으로 하는 것이었다.

1948년 10월 제2차 요시다(吉田) 내각이 성립되자 반대공세가 한층 강해져 노동운동이 더욱 격화되었다. 또한 49년 1월의 일본 중의원 선거에서는 민주자유당이 절대다수를 획득하기는 했으나, 공산당도 35석을 획득했다. 일본의 적화 위협을 느낀 미 군부는 국무성 안(案)으로 이미 결정되어 있던 경찰예비군이 아닌, 자위를 위한 일본군대의 창설에 적극적으로 나섰다. 그러나 맥아더는 평화헌법을 제정한 입장에서도 군대의 창설에는 비판적이었다. 이 때문에 미국의 일본 재군비 구상은 국무성과 군부, 군부와 맥아더의 대립을 초래하게 되었다(古関, 前揭論文).

미국의 이러한 일본 재군비 구상에 대응하여, 일본 측에서도 은밀히 재군비 구상을 추진하고 있었다. 요시다 시게루(吉田茂) 수상의 군사문제 브레인인 다쓰미 에이치(辰巳栄一 : 요시다가 대사 시절의 영국주재 육군무관) 중장 등이 후일의 재군비를 위한 연구를 계속하고 있었다. G-2의 윌로비는 GHQ의 역사과에 있던 핫토리 다쿠시로(服部卓四郎) 등 구참모장교들에게 재군비 계획표를 만들게 했다. 해군도 노무라 기치사부로(野村吉三郎) 대장을 등에 업은 호시나 젠시로(保科善四郎) 중장과 야마모토 요시오(山本善雄) 소장을 중심으로 패전 직후부터 해군재건계획을 검토하고 있었다. NSCB/2에 이어서, 맥아더가 49년 7월 "일본은 공산주의에 대한 방벽"이라는 성명을 발표하고, 나아가 50년 1월의 신년사에서는 "헌법은 자위권을 부정하는 것이 아니다."라고 함으로써 일본 측의 재군비론도 활기를 띠게 되었다.

▮ 중국혁명과 한반도

중국에 있어서의 국공 내전은 미국의 조정으로 1946년 1월 일단 정전협정이 성립되었다. 그러나 미국의 원조를 받은 국민당 정부군의 공세로 46년 7월부터 다시 전면적인 내전이 시작되었다. 처음에는 국민당 정부가 우세하여 중국공산당은 연안(延安)도 포기했으나, 47년 7월 중공이 7·7선언을 발표하고 민주연합정부의 수립과 토지개혁을 선언하여 군사적으로도 농촌 지역을 제압하고 도시를 포위했다. 인민해방군은 48년 9월 동북지방을 해방하고, 49년 1월에는 북경을 점령했다. 또한 4월에는 전국으로의 진격을 명령하여 양자강을 건너 남경과 상해를 점령하고, 나아가 전국을 제압하여 49년 10월 1일 북경에서 중화인민공화국 성립을 선언했다.

미국은 일본 항복 후인 45년 10월 대만에 해군기지를 건설했는데, 중국혁명이 성공하자 대만해협을 제7함대로 봉쇄하여 장개석의 국민당 정부를 대만에 수용했다. 대만에서는 1946년 2월 국민당 정부의 지배에 저항하는 민중의 대규모 폭동(2·28사건)이 일어나 계엄령하에 있었으나, 이후 대륙으로부터 쫓겨난 국민당 정부군에 의해 강권통치가 계속되게 된다.

중국에 이어 정세가 긴박해진 것은 한반도였다. 일본의 항복 후 한반도는 북위 38도선을 경계로 미소 양군이 점령하고 있었다. 이후 한국인의 희망과는 달리 분단지배가 계속되어, 48년 5월에는 남한에서 단독선거가 강행되어 7월에 대한민국이 수립되었다. 이것은 민주당의 이승만을 대통령으로 하는 독재정권이었다. 북한에서도 9월에 조선민주주의인민공화국이 성립되어 조선노동당의 김일성이 수상이 되었다. 남북 모두 무력에 의한 통일을 지향하여, 각각 미국과 소련의 원조로 군비를 증강하여,[6] 38도선을 사이에 두고 긴장이 계속되고 있었다.

---

6 개전 당시 남북한의 군사력은 다음과 같았다.
　○ 북한
　　- 육군 : 10개 사단, 1개 기갑여단 등 13만 5,000명
　　- 공군 : 항공기 180대
　○ 남한
　　- 육군 : 8개 사단, 9만 8,000명
　　- 주일 미군 : 제8군의 4개 사단과 제5공군 항공기 약 850대. 그 외 오키나와에 육군 1개 전투단과 제20공군 항공기 110대가 있었다. 그리고 해군은 극동함대와 제7함대가 있었다. 육군은 열세였으나 해공군은 압도적으로 우세했다(陸幹校 『朝鮮戰爭1』).

2. 한국전쟁과 경찰예비대의 창설

▌한국전쟁의 발발

1950년 6월 25일 새벽 38도선에서 남북 간의 전투가 시작되었다. 북측의 조선인민군도 남측의 한국군도 전쟁준비를 서두르고 있었으므로 전투는 곧바로 전면전으로 확대되었다. 그리고 전투의 경과는 압도적으로 북측이 우세하여 한국군은 모든 전선에서 붕괴되어 북한군이 파죽지세로 남하를 개시했다.

개전 당일인 6월 25일 맥아더 미 극동군사령부는 한국군에 대한 지원과 미군의 개입을 결정하여, 26일 이른 아침부터 미 공군이 북한군에 대한 폭격을 시작했다. 트루먼 미 대통령은 6월 26일 미 해군병력의 투입을 맥아더에게 명령했다. 6월 25일 유엔안전보장이사회는 미국의 제안을 받아들여 북한을 침략자로 규정하는 결의를 채택하고, 6월 27일에는 유엔에 의한 경찰행동을 결의했다. 이때 소련은 중국의 유엔 대표권 문제를 내세워 안보리에 불참하고 있었으므로, 미국의 제안이 거부되지 않았던 것이다.

이 동안에도 전선에서는 한국군이 일시에 무너져 미 지상부대의 개입이 시급했다. 6월 30일 트루먼은 맥아더가 상신한 1개 연대 전투단의 전투참가 및 2개 사단의 추가투입을 인가했다.

6월 30일 밤, 미 극동군은 규슈(九州)의 구마모토(熊本)에 주둔하고 있던 보병 제2사단 제34연대에 대해, 대대장이 인솔하는 2개 중대 병력을 즉시 한국으로 파견할 것을 명령했다. 스미스 지대(支隊)로 명명된 이 부대는 부산에 공수된 후 열차로 북상하여, 7월 5일 서울 남쪽의 오산에서 북한군과 충돌했다. 미국은 미군이 개입하면 간단히 승리할 수 있을 것으로 예상하고 있었으나, 스미스 지대는 북한군의 전차에 유린되어 일격에 괴멸되고 말았다. 스미스 지대에 이어서 파견된 제34연대 주력은 7월 8일 오산 남쪽의 천안에서 북한군과 충돌하여, 마찬가지로 일격에 괴멸되어 연대장 마틴(Robert. R Matin) 대령이 전사했다. 또한 해로로 수송된 제24사단 주력은 천안보다 더 남쪽인 대전 부근에서 7월 17일부터 21일까지 싸웠으나, 전멸에 가까운 타격을 입고 사단장 딘(William F. Dean) 소장은 포로가 되었다.

마침내 미 극동군은 일본 점령군의 주력인 제8군 휘하의 4개 사단 가운데 홋카이도의 제7사단을 제외한 전 병력, 즉 제25사단과 제1기병사단 전체를 투입하여 소백산맥 선에서 북한군을 저지하려고 했다. 하지만 이 제8군의 주력도 7월 하순 큰 타격을 입고 후퇴하여, 8월 초순에는 낙동강 선에서 간신히 버티어 부산을 중심으로 하는 교두보를 확보하는 상태가 되었다.

제2차 대전 후의 미군은 원폭과 전략공군을 주력으로 하는 대소 전략 태세로 전환하여 지상군의 대부분을 감축했기 때문에, 이때는 서독과 일본을 중심으로 11개 사단 60만의 병력을 보유하고 있는 데 지나지 않았다. 이 중에서 일본점령을 담당한 제8군은 4개 사단 중 그 4분의 3을 한국에 투입하고도 북한군을 저지할 수 없었던 것이다.

이때의 주일미군은, 제2차 대전 당시의 역전의 용사는 이미 제대를 하여 병사 대부분이 전투경험이 없는 신병이었다. 점령을 위한 제반 업무에 매달려 있었기 때문에 전투훈련이 부족하고 사기도 떨어지고 풍기도 문란해 있었다. 장비도 제2차 대전 당시 그대로였으므로, 북한군의 소련제 T34 전차에 대해서 미군의 대전차 바주카포는 전혀 효과가 없었다.

북한군 전차가 출현하면 미군은 공황상태가 되어 도망쳤다. 50년 7월에서 8월에 걸쳐 미군은 부산 교두보의 한 귀퉁이로 내몰려, 제2차 대전 당시의 '덩케르크(Dunkerk)의 비극'이 재현될 위기에 직면했던 것이다.

▌ 맥아더 서한

한국에서의 전황이 상세하게 보고됨에 따라, 미군의 예상과는 전혀 다르게 북한군의 전력이 강하다는 것이 밝혀지게 되었다. 미 극동군사령부는 오산전투가 있은 7월 5일 본국에 병력증원을 요구했다. 그것은 주일미군의 주력을 한반도 유지를 위해 투입하지 않으면 안 된다는 전망에 따른 것이었다. 그리고 7월 8일 재차 본국에 증원을 요구했다(陸幹校 『朝鮮戦争1』). 이날 맥아더는 요시다(吉田) 수상에게 경찰예비대 창설에 관한 서한을 보냈다. 뜻밖의 사태 진전 때문에 "(맥아더는) 포츠담선언에 있어서의 국제협력과 극동위원회로부터의 훈령 그리고 일본국 헌법에 명문화된 숭고한 정신을 무시하고, 더구나 본국 정부로부터도 거의 도움을 받지 못한 상태에서 일본 재군비에 돌입한 것이다."(マーク・ゲイン『ニッポン日記』)

따라서 경찰예비대 창설의 당면 목적은 주일미군의 공백을 메우는 것이었다. 맥아더 서한이 발송된 다음날인 7월 9일, 일본 재군비 담당자 셰퍼드(Whitfield Shepherd) 소장의 참모장으로 취임한 코왈스키(Frank Kowalski) 대령은 셰퍼드로부터 다음과 같은 설명을 들었다고 한다.

"한국뿐만 아니라 일본의 사태도 예측을 불허한다. 일본열도에 배치되어 있는 우리의 4개 사단은 전부 한국으로 출동한다. 2, 3주 내에는 공군부대 및 소수의 육군 관리부대를 제외하고, 일본에 있는 미군부대는 없어진다. 우리는 이들 미군부대 대신에 일본의 4개 사단을 편성하여 훈련시키는 임무를 부여받았다. 자네도 알다시피 일본에는 부녀자와 아이

들이 대부분인 25만의 동포가 체류하고 있다."(コワルスキー『日本再軍備』)

즉 서둘러 편성하려고 했던 일본인 부대는, 한국 출동으로 인해 공백이 된 일본의 방위, 그중에서도 특히 25만의 재일 미국인을 보호하는 것이 목적이었던 것이다.

▌경찰예비대의 발족

7월 8일 요시다 수상에게 보낸 맥아더의 서한에서는 7만 5,000명의 경찰예비대 창설과 해상보안청에 8,000명을 증원할 것을 명령하고 있었다. 특히 경찰예비대는 미군의 공백을 메우기 위해 긴급하게 창설할 것을 요구하고 있었다. 일본정부는 8월 10일 포츠담 정령(政令)으로서 경찰예비대령을 공포하여, 그날 즉시 시행했다. 이에 의거하여 대원의 모집이 실시되어 제1진 약 7,000명이 8월 23일 입대했다.

예비대의 창설과 대원의 모집을 서두른 것은 한국의 전황과 관계가 있었다. 주일미군은 전황이 급박해짐에 따라 속속 일본을 떠나갔다. 그리고 대소 제1선 부대로서 마지막까지 남겨두었던 홋카이도의 제7사단도 9월 10일 일본을 떠나 한국으로 가는 것으로 예정되어 있었다. 코왈스키에 의하면, "총사령부로부터 고문단에 지령이 내려, 제7사단이 일본을 빠져나와 조선으로 향할 예정인 9월 10일까지 1만 명의 예비대원을 홋카이도에 배치하라는 명령이 내려졌다." "우리는 상황의 중대성을 감안하여 북진 중인 신입대원에게 열차 안에서 칼빈소총의 장전 및 발사방법을 가르치기 위해 미국인 교관 몇 명을 예비대 전용열차에 태웠다. 신입대원의 상당수는 2, 3일 전까지 보통의 생활을 하고 있던 자들로, 이틀 동안 모집센터에서 입대수속을 마치고 열차에 태워져, 목적지에 도착할 때까지 열차 안에서 사격훈련을 받은 것이다."(コワルスキー, 前揭書)

이렇게 대원 모집이 서둘러져, 50년 10월까지 7만 5,000명의 대원이 입대했다(陸上幕僚監部 『警察予備隊総隊史』). 간부요원으로는, 구군인은 추방령에 저촉되기 때문에 배제되고, 주로 경찰관으로 충당되었다. 즉 최고 간부요원으로서 7월 17일 가가와현(香川県) 지사인 마스하라 게이키치(增原惠吉)와 노동차관 에구치 미토루(江口見登留) 등이 설립준비위원이 되어, 8월 14일 마스하라와 에구치가 각각 경찰예비대 본부장관과 차장에 임명되었다. 부대의 장으로는 궁내청 차장 하야시 게이조(林敬三)가 임시 부대본부장이 되어, 11일 총대총감(總隊總監)이 되었다. 그 외 가토 요조(加藤陽三), 고토다 마사하루(後藤田正晴), 가네코 잇페이(金子一平) 등의 경찰간부가 본부의 주요 부장이나 과장이 되어 창설업무를 담당했다.

그러나 그때까지 일본 측은 부대 창설의 구체적인 준비가 거의 되어 있지 않았기 때문에, 입대한 대원들은 미군이 한국으로 출동하여 비어있던 미군 캠프에 수용되었다. 그리고 미군의 피복과 개인병기를 지급받아, 미군 지휘하에 교육을 받으면서 훈련을 시작했다. 최초의 현역 최고 지휘관인 하야시 총대총감은 다음과 같이 회상하고 있다.

"대원은 속속 모집되어 들어오는데 간부가 될 사람은 없다. 이렇게 되면 일본의 방위에 종사할 부대가 출발부터 전적으로 미군 장교의 지휘를 받지 않을 수 없는데, 이러한 형태의 부대가 만들어진다는 것은 장래를 위해서도 아주 좋지 않다는 생각이 들었다. 그런 생각을 하면서도 어쩔 수 없이 바라만 보고 있었던 것이다."(防衛庁 『自衛隊十年史』)

12월 말이 되어 마침내 경찰예비대의 편성 및 조직에 관한 규정이 시행되어, 총대총감 밑에 전국을 4개 관구대(管區隊)로 나누어 각각 관구총감 이하의 간부가 임명되었다.[7] 이렇게 하여 보병 4개 사단에 해당하는 부대가 발족된 것이다.

---

7 「경찰예비대의 부대 편성 및 조직에 관한 규정」(1950년 12월 29일, 총리부령 제52호)에 의거하여 정해진 경찰예비대의 편성은 다음과 같다(『警察予備隊総隊史』).

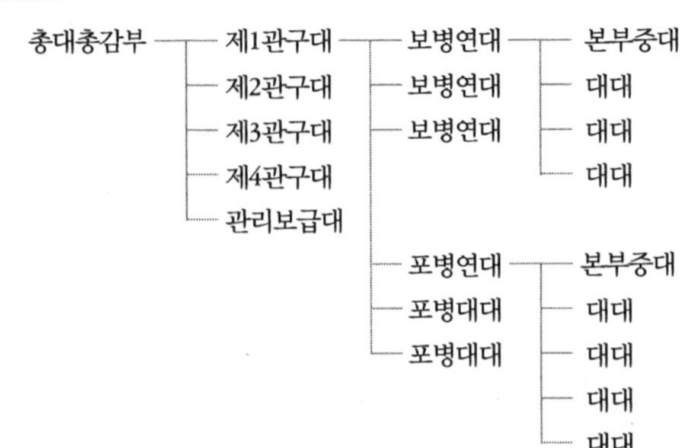
총대총감부
제1관구대
제2관구대
제3관구대
제4관구대
관리보급대
보병연대
보병연대
보병연대
포병연대
포병대대
포병대대
본부중대
대대
대대
대대
본부중대
대대
대대
대대
대대

3. 점령하 재군비의 성격

▌미군에의 종속성

일본의 재군비는 실질적으로는 4개 사단 상당의 보병부대이면서도, 명목상으로는 국가경찰의 예비대로서 출발했다. 그 출발의 경위에서도 명확히 드러나 있는 것처럼, 당초에는 무엇보다도 한국에 출동한 미군의 공백을 메우기 위한 보완부대였다. 그것이 일본 재군비의 특색과 성격을 무엇보다도 강하게 규정한 것이다.

출발에서부터 모든 것이 GHQ의 지시에 의해 추진되어, 실제의 운영 지도권을 쥐고 있던 것은 미 고문단이었다. 7월 8일의 맥아더 서한에 이어, 7월 14일에는 GHQ 민사국장이었던 셰퍼드 소장이 고문단장에 임명되어, 그 밑에 부단장 코왈스키 대령 이하의 고문단이 편성되었다. 또한 일본 전국에 있던 미군의 8개 지방민사부도 초기의 예비대 편성과 교육 훈련에 관한 조언을 했다. 미군의 계획하에 미군 캠프에 보내져, 미군의 병기와 피복을 지급받아 미군으로부터 훈련 및 지휘를 받는 부대로서 출발한 것이다. 마스하라(增原) 본부장관 자신도 "주도권은 유감스럽게도 저쪽에 있는 상태"였다고 술회하고 있다(鹿島研究所『日本の安全保障』).

발족 당시의 경찰예비대는 전적으로 미군의 지휘 및 관리하에 있었다. "창설 당시의 경찰예비대는 부대의 기구와 조직이 확립되어 있지 않았으며, 정식 간부도 임명되어 있지 않았기 때문에 훈련에 관련된 지령은 총사령부 민사국(G3)[8]으로부터 발령되어, 각 캠프에 파견된 민사국

파견장교의 지시하에 실시되었다. 캠프에서는 일반대원 중에서 이력과 연령 등을 고려하여 임시간부가 임명되고, 대원은 중대단위로 편성되어 훈련을 받게 되었으나, 훈련계획의 입안이나 교범 및 훈련자재의 작성, 조달, 배분 등은 고문단이 직접 실시했다.”(『警察予備隊総隊史』) 즉 캠프에 입영한 대원의 훈련과 간부의 선발 등 모든 것이 미군 고문단에 의해 이루어지고 있었던 것이다.

51년 12월 이후 일본인 간부의 임용과 부대장의 임명이 이루어짐에 따라서, 지휘관의 입장에 있던 미군은 본래의 고문단의 입장으로 돌아가 조언을 하게 되었지만, 그 실질적인 권한은 매우 컸다. 예를 들면 예비대의 무기는 100% 미군에서 대여한 것이었다.

“50년 8월에 예비대가 창설되고 약 2개월이 지났을 무렵, 각 캠프에 칼빈소총이 분배되었다. 그 무기대여 방법은 미군 민사국의 요청에 의해 JLC로부터 미군 고문단의 담당관(Accountable Officer)에게 칼빈소총(7만 4,000정)이 지급되어, 다시 담당관으로부터 예비대 각 관구(管区)의 미군 고문을 거쳐 예비대 각 부대의 미군 고문에 배급되었다. 고문은 이 칼빈소총을 사용할 때마다 대원 개개인에게 대여했다. 이들 무기는 모두 각 부대의 미군이 서명을 하고 수령하여 그 책임하에 보관되기 때문에, 예비대 측에는 아무런 책임도 권한도 없었다. 이러한 무기대여 방법은 예비대가 보안대로 전환될 때까지 변함이 없었다(『警察予備隊総隊史』).

즉 무기에 관한 자주성이 전혀 없었던 것이다. 이러한 미군에 대한 완전한 종속성이 일본 재군비의 성격을 결정적으로 규정한 것이다.

---

8 GHQ 민사국은 지방민사부를 통괄하기 위해 1950년 1월 신설된 것으로, 임무는 지방 레벨에서 점령군의 정책 및 명령이 원활하게 실시되고 있는지를 점검하여 최고사령관에게 필요한 조언을 하는 것이었다. 동년 8월 경찰예비대가 발족된 후에는 그것에 대한 지도임무가 추가되었다(竹前栄治『GHQ』). 약칭은 CAS로, G3와는 별개이다.

▌민중억압을 위한 무력

재군비의 두 번째 특징은, 그것이 국내 치안대책을 주된 임무로 하여, 민중운동을 억압할 목적으로 편성된 무력이라는 것이다. 경찰예비대령은 제3조에 그 임무를 "치안유지를 위해 특별히 필요가 있을 경우에는 내각총리대신의 명을 받아 행동"하는 것으로 규정하여, 국내 치안유지를 위한 부대라는 것을 분명히 하고 있었다.

'한국으로 출동한 미군의 공백 메우기'라는 창설의 직접적인 동기에서 보면 미군의 보조부대이며, 따라서 소련에 대한 홋카이도 방위 및 상황에 따라서는 한국으로의 출동도 고려되지 않은 것은 아니었다. 그러나 포츠담선언과 평화헌법 그리고 연합국이나 일본의 국민감정을 고려하여, 처음에는 대외적 무력이라는 측면을 극력 은폐하고, 오로지 국내용 무력이라는 측면만 강조했다. 경찰예비대령 제1조(목적)의 "우리나라의 평화와 질서를 유지하고"를 영어로 번역하면서, "peace and order of the country"가 아닌 "peace and order within the country"라고 하여, 그 목적이 오로지 국내전용이라는 인상을 갖게 하려고 했다고 당시의 관계자인 국가경찰본부 기획과장 야스타케 사다오(安武貞雄)는 말하고 있다(『自衛隊十年史』).

치안유지가 기본목적이라는 것은 민중을 적대시하여 대중운동을 진압하는 것이 첫 번째 임무라는 것이다. 경찰예비대 창설 당시인 50년 8월 말부터 10월 상순에 걸쳐 입대한 7만 5,000명의 대원은 전국 28개소의 미군캠프에 수용되어 13주간 624시간의 기본훈련을 받았다. 이 기본훈련 가운데 '대폭동(對暴動) 및 전투대형'이라는 과목이 129시간으로 시간 수가 가장 많았다(『警察予備隊総隊史』).

훈련뿐만 아니라 실제로 치안출동이 중요한 임무였다는 것은, 2년 후인 1952년 강화조약 발효 직후 겨우 2개월 동안에 다음과 같은 부대행동이 이루어졌다는 것으로도 충분히 짐작할 수 있다.

① 5월 1일, 제23회 메이데이(피의 메이데이)에 즈음하여 총대총감부(總隊總監部)가 출동준비를 갖추고 대기했다.

② 다음날인 5월 2일, 신주쿠 교엔(新宿御苑) 공원에서 행해진 전국 전몰자 추도식전에 참석한 천황 내외를 경호하기 위해 네리마(練馬) 부대의 일부가 요요기(代代木) 부근에서 대기했다.

③ 다음날인 5월 3일, 황거 앞 광장의 독립기념식전에 네리마 부대가 참석하고, 그 일부는 다케바시(竹橋) 부근에 대기하면서 경계임무를 수행했다.

④ 5월 30일, 이른바 5·30사건에 즈음하여, 예비대는 5월 중순부터 대책을 준비하여, 최루탄 등의 폭동진압 자재를 미군으로부터 수령하고, 전국의 부대에 긴급경비태세 발동 및 출동대기를 지시했다.

⑤ 6월 25일, 한국전쟁 기념일의 조선인 데모대에 대해서 히메지(姬路) 부대와 우즈라노(鶉野) 창사(廠舍) 경계부대가 위압을 가했다(堂場肇 「自衛隊の治安出動問題」, 『国防』 1960년 8월호).

북한에 호응하는 일본 국내의 '공산주의적 파괴분자'로부터 미군기지와 미국인 거류민의 안전을 확보하는 것을 당면 임무로 한다는 창설 당초부터의 성격, 즉 민중을 적대시하는 성격이 그대로 존속되고 있었던 것이다.

4. 경찰예비대의 성장과 해상경비대의 창설

▌구군인의 채용

경찰예비대가 서둘러 발족하게 되었을 때, 구일본군의 잔존 기관으로서 후일의 재군비에 대비하고 있던 후생성의 외국(外局)인 인양원호청(引揚援護廳) 복원국(復員局)에 남아있던 구군인들은 당연히 일본 측이 주도권을 잡기 원했다. G-2의 윌로비에 의해 GHQ 역사과에 모여 있던 구군인들 역시 마찬가지였다. 이들 중에서 육군 측의 중심인물은 복원국 자료정리부장 겸 GHQ 역사과 멤버였던 핫토리 다쿠시로(服部卓四郎) 대령이었다. 핫토리를 중심으로 하는 그룹은 윌로비의 지지를 받아 경찰예비대 창설의 주도권을 잡으려고 했다. 그러나 GHQ 내에서도 GS는 G-2의 구군인 이용계획에 대해 부정적인 입장을 취하여, 공직추방령을 이유로 그것을 반대했다. 또한 원칙적으로 경찰예비대는 군대가 아니라는 것, 평화헌법의 존재, 요시다 수상의 반군부 감정, 국민의 반전평화 분위기 등에 의해 핫토리 그룹을 기용하는 계획은 무산되었다. 그리하여 내무경찰 관료를 중심으로 간부가 구성되었던 것이다.

그러나 예비대가 황급하게 대원을 모집하여 발족하게 되자, 초기의 훈련과 지휘는 미군에 의존할 수밖에 없었다고 해도, 이후 조직으로서의 체제를 갖추게 됨에 따라 현실적으로 부대지휘 능력이 있는 구군인의 활용이 불가피했다. 그리하여 구군인의 추방해제와 간부로의 채용이 급물살을 타게 되었다.

최초의 구군인 추방해제는 1950년 11월 30일부로 시행된 '태평양전쟁 개전 후 육해군학교 입학자'의 해제였다. 이것은 육군사관학교 58기(단 유년학교 졸업자는 제외)·해군병학교 74기 및 이에 상응하는 자들로서, 육군 1,484명·해군 1,489명, 합계 2,973명이 대상이 되었다. 이들 대상자에 대한 특별모집이 행해져 51년 4월 3일부로 243명이 채용되어 하급간부에 충당되었다(『警察予備隊総隊史』).

이어서 제2차로 51년 8월 6일 육군 5,569명, 해군 2,269명, 합계 7,838명이 해제되었다. 그중 육사 54기 상당자 이상의 약 400명이 51년 8월에 상급간부로, 그리고 육해군 위관급 약 400명이 9월에 하급간부로 채용되었다(『警察予備隊総隊史』).

채용에 있어서는 "만약 추방이 해제되면 예비대에 들어갈 의향이 있는가?"라는 권유장이 당사자에게 발송되어, 마치 입대가 추방해제의 조건인 것과 같은 조치가 취해졌다. 또한 권유는 해당자 전원에 대해서가 아닌, 핵심 그룹에 의한 사상검증을 거쳐 선별적으로 이루어졌다. 이때 상급간부 요원으로 입대한 자가 이후 보안대와 자위대의 중추부를 장악하게 된다.

▌해상보안청의 강화

1950년 7월 8일의 맥아더 지령에 의해 해상보안청의 정원은 8,000명이 증가했다. 그러나 그 업무는 여전히 연안경비·해난구조·해상의 교통안전 등에 한정되어, 구해군의 소해업무를 이어받기는 했으나 연안경비대의 범위를 벗어나지 못한 것이었다. 함선도 소형의 특무정(特務艇)이 대부분이어서 도저히 해군이라고는 할 수 없는 것이었다. 일본이 항복했을 때 겨우 남아있던 제국해군의 군함은 연합국에 인도되어, 미국의 핵실험 재료가 되거나 중국 국민당 정부의 해군군함이 되기도 하였다. 이 때문에 일본에는 군용 함정이 없었던 것이다. 따라서 해군의 부활을 위해서는 함정을 입수해야 하며, 우선은 미국으로부터 함정을 대여받는 것이 필요했다.

한편 인원 면에서는 육군보다도 해군 쪽이 전전부터의 계속성이 있어 준비도 잘 갖추어져 있었다. 기뢰 제거를 위해 복원국으로부터 물려받은 소해부대가 해상보안청 각 관구의 해로개척부에 소속되어 약 100척의 소해정을 갖고 활동하고 있었기 때문이다.

1950년 10월 2일 오쿠보 다케오(大久保武雄) 해상보안청 장관이 미 극동해군 참모부상 버크(Arleigh Albert Burke) 소장에게 불려가 미군의 원산상륙작전에 협력할 것을 요청받았다. 즉답을 피한 오쿠보가 요시다 시게루(吉田茂) 수상 겸 외상에게 보고하자, 요시다는 UN군에 협력한다는 방침으로 이에 따르되 반드시 비밀로 할 것을 지시했다. 그 결과 해상보안청은 소해정 21척의 특별소해대를 한국에 파견했다.[9] 이 소해대는 미

---

9 요미우리신문(読売新聞) 전후사반(戦後史班)에서 간행한 『「再軍備」の軌跡』에 의하면 이 특별소해대는 다음과 같이 편성되었다. 해상보안청 항로개척본부장 다무라 규조(田村久三) 해군대령을 총지휘관으로 하고, 300톤의 소해모정(掃海母船)을 기함(旗艦)으로 하여, 소해작업의 마무리에 사용하는 6,000톤의 시항선(試航船) 외에 소해정으로 해상보안청의 각 관구에서 작업 중이던 것 중에서 선발한 1번대 4척·2번대 5척·3번대 5척·4번대 7척의 4개 부대가 편성되었다. 모두가 구해군의 목조 구잠특무정(駆潜特務艇, 135톤)과 초계특무정(哨戒特務艇, 250톤)을 전용한 소형정으로 구성되어 있었다. 1번대는 10월 상순에 출항하여 미군의 인천상륙작전에 협력하고, 2번대와 3번대는 중순에 출항하여 38도선 북쪽의 원산 앞바다 소해작업을 하고, 4번대는 서해안의 군산 앞바다 소해작업을 실시했다. 그리하여 이 특별소해대는 10월 10일부터 12월 6일까지 8주간에 걸쳐 인천·원산·군산 외에도 해주·진남포를 포함하여 총 5개소의 소해작업을 실시했다.
그 과정에서 10월 17일 원산 앞바다에서 작업 중이던 2번대의 소해정 1척이 침몰하여 사망자 1명과 부상자 18명을 냈다. 한국전쟁에 소해정을 출동시킨 것은 말할 것도 없고, 희생자를 낸 것도 국제관계나 국민감정을 고려하여 철저하게 비밀로 되어 있었다. 이 사망자는 1978년 가을 전몰자 서훈을 받고 전사자로 분류되었다. 또한 이 희생자를 낸 2번대 지휘관 노세 쇼고(能勢省吾) 중령(제5관구 항로개척부장)은 미군명령에 의한 작전에 반대하여 3척의 소해정을 이끌고 귀국해버려, 그 책임을 지고 파면되었다.
소해대의 한국 출동은 국내외의 비난을 우려하여 상당한 기간 동안 비밀로 되어 있

군의 작전에 협력하여 전사자까지 나왔으나, 그 활동은 크게 평가되었다고 한다.

그러나 해상보안청은 어디까지나 해상의 경찰력이었기 때문에, 이와는 별도로 해군의 재건이 복원국의 해군 관계자 등에 의해 준비되고 있었던 것은 제1장에서 기술한 바와 같다. 경찰예비대 발족 후인 1951년 10월 20일 요시다 수상의 지시를 받은 오카자키 가쓰오(岡崎勝男) 관방장관이 해군 재건의 중심에 있던 야마모토 요시오(山本善雄) 전 해군소장과 야나기자와 요네키치(柳沢米吉) 해상보안청 장관에게 해상경비력 강화를 위한 위원회 설치에 필요한 인선을 의뢰했다. 이 위원회는 제2복원국의 구해군으로 구성된 10명의 위원에 의해 10월 31일에 발족되어 'Y위원회'라는 이름이 붙여졌다. 이 Y위원회는 정부기관이면서도 그 활동 내용은 비밀에 부쳐져 은밀히 일본해군의 재건계획을 작성했다.

경찰예비대 즉 육군의 재건이 한국전쟁의 발발이라는 긴박한 정세 속에서 이루어졌던 것에 비해서, 해군의 재건은 이 Y위원회에서 시간적 여유를 갖고 검토되었던 것이다.

▌해상경비대의 창설

강화 발효를 앞둔 1952년 4월 26일 해상보안청법의 일부를 개정하여 해상보안청 내에 해상경비대 총감부가 설치되고, 이어서 4월 30일 운수성령(運輸省令)에 의해 해상경비대의 조직규정이 제정되었다.[10]

해상보안청 내의 기구로서 창설된 해상경비대는 해상경비대 총감부

었다. 하지만 상륙작전에 있어서의 소해작업이라고 하는 군사적인 역할을 수행한 것은 사실이었다. 비록 그것이 소규모라 할지라도 해외에 출동하여 외국과 공동작전을 실시한 것은 틀림없는 헌법위반이었다.

10 해상경비대 조직규정에 의한 조직은 다음과 같았다(『自衛隊十年史』).

와 지방감부 그리고 그 예하의 선대(船隊)로 구성되어 있었으며, 요원은 해상보안청의 직원과 신규채용자로 충당했다. 이렇게 하여 해상경비대는 함정도 함대도 없는 미니 해군으로 출발한 것이다.

해상경비대의 출발은 경찰예비대와는 큰 차이가 있었다. 경찰예비대가 구육군을 배제하고 내무경찰 관료의 지도하에서 출발한 것에 비해, 해상경비대는 처음부터 구해군이 중심적 역할을 했다. 즉 제2복원국 총무과장이었던 나가사와 히로시(長沢浩) 대령이 해상경비대 총감부 경비과장으로, 제2복원국 자료과장이었던 요시다 히데미(吉田英三) 대령이 요코스카(横須賀) 지방총감부장으로 취임하는 등, 구군인이 처음부터 주요 직위에 임명되었던 것이다.

해상경비대 요원은 경비대 발족 이전인 52년 1월부터 미 해군 요코스카 기지에서 미군으로부터 훈련을 받기 시작하여, 5월부터는 미군으로부터 패트롤 프리깃(Patrol Frigate) 1척과 상륙지원정 2척을 차용하여 훈련을 했다. 그러나 미일선박대차협정이 성립되기 전까지는 정식 함정이 없었기 때문에 기구와 인원만으로 발족되었던 것이다.

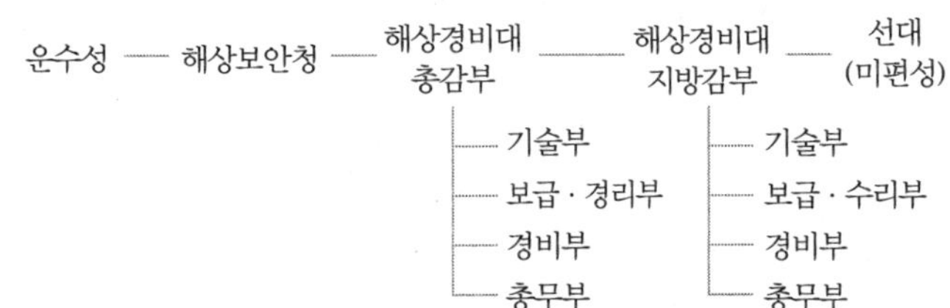

제3장

강화·안보조약과 보안대·경비대

1. 강화·안보조약의 체결

2. 보안청의 신설

3. 보안대와 경비대

1. 강화·안보조약의 체결

강화조약과 군사조항

1951년 9월 샌프란시스코에서 대일강화조약이 조인되었다. 일본과의 교전국 중에서 최장 기간 최대 규모의 전쟁 상대국이었던 중국은 배제되고, 인도·미얀마·유고슬라비아는 출석을 거부했다. 출석한 국가 중에서도 소련·폴란드·체코슬로바키아는 조인을 거부했으므로, 조인한 것은 일본을 포함한 49개국이었다.

강화조약은 군사상의 큰 문제점을 내포하고 있었다. 제5조 c항에서 "연합국은 일본이 주권국으로서 국제연합헌장 제51장의 개별적 또는 집단적 자위의 고유권리를 보유하는 것 및 일본국이 집단적 안전보장을 자발적으로 체결할 수 있음을 승인한다."라고 하여, 일본이 개별적 또는 집단적 자위권을 갖는 것과 집단적 안전보장조약에 참가하는 것을 승인했다. 이것은 포츠담선언에 있어서의 일본의 완전한 무장해제라는 조항과는 상반되는 것이다. 또한 제6조 a항에서는, 포츠담선언에 따라 조약 발효 후 90일 이내에 모든 점령군이 철수할 것을 정하고 있으면서도, 그 다음 단락에 "단, 이 규정은 하나 또는 둘 이상의 연합국과 일본국 간에 체결된 혹은 체결되는 2개국 간 혹은 다수국 간의 협정에 의거한, 또는 그 결과로서 외국군대가 일본국 영역에 주둔 혹은 주류하는 것을 막는 것은 아니다."라는 단서를 달아, 강화 후에도 미군이 계속 주둔하는 것을 인정함으로써 포츠담선언을 위반하고 있다.

즉 제5조는 일본의 재군비를 간접적으로 인정한 것을 의미하지만, 군비제한 조항이 없기 때문에 무제한의 재군비를 승인한 것이기도 했다. 샌프란시스코 회의에서는 미국의 강화조약안(案)과는 별도로 소련이 수정안을 제안했다. 이 소련안의 주요 취지는 일본의 군비제한 조항에 관한 것으로, 수정안에서 새롭게 추가할 것을 요구한 조항 중에는 일본의 군비제한에 관한 다음의 사항을 포함하고 있었다.

일본의 육해공군 군비는 오로지 자위를 위해 필요한 한도로 엄중히 제한되어야 한다. 이를 기초로 일본은 국경경비대 및 헌병을 포함한 군대를 다음에 기술하는 한도를 넘지 않는 범위에서 보유할 수 있다.

① 지상군 : 고사포부대를 포함하여 총병력 15만 명.

② 해　군 : 총병력 2만 5,000명, 총톤수 7만 5,000톤.

③ 공　군 : 해군항공을 포함한 전투기 및 정찰기 200대, 수송기·조난구조용 수상기·연습기 및 연락기·예비기 총 150대, 이를 위한 총병력 2만 명. 또한, 일본은 기체 내부에 폭탄적재 장치를 갖는 것을 주된 목적으로 하여 설계된 어떠한 항공기도 보유할 수 없다.

④ 일본의 군비가 보유하는 중형 및 대형 전차는 총 200대를 넘지 못한다.

⑤ 이상 3군의 병력은 각각 전투원과 보급정비요원 및 사무요원을 포함한다. 3군의 규모를 정한 이 조약의 조항에 의해 일본이 보유해도 되는 군대는 정해져 있으므로, 일본은 이 군이 필요로 하는 이상으로 국민들에게 군사훈련을 실시하는 것은 그것이 어떤 형태이건 금지된다.

일본은 다음의 각종 무기를 제조 혹은 실험해서는 안 된다.

① 원자무기, 세균무기, 화학무기를 포함한 일체의 대량살상 수단

② 일체의 자동식 혹은 조종식 포탄 및 그 발사에 관련된 장치(단, 이 조약에 의해 보유가 허락된 해군함대의 어뢰 및 그 발사관 등 통상의 해군장비로 볼 수 있는 것은 제외)

③ 사정 30km 이상의 대포

④ 자동감응장치에 의해 폭발하는 수뢰 및 어뢰

⑤ 일체의 인간조종어뢰

일본의 재군비에 대해서는 호주 등 영연방국들도 불안감을 표명했으나, 미국의 원안대로 군비제한 조항이 없는 강화조약이 되었다.

▌미일안전보장조약

미국이 대일강화를 서두른 것은 한국전쟁의 군사기지로서 매우 유용한 역할을 한 일본을 군사동맹국으로 확보하여 미군의 주둔을 항구적으로 합리화하기 위해서였다. 즉 미일안보조약의 체결과 일체화시키기 위한 것이었다.

강화조약이 체결된 9월 8일, 샌프란시스코의 제6군 사령부 하사관회관에서 안보조약 조인식이 조용히 거행되었다. 미국 측은 에치슨(Acheson) 국무장관·덜레스(Dulles) 국무성 고문·와일리(Wylie) 상원의원·브릿지스(Bridges) 상원의원 이 4명의 전권대표가, 일본 측은 요시다 수상 단 한 사람이 전권대표로 서명했다. 강화조약의 서명이 요시다 수상 외에 호시지마 니로(星島二郎) 자유당 총무·도마베치 기조(苫米地義三) 민주당 최고위원장·도쿠가와 무네요시(德川宗敬) 녹풍회(綠風會) 의원총회 의장·이케다 하야토(池田勇人) 장상(蔵相)·이치마다 히사토(一万田尚登) 일본은행 총재와 같은 보수당 및 재계를 대표하는 6명의 전권대표에 의해 행해진 것에 비하여, 안보조약은 요시다 수상 혼자 책임을 진다는 태도를 표명한 것이다.

미일안보조약의 목적은 일본을 군사적 동맹국으로 끌어들여 미군의 무제한 무기한의 일본 주둔을 인정케 하는 데 있었다. 조약은 전문(前文)과 5개조로 된 간단한 것으로, 그 제1의 특징은 안전보장이라는 명목의 군사동맹이라는 데 있었다. 주일미군은 외부로부터의 무력공격에 대한 대응과 대규모 내란 및 소요사태 진압을 위해 무력을 행사하고, 일본은 "자국의 방위를 위해 점진적으로 스스로 책임을 질 것"을 약속한 군사동맹이었다. '만주국'의 방위를 위해 일본군의 만주 주둔을 인정한 겨우 2개조의 일만의정서(日滿議定書, 1932년 9월)를 연상케 하는 내용이었다.

제2의 특징은 조약 제3조에 "미합중국 군대의 일본 국내 및 그 부근에 있어서의 배치를 규율하는 조건은 양국 정부 간의 행정협정으로 결정한다."라고 하여, 미군의 주둔에 따른 기지 대여의 구체적 내용은 모두 미일 정부 간의 행정협정에 넘기고, 국회의 비준을 필요로 하는 조약문에는 생략되어 있었다는 것이다. 이 점도 일만의정서를 연상케 하는 것으로, 주일미군의 권리는 무제한적으로 보장받게 되었다.

▌행정협정과 미군기지

안보조약 제3조에 의거한 미일 정부 간 행정협정은 다음 해인 1952년 1월 말 방일한 러스크(D. Dean Rusk) 미 대통령 특사·존슨 육군차관보와 오카자키 가쓰오(岡崎勝男) 외상의 1개월 동안의 비밀교섭 끝에 2월 28일 조인되었다. 그것은 29개조에 달하는 광범위한 것으로, 조약과 다름없는 심각한 내용을 담고 있었다. 그 첫째는, 미군에 대해 기지를 제공하면서 그 수와 지역도 정하지 않아 무기한 사용을 인정하는 것이었다. 둘째는, 미군 및 군속과 그 가족의 재판권을 미군이 갖는다는 치외법권을 인정한 것이었다. 그리고 셋째는, 미군 및 군속에게 대폭적인 경제적

특권을 인정하는 것이었다. 즉 수입품의 무관세와 일본의 조세 면제 등, 아직 전쟁의 상흔이 남아있는 일본에 있어서는 특별한 의미가 있는 특권이었다.

미군에 제공하는 시설 및 구역의 구체적인 내용에 대해서는 행정협정 제26조에서 미일합동위원회를 설치하여 협의하는 것으로 되어 있었다. 이 미일합동위원회는 52년 3월부터 공식 회의를 열어, 52년 7월에 시설 및 구역에 관한 협정에 조인했다. 이에 의하면 막사·훈련장·비행장 등의 일반시설은 전국적으로 무기한 사용 300건·일시 사용 303건 합계 603건으로, 점령 중에 비하면 건수는 거의 반으로 줄었다. 그러나 건수가 감소했음에도 불구하고 비행장이나 훈련장 등이 차지하는 지역은 확대되었다. 그것은 활주로가 더 큰 비행장이 필요하게 되는 등, 무기의 발달도 반영된 것이었다. 그 결과 도쿄의 스나가와(砂川), 이시카와현(石川県)의 우치나다(内灘), 군마현(群馬県)의 묘기(妙義) 등 새로 접수되는 구역이 생겨나게 되었던 것이다.

강화 발효에 의해 일본의 독립이 회복되었다고는 하지만, 미군의 계속된 주둔과 기지 확대라고 하는, 점령기와 다름없는 상태가 이어짐으로써 기지반대투쟁이 일어나게 되었다.

강화·안보조약 체결 당시인 1951년에는 주일미군의 주력이 한국의 전장에 출동해 있었다. 1950년 여름, 부산의 일각으로 몰린 미군은 본국으로부터 증원을 받아 9월에 인천상륙작전을 단행하여 38도선을 돌파하고 압록강을 향해 진격했다. 그러나 11월 중공군의 대규모 개입에 의해 저지되어, 미 육군은 사상 초유의 패전을 당하고 38도선으로 후퇴했다. 1951년 1월에는 중공군과 북한군이 다시 공세로 전환하여, '미군=유엔군'은 서울을 포기하고 38도선 이남으로 후퇴했다. 맥아더 원수는 원폭 사용과 만주 폭격을 주장하다가 리지웨이(Matthew B. Ridgway) 대장과 교체되고, 이후 전선은 일진일퇴를 거듭하고 있었다.

이 시기 유엔군사령부를 겸한 미 극동군사령부는 여전히 도쿄에 있고, 그 예하의 육군 주력인 제8군은 병참보급부대 외에는 모두 한국으로 출동해 있었다. 그러나 극동해군과 극동공군의 기지는 일본에 있었기 때문에, 한국전쟁의 수행을 위해서도 미 극동전략을 위해서도 일본 기지의 중요성은 더욱 높아지고 있었다.

2. 보안청의 신설

▌미일의 재군비 구상

강화·안보 두 조약의 체결은 일본 재군비가 새로운 단계에 접어들었음을 의미하는 것이었다. 일본은 안보조약 전문(前文)에서 방위력의 점진적 증강을 약속받았으나, 미국의 극동정책 전환 이래 일본의 재군비는 미국의 요구였으며, 한국전쟁 이후 그것은 더욱 강해졌다.

1951년 1월에서 2월에 걸쳐 강화 문제로 방일한 덜레스 특사로부터 요시다 수상은 국방군 창설과 치안성(治安省) 설치를 약속받았다(吉田茂 『回想十年』). 강화 후에도 미군의 일본 주둔을 인정함으로써 조기 강화를 실현하려고 한 요시다 수상은 1950년 4월 이케다 하야토(池田勇人) 장상을 밀사로 미국에 보내 미 국무성 및 육군성과 접촉하게 했다(宮沢喜一 『東京―ワシントンの密談』). 그 후 강화교섭 과정에서 미군의 일본주둔이 전제되었으나, 동시에 미국은 일본의 방위노력을 요구하여 그것이 안보조약의 전문에 반영된 것이다.

강화 발효를 앞두고 GHQ는 일본정부로부터 방위력 증강에 관한 언질을 받아내려고 했다. 우선 그것은 경찰예비대의 병력증강에 관한 것으로, 52년 1월 극동군 참모장 힉키(Doyle O. Hickey) 중장이 요시다 수상의 군사문제 브레인인 다쓰미 에이치(辰巳栄一) 중장에게 32만 5,000명을 요구했다. 이에 대해 일본이 국민감정과 재정문제를 내세워 거부하자, 미국은 다시 18만 명을 요구하는 것으로 변경했으나 결국 우선은 11만 명,

다음 해에는 13만 명으로 늘리는 것으로 결정되었다.

한편 강화 발효를 앞두고 구정치인 및 군인이 추방해제에 의해 복권되자, 독립국으로서 당연히 군비를 갖추어야 한다는 논의가 활발해져, 재군비의 규모와 성격에 관한 여러 가지 의견이 나오게 되었다. 그리하여 재군비에 장애가 되고 있는 헌법 제9조의 철폐, 즉 헌법개정론이 재군비론과 일체가 되어 주장되었다. 이것은 군국주의의 부활을 우려하는 평화·민주세력의 반발을 초래하여, 헌법옹호 및 반전평화 운동을 불러일으키게 된다.

1952년 1월 5일 리지웨이 최고사령관과 요시다 수상의 회담에서 일본의 점진적 방위력 증강과 독립 후의 경찰예비대 개편에 관한 논의가 이루어졌다. 1월 31일 중의원 예산위원회에서 민주당의 소장파 의원 나카소네 야스히로(中曽根康弘)의 질문에 대해, 요시다 수상은 현재의 경찰예비대는 2년으로 중단되고 내년 10월에 방위대를 신설한다고 답변했다. 명칭에 대해서는 그 후에도 논의가 계속되어, 결국 보안청을 신설하여 그 밑에 보안대와 경비대를 두는 방식이 취해지게 되었다. 육해군을 양립시킬 것인가 아니면 통합시킬 것인가 하는 것에 대해서도 논의가 있었으나, 전전 육해군 대립의 쓴 경험을 감안하여 통합방식이 취해지게 되었다.

일본의 재계도 재군비에 적극적이었다. 한국전쟁 특수로 일본경제는 활기를 띠게 되었으나, 그 특수 붐이 1년 정도로 끝난 후에도 미일경제협력이라는 명목의 새로운 특수가 대기업을 윤택하게 했다. 군수공장에 대한 미군의 발주를 중심으로 하는 방위생산이 큰 기대를 갖게 한 것이다. 경단련(経済団体連合会)은 52년 8월 미일경제협력간담회를 설치하여, 그 하부기구로서 구(舊)미쓰비시(三菱) 중공업의 고코 기요시(郷古潔)를 위원장으로 하는 방위생산위원회가 설치되었다. 방위생산위원회는 병기·함선·항공기 등 10개가 넘는 분과위원회를 설치하여, 재군비와 군수공업의 부활을 위한 조사 및 심의의 중심기관이 되었다.

▌보안청의 발족

본격적인 재군비에 있어서 최초의 문제는, 총리부(総理府) 소관으로서 명분상으로는 경찰인 '경찰예비대=육군'과 운수성 소관으로 해상보안청의 일부인 '해상경비대=해군'을 통합하여 하나로 할 것인가 아니면 양립 상태 그대로 둘 것인가 하는 것이었다. 경찰예비대 쪽에서는 통합을 주장하고, 육군에 종속될 것을 우려한 해상경비대 쪽에서는 양립을 주장했다. 그러나 전전 육해군 대립의 쓴 경험을 감안하여, 문민통제 원칙에 입각하여 양자를 통합하되 막료조직은 양립시키는 것으로 타협이 성립되었다. 그 결과 보안청법이 52년 5월 국회에 제출되어, 국회 회기 말인 7월 31일 가까스로 통과되어 그날로 공포 시행되었다.

육해군을 통합하는 미 국방성과 같은 역할을 담당하는 보안청은 52년 8월 1일 정식으로 발족되었다. 장관은 요시다 수상이 겸임하고, 차장에는 경찰예비대 본부장관이었던 마스하라 게이키치(増原惠吉)가 취임했다. 그리고 10월 30일 기무라 도쿠타로(木村篤太郎)가 장관에 취임했다. 보안청법에 의해 경찰예비대는 보안대로, 해상경비대는 경비대로 개편되어, 이 둘을 통합 관리하는 기구로서 보안청을 두게 되었다. 그리고 보안청에 이 두 부대를 지휘 운용할 제1막료감부(幕僚監部)와 제2막료감부가 두어졌다. 제1막료장에는 경찰예비대 총대총감(總隊總監)인 하야시 게이조(林敬三)가, 제2막료장에는 해상경비대 총감인 야마자키 고고로(山崎小五郎)가 임명되어, 육해군이 병립하는 체제가 되었다.

8월 4일 보안청장관으로서 엣추지마(越中島)의 청사에 등청한 요시다 수상 겸 장관이 간부들에 대한 훈시에서 "신국군의 토대가 되라."라고 하여 문제가 되었으나, 그것은 틀림없는 요시다의 본심이었다. 육군과 해군이 바야흐로 그 제1보를 내딛고 있었던 것이다.

상부기구로서의 보안청은 발족되었으나 부대의 개편은 지연되었다. 육군은 경찰예비대 대원의 임기 2년이 10월 14일에 만료되고, 해군은 미국으로부터의 함정 대여에 관한 논의가 지연되고 있었기 때문이다.

▌재군비와 헌법

강화 발효와 보안청 발족으로 평화헌법과의 관계가 다시 문제점으로 부상했다. 제13차 통상국회(51년 12월~52년 7월)는 재군비를 둘러싼 합헌·위헌논쟁의 무대가 되었다. 52년 3월 6일 요시다(吉田) 수상은 참의원 예산위원회에서 "자위를 위한 전력은 헌법 제9조에서 말하는 전력이 아니므로 위헌이 아니다."라고 언명했다. 그때까지 정부는 설령 자위를 위한 것이라 할지라도 전력의 보유는 위헌이라는 태도를 취하고 있었기 때문에, 정부 자체도 놀라움을 감추지 못했다. 반발한 야당 참의원 의원들이 공동성명을 발표하여 정부를 추궁했다. 나흘 후인 3월 10일 요시다 수상이 앞의 발언을 정정하여, "자위를 위한 것이라도 전력을 보유하는 것은 위헌이며, 헌법 개정이 필요하기 때문에 재군비는 하지 않는다."라고 했다. 진행되고 있는 재군비는 전력이 아니라는 입장을 취한 것이다.

요시다 수상과 정부의 이러한 태도에 대해서는 보수세력 가운데서도 반대가 심하여, 국민민주당의 아시다 히토시(芦田均)는 경찰예비대를 방위대로 발전시키고도 그것을 전력이 아니라고 하는 것은 국민을 기만하는 것이므로, 헌법을 개정하여 당당하게 자위대를 만들어야 한다고 주장했다. 또한 아시다는, 1946년의 제헌국회에서 제9조 제2항의 모두(冒頭)에 "전항(前項)의 목적을 달성하기 위해"라는 문구를 추가하여 수정한 것은, 자위를 위해서라면 군대를 보유할 수 있다는 의미를 내포하는 것이라고도 했다. 강화 발효 전에 추방이 해제되어 정계에 복귀한 구정치인의 상당수도 헌법 개정과 재군비를 공공연히 주장했다.

　1952년 2월 8일 국민민주당·농민협동당·신정(新政) 그룹이 합당하여 개진당(改進党)을 결성하고, A급 전범인 시게미쓰 마모루(重光葵)의 추방해제를 기다려 그를 총재로 추대했다. 개진당은 정책대강(政策大綱)에서 '민주적 자위대를 창설하여 집단안전보장체제에 참가한다'고 주장했다. 동년 4월 19일 기시 노부스케(岸信介) 등 구만주국 관료 등을 중심으로 하는 추방해제자들이 일본재건연맹이라는 정치단체를 결성하여, 마찬가지로 개헌과 재군비를 주장했다. 기시 등은 다음 해 자유당에 입당했다. 자유당에도 하토야마 이치로(鳩山一郎) 등 많은 정치가가 복귀하여 개헌과 재군비를 주장했다. 자유당 내에서는 요시다파(吉田派)와 하토야마파(鳩山派)가 격렬하게 대립했는데, 그것은 정권다툼임과 동시에 헌법 개정과 재군비를 둘러싼 정책상의 대립이기도 했다. 이 시기 보수파는 중의원과 참의원 양원의 3분의 2가 훨씬 넘었으므로 개헌은 매우 현실적인 주장이었다. 그리하여 이 개헌의 위기 속에서 평화·호헌운동이 점차 활발해지게 되는 것이다.

3. 보안대와 경비대

▌보안대로의 개편

보안청은 8월 1일에 발족했으나, 경찰예비대 일반대원의 임기가 10월 14일까지였기 때문에 그때까지는 경찰예비대가 존속되어, 10월 15일 보안대로 개편되어 출발했다. 경찰예비대가 "우리나라의 평화와 질서를 유지하고, 공공의 복지를 보장하는 데 필요한 한도 내에서 국가지방경찰 및 지방자치단체의 경찰력을 보완하기 위해"(경찰예비대령 제1조)라는 것을 임무로 하여 어디까지나 경찰이라는 것을 원칙으로 하고 있었던 것에 비해서, 보안청과 그 예하의 보안대·경비대는 경찰의 예비라는 문구를 삭제하고 "우리나라의 평화와 질서를 유지하고, 인명 및 재산을 보호하기 위해"(보안청법 제4조)라고 함으로써 군대에 가까운 것이었다.

당초의 보안대는 경찰예비대 말기의 11만 명을 넘겨받아, 이것을 1개 방면대(方面隊) 4개 관구대(管区隊)로 편성했다. 관구대는 3개 보통과(普通科=보병)연대·1개 특과(特科=포병)연대·1개 시설(施設=공병)대대·1개 위생대대 및 직할대대로 구성된 사실상의 사단이었다. 제1관구대는 도쿄·제2관구대는 삿포로(札幌)·제3관구대는 이타미(伊丹)·제4관구대는 후쿠오카(福岡)에 두고, 군에 상당하는 제1방면대는 삿포로에서 제2관구대와 직할부대를 지휘했다.

보안대는 경찰예비대 시절 미군으로부터 대여받은 칼빈소총·기관총·로켓발사통·박격포 등의 경장비에 추가하여, 52년에 105㎜ 및 155

㎜ 유탄포(榴彈砲 : 곡사포의 일종) 40문과 20톤 전차 40대를 대여받았다. 그중 일부는 MSA협정 교섭의 난항으로 대여가 중지되었으나, 54년까지는 장비가 거의 갖추어졌다. 그리하여 52년 10월 보안대 항공학교가 설치되어 L16 연락기 20대를 대여받음으로써 항공기 장비의 제1보를 내딛게 되었다.

보안대 발족을 앞둔 52년 7월, 전 대본영 참모를 중심으로 한 대령급 11명이 입대하여 보안대 발족과 더불어 상급간부에 취임했다.[11] 이렇듯 보안대에서 자위대에 걸쳐서 구군인이 그 중추적 지위를 점하게 됨으로써 구군과의 연속성은 더욱 강해지게 된다.

---

11   1952년 7월 경찰예비대에 입대한 구군 대령 출신은 다음과 같다.
　　○ 기시모토 주이치(岸本重一) : 육사 34기, 대본영 참모를 거쳐 종전 시 제8비행사단 참모장. 이후 육상자위대 간부학교장, 육장(陸将 : 중장과 대장의 중간으로, 최고위 계급).
　　○ 마쓰타니 마코토(松谷誠) : 육사 35기, 참모본부 전쟁지도반장, 아난(阿南) 육상 비서관, 스즈키 수상 비서관. 이후 육상자위대 북부방면총감, 육장.
　　○ 스기야마 시게루(杉山茂) : 육사 36기, 제18군 참모를 거쳐 종전 시 대본영 참모. 이후 육상자위대 육막장(陸幕長), 육장.
　　○ 이모토 구마오(井本熊男) : 육사 37기, 대본영 참모, 도조(東条) 육상(수상 겸임) 비서관, 종전 시 제2총군 참모. 이후 육상자위대 간부학교장, 육장.
　　○ 스기타 이치지(杉田一次) : 육사 37기, 참모본부 구미과장을 거쳐 종전 시 제17방면군 참모. 이후 육상자위대 육막장, 육장.
　　○ 신구 요타(新宮陽太) : 육사 38기, 육군성 인사국 보임과장을 거쳐 종전 시 대본영 참모. 이후 육상자위대 간부학교장, 육장.
　　○ 다카야마 시노부(高山信武) : 육사 39기, 대본영 참모를 거쳐 종전 시 육군성 군무국 군사과 고급과원. 이후 육상자위대 육막부장(陸幕副長), 육장.
　　○ 호소다 히카루(細田熙) : 육사 39기, 대본영 참모를 거쳐 종전 시 육군성 병비과장(兵備課長). 이후 육상자위대 동부방면총감, 육장.
　　○ 요시하시 가이조(吉橋戒三) : 육사 39기, 육군성 군무국 군사과원, 육대 교관을 거쳐 종전 시 시종무관. 이후 육상자위대 간부학교장, 육장.
　　○ 마쓰다 다케시(松田武) : 육사 39기, 종전 시 육군항공본부 정비부원 겸 군수성 군수관. 이후 항공자위대 공막장(空幕長), 공장(空将).
　　○ 사쿠라 요시오(桜義雄) : 해군병학교 52기, 종전 시 대본영 참모. 이후 육상자위대 북부방면 부총감(副総監) 겸 삿포로 주둔지 사령관, 소장.
　　　　　　　　　　　　　　　　　　　　　　(読売新聞戦後史班編『「再軍備」の軌跡』)

▎경비대와 미일 선박대차협정

1952년 8월 1일 보안청이 발족함에 따라 해상경비대는 경비대로 개칭되어 해상보안청 관할에서 보안청 관할로 넘어갔다. 그 임무도 "해상에 있어서의 인명 혹은 재산의 보호 또는 치안유지를 위해"(해상보안청법 제25조 2항)에서, "우리나라의 평화와 질서를 유지하고 인명 및 재산을 보호하기 위해"라고 하는, 보다 군대적인 것으로 바뀌었다. 경비대는 두 개의 지방대와 선대군(船隊群)으로 편성될 예정이었으나, 당초는 해상보안청에서 이관된 소형 소해정을 주체로 하고 있었기 때문에 해상부대로서의 체제를 갖추지 못하고 있었다.

1952년 4월 요시다 수상은 미 정부에 서한을 보내 PF(패트롤 프리깃)와 LSSL(대형 상륙지원정)의 대여를 요청했다. 미국은 동년 7월 외국에 대한 함정대여법을 성립시켜, 미일 간 대차협정에 관한 교섭 결과, 52년 11월 12일 미일선박대차협정이 조인되었다. 협정에 의해 대여기간 5년으로 PF 18척과 LSSL 50척, 총 68척을 대여받기로 했다. 물론 PF와 LSSL 모두 미국의 군함이기 때문에, 대여된 경우도 일본의 군함으로 보아야 할지 어떨지 혹은 국제조약이 적용될지 어떨지가 문제가 되었다. 이 때문에 보안청법을 일부 개정하여 국제조약을 준수하는 것으로 함으로써 문제를 해결했다.

협정에 의한 대여 함정은 53년 1월부터 인도되었다. 경비대는 소해대에 의한 기뢰 제거작업을 추진하는 한편, PF와 LSSL로 구성된 선대를 편성하게 됨으로써 비로소 해상병력으로서의 부대를 갖게 되었다. 그러나 이 대여함정은 대차기간이 5년이었으므로 다시 독자적인 건함계획을 세우게 되었다. 1953년도에는 116억 엔의 선박건조비를 책정하여 갑(甲)·을(乙)형의 경비선과 보급공작선 등의 건조에 착수했다. 이렇게 하여 작은 해군이 발족된 것인데, 육상의 경우와 비교하여 Y위원회 이래

주도권은 구해군이 쥐고 있었기 때문에, 병력은 적지만 인적으로는 구해
군의 완전한 부활이었다.

▌보안대학교와 보안연수소

보안청 발족과 더불어 그 부속기관으로서 보안대학교, 보안연수소,
기술연구소가 신설되었다.[12]

보안대학교는 사관 양성 학교였다. 창설에 있어서는 구군처럼 육군사
관학교와 해군병학교로 양립시킬 것인지 아니면 통합체제로 할 것인지
가 문제가 되었다. 경찰예비대 간부와 요시다 수상은 통합체제로 할 것
을 주장했다. 구군에서 있었던 육해군 대립의 좋지 않은 경험을 거울삼
아, 장래의 간부는 젊었을 때부터 한솥밥을 먹은 동창생인 것이 바람직
하다고 생각했기 때문이다. 이에 대해서 구군인 특히 해군 출신은 과거
의 에타지마(江田島) 해군병학교에 대한 강한 향수와 육군에 흡수될 우려
때문에 양립체제 즉 병학교의 부활을 주장했으나, 요시다 수상의 강력한
방침으로 통합안이 관철되었다. 그리고 초대 학교장에는 구군인도 제국

---

12 보안청법에 의한 보안대의 편성은 다음과 같았다(防衛庁陸上幕僚監部『保安隊史』).

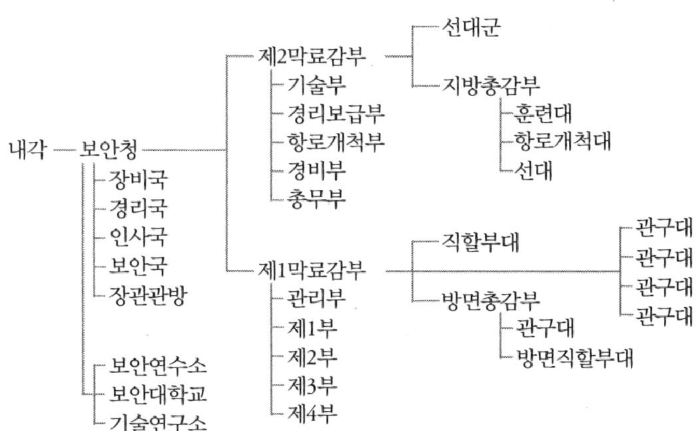

대학 출신도 아닌, 정치사상사 전공의 전 게이오대학(慶応大学) 교수 마키 도모오(槇智雄)가 선발되었다.

보안대학교는, 교관을 구하기 위해서는 도쿄에 가까울 것, 구해군 군인들이 요구하는 바다에 가까울 것, 이 두 조건을 감안하여 미우라(三浦) 반도의 오하라다이(小原台)에 설치되었다. 교육내용은 4년제 대학의 이공계 학부 수준으로 하여 거기에 군사학을 추가한 것으로, 구육사와 해군병학교에 비하면 일반학 교육의 비중이 높게 되어 있었다. 학생 전원이 기숙사 생활을 하면서 24시간 교육을 받는 것은 전전과 같았다. 제1기생은 53년 4월에 입학했는데, 그 졸업생들이 이후 자위대의 중추 간부가 되었다.

보안연수소는 구 육군대학교와 해군대학교를 하나로 통합한 것에 해당했다. 이는 보안대·경비대의 관리운영에 관한 기본적인 조사연구 및 간부직원의 교육훈련 실시를 목적으로 한 기관이었다. 이것도 육해군의 대립을 피하기 위해 통합기관으로 하여, 보안청 발족과 동시에 52년 8월 엣추지마(越中島)에 설치되었다.

기술연구소도 육해군을 통합하여 기술의 연구개발을 목적으로 하는 기관으로서 52년 8월에 설치되었다. 처음에는 주로 장비의 국산화를 위한 연구를 수행했다. 이 연구소는 자위대의 기술연구본부로 발전하게 된다.

한국 휴전

한국전쟁은 개전 1년 후인 1951년 여름, 대략 38도선을 경계로 하여 전선이 정체상태가 되었다. 51년 6월 소련의 유엔 대표 말리크(Yakov Aleksandrovich Malik)가 정전교섭을 제안하여, 전투가 계속되는 가운데 7월 10일부터 경계선 가까이의 개성에서 휴전회담이 개최되었다. 이 회담은 1개월여로 진전없이 끝났으나, 동년 10월 25일부터 회의장을 판문점으로 옮겨 재개되었다. 그러나 휴전회담은 난항을 거듭하여, 전투상태가 계속되는 가운데 회담이 중단되는 경우가 많았다.

미국에서는 52년 11월의 대통령 선거에서 전쟁종결을 공약한 공화당의 아이젠하워가 당선되어 53년 1월 취임했다. 소련에서는 53년 3월 5일 스탈린이 사망하고, 후임으로 수상이 된 말렌코프(Georgy Maksimilianovich Malenkov)가 최고회의 연설에서 분쟁의 평화적 해결을 강조했다. 한국의 이승만 정권은 휴전에 반대했으나, 미소 양국의 타협을 배경으로 판문점의 회담이 급진전하여, 53년 7월 27일 휴전협정이 조인되었다. 38도선을 비스듬히 횡단하는 군사경계선을 사이에 두고, 3년 동안의 한국전쟁이 끝난 것이다.

그동안의 전쟁에서 양군 합계 400만 이상의 피해를 내면서 전선이 롤러처럼 한반도를 왕복했기 때문에 국토가 황폐화되어, 한국 민중을 덮친 비극의 심각함은 말로 표현할 수 없을 정도였다. 그러나 일본경제에 있어서 한국전쟁은 제2차 대전의 전화에서 재기하여 발전하는 계기가 되었다. 전쟁의 발발로 급등한 주가가 스탈린의 사망으로 대폭락(스탈린 폭락)한 것은 군수에 의존하는 일본경제의 체질을 그대로 드러낸 것이었다. 한국특수에 의존하고 있던 재계는 휴전회담이 시작되자 새로운 군수시장으로서 일본의 본격적인 재군비에 기대를 걸었다.

▌일본의 재군비 구상

경단련(経団連)은 방위생산위원회 내에 심의실을 설치하여, 패전 당시 육군성 군무국장이었던 요시즈미 마사오(吉積正雄) 육군중장과 해군성 군무국장이었던 호시나 젠시로(保科善四郎) 해군중장 등의 육해군 장성급을 모아 재군비 계획을 수립했다. 1953년 2월에 완성된 「방위력 정비에 관한 시안」이 그것이었다. 여기서 방위력은 육상 15개 사단 30만 명·해상 29만 톤 7만 명·항공 2,900대 13만 명이라는 방대한 것으로, 이것을 6년 동안에 완성하는 데 필요한 비용은 2조 9,000억 엔으로 산정되었다. 당시 보안대가 11만 명, 경비대가 2만 7,000톤, 52년도 보안청 예산이 553억 엔이었던 것을 감안하면, 이 계획이 얼마나 방대한 것이었는지를 명백히 알 수 있을 것이다.

이 시안은 경단련에서 정식으로 채택한 것은 아니지만, 비밀리에 주일 미 대사관을 거쳐 미 국방총성에 제출되었다. 경단련이 조속한 실현이 불가능한 이러한 방대한 계획을 그대로 미 국방총성에 보낸 것은, 그만큼 미국으로부터 많은 원조를 얻어내기 위한 것이었다(前揭 『「再軍備」の軌跡』).

한국전쟁 이후 미국의 대외원조는 군사적 성격이 두드러져 있었다. 1951년 10월 미국은 상호안전보장법(MSA)을 제정했다. 이 법은 그때까지의 각종 경제 및 군사 원조를 하나로 통합하여 피원조국의 방위노력을 의무화한 것이었다. 한국전쟁 후를 겨냥한 일본 재계는 바로 이 MSA 원조에 뜨거운 눈길을 보내고 있었던 것이다. 이러한 상황에서 미일 정부 간 교섭이 53년 7월부터 정식으로 시작되었다.

한편 보안청에서도 독자적으로 재군비 계획을 세우고 있었다. 보안청 발족 직후인 1952년 9월 마스하라(增原) 차장, 하야시(林) 제1막료장, 나가자와(長沢) 제2막료장, 이 3인을 위원으로 하는 제도조사위원회를 설치하여 방위구상에 관해 검토했다. 그리고 53년 3월 말 제도조사위원회의 제1차 안이 만들어졌다. 이것은 정부기관이 만든 최초의 방위계획이라고도 할 수 있는 것이었다.

이 안은 53년에서 65년까지 13년 동안에 육상 30만 명·해상 45만 5,000톤·항공 6,744대라고 하는 매우 방대한 것으로, 재정상 도저히 실현이 어려운 것이었다. 위원회가 존재한다는 것도 안의 내용도 모두 비밀로 되어 있었다. 기무라 도쿠타로(木村篤太郎) 보안청장관이 53년 6월에 경비 5개년 계획의 입안이 끝났다고 말하여 문제가 된 것은 제2차 안으로, 육상 20만 5,000명·해상 14만 3,000톤·항공 1,536대로 축소된 것이었다. 이후 위원회 안은 제10차까지 만들어졌으나, 그것은 어디까지나 보안청 내부의 것으로, 정부가 인정한 것은 아니었다. 요시다 수상과 재무 당국 그리고 자유당의 주류도 아직 대규모 군비확충에는 비판적이었던 것이다.

▋ 이케다 · 로버트슨 회담

MSA 교섭에 앞서, 일본이 구체적으로 어떠한 방위력증강계획을 갖고 있는가 하는 것이 당연히 문제가 될 터였다. 당면한 일본의 재군비 규모와 내용이 어느 정도인가를 일본정부가 결정한 상태에서, 미국 정부의 양해를 얻어 원조를 받아내는 절차가 필요했다. 이를 위해 이루어진 것이 53년 10월의 이케다(池田) · 로버트슨 회담(Ikeda- Robertson Talks)이다.

이 교섭을 위해 요시다 수상의 특사로서 자유당 정조회장(政調会長) 이케다 하야토(池田勇人)가 아이치 기이치(愛知揆一) 대장성 정무차관과 미야자와 기이치(宮沢喜一) 참의원 의원 등을 대동하여 53년 10월 미국으로 건너가 미 국무차관보 로버트슨과 회담했다. 이 교섭은 "금후 미일관계의 근본을 결정하는 것으로 당시 세상에서 해석되었고, 우리들 또한 그렇게 생각하고 있었다."(宮沢喜一『東京－ワシントンの密談』). 회담에서 미국 측은 가급적 강력한 군사력을 일본 측에 요구하고, 일본 측은 가급적 군사력을 축소시키면서 많은 금액의 MSA 원조를 끌어내려는 흥정이 이루어졌다.[13]

---

13 미국의 구체적인 요구는 다음과 같았다.

　　미국 측은 대략 3년 동안에 육상에서 10개 사단 32만 5,000명의 병력을 요구했으나, 일본 측은 그 절반인 18만 명으로 하는 안을 제시했다. 평화헌법과 국민감정 그리고 재정사정 등을 들어 급속한 증강은 불가능하다는 것을 끈질기게 주장하여 관철시키는 데 성공했다. 그리고 10월 30일 '자위력의 점진적 증강'으로 의견이 일치되었다는 공동성명을 발표했다. 이를 기초로 MSA 관련 4개 협정이 54년 3월에 조인되어, 일본 재군비의 전망에 관한 구체적 그림이 완성되었던 것이다.

　　동시에 조인된 4개 협정은 상호방위원조협정(Mutual Security Act=MSA 협정), 잉여농산물구입협정, 경제적조치협정(円貨使途協定), 투자보장협정이었다. MSA란, 미국이 대소 전략을 위해 서방 제국에 원조를 제공하고, 그 대가로 피원조국은 군사력을 강화할 의무를 진다는 내용이다. 요시다 내각은 미일 MSA협정을 체결함으로써 본격적인 재군비를 미국에 약속했던 것이다.

　　MSA협정에 부수된 것으로서 미국 측이 요구하는 「MSA협정 등에 따른 비밀보호법」이 6월에 성립되었다. 미국으로부터 제공된 장비나 정보 등의 방위비밀을 "탐지, 수집, 누설 및 그것을 미수, 교사, 선동한 자는 최고 징역 10년에 처한다."는 것이었다. 전전에 국민의 언론과 사상을 억압하여 일상생활의 구석구석까지도 통제했던 군기밀보호법의 재현이었다.

○ 육상 : 10개 사단(32만 5,000명)
○ 해상 : 프리킷함 18척을 포함한 108척(1만 3,500명)
○ 항공 : 800대(3만 명) = 3, 4년
이에 대해 로버트슨에게 제시한 이케다의 시안(試案)은 다음과 같았다.
○ 육상 : 10개 사단(18만 명) = 3개년
○ 해상 : 210척(15만 6,550톤, 3만 1,000명) = 5개년
○ 항공 : 518대(7,600명, 기타 보급부대 등) = 5개년
미국이 지상병력의 증강을 요구한 것에 대해서, 일본은 사단의 수는 별도로 하고 병력을 절반 가깝게 축소한 것이었다. 미국의 지상병력 증강요구는 한국전쟁의 경험에서 나온 것이었다. 지상전은 동맹국 군대에 분담시키고, 해군과 공군의 공격력은 자신들이 보유한다는 전략에 의한 것이었다.

제4장

자위대의 발족

1. 본격적인 재군비

2. 항공의 독립

3. 방위청·3자위대의 창설

4. 국방방침과 방위계획

1. 본격적인 재군비

▌정계의 동요와 재군비론

강화 발효 후 얼마 지나지 않은 1952년 8월 28일 요시다(吉田) 수상은 중의원을 전격적으로 해산했다. 추방이 해제된 자유당 내 반요시다파의 선거준비가 정비되기 전에 선수를 치기 위한 것이었다. 10월 1일의 총선거 결과는 자유당 240·개진당 85·사회당 우파 57·사회당 좌파 54로, 여전히 보수파가 3분의 2 이상의 의석을 차지하여, 자유당 내 하토야마파(鳩山派)의 세력은 늘어나지 않았다. 그리하여 제4차 요시다 내각이 성립되었으나, 미키 부키치(三木武吉) 등 하토야마파의 강경론자가 자유당 민주화동맹을 결성하여 개헌과 재군비를 주장하면서 야당으로 돌아선 개진당과 더불어 정권을 동요시켰기 때문에, 요시다 내각은 매우 불안정했다.

다음 해인 53년 3월, 요시다 수상의 '바카야로(ばか野郎=멍청한 놈)'라는 폭언문제로 내각불신임안이 가결되어 중의원이 다시 해산되었다. 이때 하토야마파는 분당파자유당을 만들어 불신임안에 찬성했다. 4월 19일의 총선거 결과는 자유당 199·개진당 76·사회당 좌파 72·사회당 우파 66·분당파자유당 35석으로, 사회당 특히 재군비에 반대하는 사회당 좌파의 진출이 두드러졌으나, 여전히 보수파가 3분의 2 이상을 점하고 있었다. 그 결과 자유당의 소수여당 내각으로서 제5차 요시다 내각이 성립했으나, 그 기반은 전보다 더 불안정했다. 그리하여 요시다 수상은 보

수파의 압력과 미국의 강한 요구로 군비증강 추진을 서두르지 않으면 안 되게 되었다.

53년 9월 27일 가마쿠라(鎌倉)에 있는 시게미쓰(重光)의 저택에서 자유당 요시다와 개진당 시게미쓰 사이의 당수회담이 개최되었다. 이 회담에서 재군비 문제에 관해 처음으로 양자 합의가 이루어져, 보안대를 자위대로 바꾸어 직접침략에 대항할 수 있도록 증강할 것과, 장기방위계획을 수립하는 것으로 의견이 일치했다. 일본의 재군비에 관한 보수파의 합의가 이루어진 것이다.

요시다·시게미쓰 회담에 이어, 동년 11월에는 요시다와 분당파자유당 하토야마 사이의 당수회담이 열려, 자유당에 헌법조사회를 만드는 것을 조건으로 하토야마가 분당파자유당을 해체하고 자유당에 복귀했다. 이때 미키 부키치(三木武吉) 등 8명은 복당하지 않고 일본자유당을 만들었으나, 이 당도 자주군비와 자주헌법을 내세웠다. 일본 재군비의 구도를 결정한 이케다·로버트슨 회담은 이 요시다·시게미쓰 회담의 합의에 입각한 것이며, 개진당이 주장하는 자위군 창설을 자유당이 인정하여, 하토야마파도 이 노선을 양해하고 자유당에 복귀한 것이다. 개헌과 재군비를 향한 보수파의 발걸음은 이렇게 하여 보조를 맞추게 된 것이다.

▮ 보수당의 방위절충

요시다·시게미쓰 회담에서 자위대 창설이 결정되었다고는 해도, 소수여당인 자유당은 야당인 개진당과 일본자유당의 협력을 얻지 못하면 이것을 구체화할 수가 없었다. 이 때문에 보수 3당은 각각 위원을 지명하여 53년 12월부터 방위문제에 관한 보수 3당의 절충을 개시했다.

이 회담은 자위군 창립과 국방성 설치 등 적극적으로 군대로서의 성격을 명확히 하려는 개진당의 주장과, 반전평화 여론이나 사회당 좌파의 진출 등을 우려하여 가급적 군대적인 성격을 희석시키려는 자유당의 주장이 대립하여 난항을 거듭했다. 그러나 개진당이 서둘러 개헌을 하지 않더라도 자위군은 보유할 수 있다는 데까지 타협하고, 자유당은 직접침략에 대항할 자위군의 필요성을 인정하는 것으로 절충이 이루어졌다.

1954년 1월에는 자유당이 3당 절충으로 자유당의 방위5개년계획안을 제시했다. 그리고 자위대는 직접 및 간접침략에 대해 국가를 방위하는 것을 주된 임무로 하고, 필요에 따라 공공의 질서유지에 임한다는 합의가 이루어졌다. 또한 그 규모에 대해서도 이케다·로버트슨 회담의 합의에 따른 자유당의 5개년계획안을 기본적으로 인정하는 것으로 의견이 일치되었다. 그리하여 54년 2월 1일 3당 내에서 자위대의 설치요강에 대한 기본적 합의가 성립되었다.

3당 방위절충은 53년 12월 3일부터 54년 3월 8일까지 10여 차례에 걸쳐 이루어졌다. 그리하여 자위대의 기본구상 외에도 몇 가지 점에서 합의에 도달했다. 자위대조직법과 관청으로서의 방위청설치법을 각각 제정할 것, 방위청은 성(省)으로 승격시키지 않고 총리부의 외국(外局)으로 할 것, 3군의 조정과 장관 보좌기관으로서 통합막료회의를 설치할 것 등에 합의가 이루어졌다. 다만 국방회의의 구성에 대해서는, 관계 각료로 구성하자는 자유당과 민간인을 영입하자는 개진당 사이에 합의가 이루어지지 않아, 우선 설치와 역할만 정하고 구성에 대해서는 다음에 별도의 법률로 정하는 것으로 타협이 이루어졌다.

▌방위2법의 성립

3당 방위절충의 진전에 따라 54년 3월 2일 각의에서 방위청설치법과 자위대법(방위2법)의 법안요강을 결정하여 3월 11일 국회에 제출하였다.

방위2법이 제출된 제19차 통상국회는 그 외에도 MSA협정과 MSA비밀보호법, 경찰의 중앙집권화를 추진하는 경찰법 개정, 교원노동조합의 규제를 겨냥한 교육의 정치적 중립에 관한 교육2법 등 주요 법안이 한꺼번에 몰려, 6월 3일에는 회기연장을 둘러싸고 중의원 본회의가 혼란에 빠져 경찰이 처음으로 원내에 출동하는 소동이 벌어졌다. 그러나 방위2법은 보수당의 합의가 이미 성립되어 있었고, 야당의 반대가 교육2법 등에 분산되어 있기도 하여 6월 2일 성립되었다. 다만 참의원에서는 자위대의 해외파병 불가를 전제로 하여 성립시켰다.

방위청설치법과 자위대법은 54년 6월 9일 공포되어 7월 1일 시행되었다. 그리고 그 임무로서 "방위청은 우리나라의 평화와 독립을 지키고, 국가의 안전을 보장하는 것을 목적으로 하고"(방위청설치법 제4조), "자위대는 우리나라의 평화와 독립을 지키고 국가의 안전을 보장하기 위해, 직접침략 및 간접침략에 대해 우리나라를 방위하는 것을 주된 임무로 하여, 필요에 따라 공공의 질서유지를 담당한다."(자위대법 제3조)라고 각각 정하고 있다. 전후 처음으로 외적과 싸우는 것을 임무로 하는 무장조직 즉 군대가 공식적으로 탄생한 것이다.

방위청설치법에서는 보안청법에 있던 구군인의 내국(內局) 과장 이상 임용제한이 철폐되었다. 이러한 점에서도 군대조직에 한걸음 다가선 것이라 할 수 있다.

자위대법에서는 방위출동과 치안출동에 관한 규정이 명문화되어 그 출동이 합리화된 것도 특징이었다. 이 역시 군사력으로서 일보 전진한 것이었다.

▌재군비의 구체안

제3장에서 기술한 것처럼, 보안청 제도조사위원회가 1953년 3월 말

에 제1차 재군비계획을 만들었으나, 이것은 구군인이 주체가 되어 만든 구일본군의 부활계획이라고도 할 수 있는 방대한 안으로, 재정적으로는 실현 불가능한 것이었다. 동년 6월의 제2차안(표 2)은 제1차안을 축소한 것으로, 특히 육상병력을 반감한 이케다·로버트슨 회담에서의 일본 측 주장에 가까운 것이었다.

53년 9월의 요시다·시게미쓰 회담에서 '장기방위계획의 수립'이 합의됨으로써 방위계획 작성이 현실화되어, 제도조사위원회는 잇달아 안을 만들었다. 그리고 55년 4월 정부의 신장기경제계획과의 조정을 거쳐 제10차안(표 3)이 작성되었다.

〈표 2〉 보안청 1954년도 방위력증강계획

(제도조사위원회 제2차안)

육상자위대	이후 5년 동안에 현역대원 18만과 민간인 2만 달성을 목표로 하여, 54년도에 현역 2만과 민간인 8,700, 합계 2만 8,700명을 증강한다.
해상자위대	현재의 대원 1만 689명, 함정 5만 3,860톤 54년도에 대원 4,000명 증원, 함정 1만 톤 건조 그리고 미국에 7,000톤급 구축항공모함 1척, 2,425톤급 구축함 2척, 1,600톤급 구축함 2척, 1,300톤급 호위함 3척을 요구

〈표 3〉 방위청 1955년도 방위력증강계획

(제도조사위원회 제10차안, 55년에서 60년까지 6년간)

육상자위대	자위관 18만명(6개 관구대, 4개 기계화혼성단) 부대직원 1만 5,000명, 예비자위관 2만 명
해상자위대	함정 12만 3,900톤, 항공기 179대
항공자위대	항공기 1,296대, 별도의 레이더 요원 4,600명, 요지 방공요원 2,400명
경비	최종연도인 1960년도에 육상 721억 엔, 해상 376억 엔, 항공 727억 엔, 기타 96억 엔, 합계 1,920억 엔

* 防衛廳編 『自衛隊十年史』 참고

그러나 이 방위계획안이 정부의 장기계획으로 결정된 것은 그 3년 후인 1957년부터였다. 그것은 방위청설치법에서 설치가 결정된 국방회의가 구성원의 민간인 포함 여부로 자유당과 개진당이 대립하여 결정을 보지 못했기 때문이다. 국방방침과 장기방위계획을 결정하는 국방회의가 설치되지 않았으므로 장기방위계획도 내부에 한정된 것이었기 때문에, 방위청은 발족 후에 1955년도 방위계획을 발표했다. 그것은 제10차안의 4에 의거하여 우선 55년도에 육상은 2만 2,530명을 증원하고, 해상은 12척 5,308톤의 건조 및 미국으로부터 3척 4,800톤의 대여 그리고 인원 4,963명을 증원하며, 항공은 6,538명을 증원하고 미국으로부터 218대의 대여를 기대한다는 것이었다.

2. 항공의 독립

▌구군인의 독립공군계획

한국전쟁을 계기로 구군인을 중심으로 하는 재군비안(案)이 여러 가지 형태로 전개되었다. 그중에서도 구육군의 항공 관계자를 중심으로, 제공권을 상실했던 제2차 대전 때의 경험을 감안하여, 강력한 독립공군을 만들어야 한다는 논의가 활발해졌다. 미요시 야스유키(三好康之) 소장과 아키야마 몬지로(秋山紋次郎) 대령 등을 중심으로 하는 이 그룹은 독립공군의 창설을 목표로 1950년경부터 회합을 거듭하여 공군 창설안을 검토했다. 그리고 실질적으로 일본 재군비를 추진하는 힘을 가진 것은 미군이라고 판단하여, 52년 7월 나고야(名古屋)에 있던 미 극동공군사령관 웨이랜드(Otto P. Weyland) 중장에게 설치안을 제출했다. 그것은 「일본 공군창설에 관한 의견서」로서, 미군의 원조로 강력한 독립공군을 창설하려는 것이었다.

한편 구해군 관계자의 해군 재건구상은 항공모함을 중심으로 하는 것으로, 여기서 공군은 독립적인 것이 아니라 해군의 항공대였다. 해군재건을 위한 Y위원회도 처음에는 공군의 독립을 생각하지 않았으나, 52년 육군 그룹의 요청으로 항공전력의 건설에 대해 공동으로 검토하게 되었다. 52년 11월 구육해군의 항공 관계자들이 육해군 공동안으로 「공군건설요강」을 요시다 수상에게 제출했다. 이것은 항공기 3,000대의 공군을 갖는다는 방대한 계획이었다.

이러한 가운데 항공 관계자는 공군을 독립시켜 육해군과 어깨를 나란히 하는 3군의 건설을 주장했다. 이에 대해, 육해군 각각의 작전에 협력하기 위한 항공병력의 필요성을 내세워, 항공의 분속(分屬)을 주장하는 의견이 있었다. 즉 모든 항공기를 독립된 공군으로 통합할 것인가, 아니면 육군과 해군에 분속시킬 것인가 하는 문제가 논의된 것이다. 그러나 제2차 대전에서의 일본 패배는 항공병력의 열세 때문이었다는 주장과 미국도 3군 체제라는 것을 감안하여, 공군을 독립시키되 육해군도 직접 필요한 항공병력을 갖춘다는 것으로 정리되었다.

▌보안대의 항공학교

구군인의 공군건설안과는 별도로 경찰예비대와 보안대 내에서도 군대답게 항공기를 갖고 싶다는 강한 의향이 있어, 미군에도 그 의향을 전달했다. 이에 대해 경찰예비대 말기인 1952년 5월 미군으로부터 관측기를 대여해주겠다는 제안이 있었다. 경찰예비대는 즉시 구육해군의 항공 관계자를 모아 항공학교 준비실을 만들어, 보안대로 개편한 뒤인 52년 10월 하마마쓰(浜松)에 항공학교를 설립했다.

보안대가 미군으로부터 처음 대여받은 것은 L-16 연습기로, 53년 1월부터 미군에 의한 조종교육이 시작되었다. 학교 직원과 학생 대부분은 구육군항공사관학교 및 해군병학교 출신자로서, 교육은 모두 영어로 미군방식으로 진행되었다.

보안대는 항공학교 졸업생이 배출되는 것을 기다려, 54년 1월 제1(하마마쓰[浜松])·제2(아사히가와[旭川])·제3(하마마쓰[浜松])·제4(오즈키[小月]), 이 4개의 항공대를 편성했다. 연락용 경비행기에 의한 항공대이기는 했으나, 전후 처음으로 항공부대가 발족된 것이다.

한편 경비대의 항공부대 출발은 보안대보다 1년이 늦었다. 구해군 출신자는 해상작전에 필수적인 항공병력의 재건에 열의를 갖고 52년 말 경비대 내에 항공준비실을 설치했으나, 항공기가 없어서 부대편성은 할 수 없었다. 대장성이 1953년도 예산에서 헬리콥터 구입을 승인하여, 이것이 경비대에 배속되었다. 53년 9월 이렇게 배속된 벨(Bell) 47-D 헬리콥터 4대로 경비대 항공대가 해상작전 지원을 위한 훈련대로서 다테야마(館山)에 창설되었다. 이 부대에는 나중에 프로펠러 연습기 T-34가 추가되어 조종교육이 시작되었다.

▌항공자위대 창설준비

이러한 준비가 진행되는 가운데 정부와 보안청은 미 극동공군의 원조 하에 독립공군 건설에 착수했다. 1953년 10월 보안청의 제도조사위원회에 별실을 설치하고 준비작업을 위한 담당관을 두었다. 그리고 이것을 확충하여 54년 1월 실장 이하 46명으로 구성된 항공준비실을 설치했다.

별실과 항공준비실의 준비작업은, 독립된 공군을 창설한다는 전제하에 모든 항공기를 통합할 것인가 아니면 육해군의 작전에 필요한 항공기는 각각 분속시킬 것인가 하는 문제가 대부분을 차지했다. 보안청의 내국(內局)은 통합을 주장했으나, 보안대와 경비대의 구육해군 군인들은 분속을 주장했다. 그러나 경찰예비대와 해상경비대는 각각 다른 사람들에 의해 별개의 조직으로 창설되었을 뿐만 아니라, 보안청의 보안관과 경비관의 배후에는 구육군과 구해군이 엄연히 존재하고 있었기 때문에, 육해공을 한데 묶어 단일의 조직을 만드는 것은 불가능했다(海原治『日本防衛体制の內幕』). 특히 구해군 측이 분속의 필요성을 강하게 주장하여, 결과적으로는 독립된 공군 외에 육군은 사탄관측기(射彈觀測機)와 수송기, 해군은 대잠초계기(對潛哨戒機)와 헬리콥터를 보유하는 분속방식이 결정되었다.

방위2법의 성립에 의해 항공자위대 창설이 결정되자, 그 간부는 구 육해군에서 공평하게 선발되었으나, 항공막료장 인선이 난항을 겪어 보안청 관방장(官房長)이었던 문관 가미무라 겐타로(上村健太郎)가 수평이동을 했다. 항공기와 관련해서는 구군 소멸 후 9년 동안의 공백이 있었기 때문에, 무엇보다도 요원의 확보가 문제가 되어 보안대와 경비대 외 민간에서도 구군의 경험자가 채용되었다.

군용기는 이미 프로펠러에서 제트엔진으로 바뀌어, 항공자위대의 준비를 위해서는 우선 조종교육이 필요했다. 이를 위해 54년 6월 1일 보안대의 임시 마쓰시마(松島) 파견대가 편성되었다. 여기서 미 군사고문단의 공군부(空軍部)에 의한 T-6 연습기 교육이 시작되었다. 교관도 기재도 모두 미군의 것으로, 교육은 전부 영어로 실시되었다. 항공관제도 영어로 했기 때문에, 통역을 데리고 조종을 할 수 없는 이상, 이전의 육해군 베테랑 조종사라 할지라도 영어 능력이 없으면 하늘을 날 수 없는 상황이었다.

3. 방위청·3자위대의 창설

▌방위청과 통합막료회의

방위청설치법과 자위대법 즉 방위2법은 1954년 6월 9일 공포되어 7월 1일부터 시행되었다.[14] 보안청에서 방위청으로 단지 명칭만 바뀐 것이 아니라, 전후 처음으로 외적과 싸우는 것을 임무로 내건 군사조직인 '신국군'이 탄생한 것이다. 초대 방위청 장관과 차장에는 각각 보안청장

---

14 방위청설치법과 자위대법에 의한 발족 당시의 조직은 다음과 같다(『自衛隊十年史』).

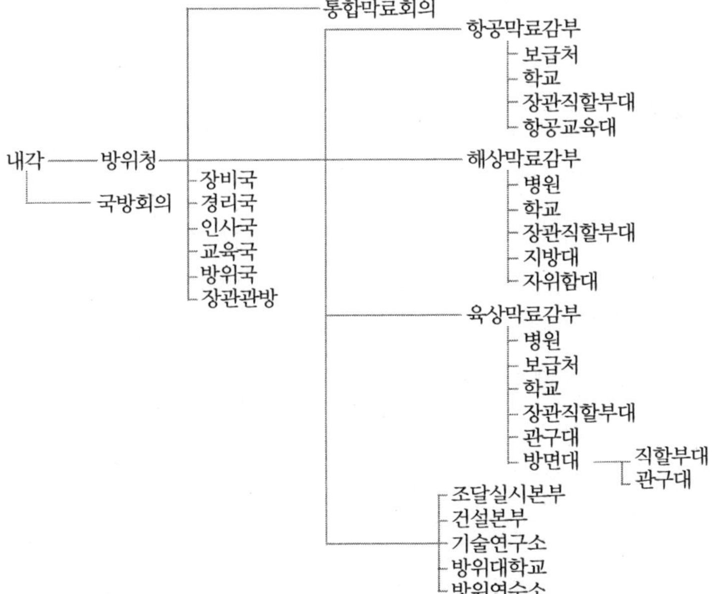

관과 차장이었던 기무라 도쿠타로(木村篤太郎)와 마스하라 게이키치(增原惠吉)가 취임했다.

경찰예비대에서 자위대에 이르는 재군비 과정에서 그 육성에 노력하여 방향을 결정한 것은 미군이었다. 한국전쟁의 경험으로부터 "아시아인은 아시아인으로 하여금 싸우게 하라."라는 교훈을 얻은 미군은, 일본의 자위력 특히 육군의 육성에 열심이었다. 이케다·로버트슨 회담에 이르기까지 30만 이상의 지상군을 강하게 요구한 것도 이 때문이었다. 이에 대해 일본 측 특히 구군인 그룹은 육해공의 균형있는 전력을 희망했다. 방위청·육해공 3자위대의 발족은 3군 체제로의 큰 전진이었다고 할 수 있다.

방위청 발족과 더불어 통합막료회의가 신설되었다. 이것은 미국의 통합참모본부를 모방한 것으로, 전전과 같은 육해군의 분립과 대립을 방지하기 위해, 육해공의 세 막료감부(幕僚監部)를 통합 조정하는 기관으로서 설치된 것이었다. 이 통합막료회의의 권한에 관해 개진당이 3군의 지휘권을 갖는 강력한 권한을 부여하려고 한 것에 대해서, 자유당은 장관의 보좌기관으로 한정하자고 하여, 문민통제 원칙에 입각하여 내국(內局)의 권한이 침해되지 않도록 하자는 '정부=자유당'의 주장이 통과되었다. 즉 통합막료회의는 3막료장과 전임(專任) 의장으로 구성되지만, 그 권한은 장관의 보좌에 그치는 것으로 결정되었다. 그러나 실질적으로는 현역 군인의 최고 지휘부로서 참모본부의 기능을 갖게 되는 것이 당연했다. 통막의장에는 경찰예비대 총대총감(總隊總監)과 보안청 제1막료장을 역임한 하야시 게이조(林敬三)가 취임했다.

통합막료회의와 함께 방위청설치법에서 설치가 결정된 국방회의는 구성원의 민간인 포함 여부로 자유당과 개진당이 대립하여 난항을 거듭했다. 민간인을 배제한 「국방회의 구성에 관한 법률」이 결정되어, 회의가 발족된 것은 2년 반 후인 1956년 12월이었다.

　방위청 발족과 동시에 그 부속기관으로서 건설본부와 조달실시본부가 신설되었다. 3자위대의 건설공사와 물품 등 기타 조달을 통일적으로 처리하기 위한 기관이었다. 또한 보안청 직속 교육기관이었던 보안연수소는 방위연수소로, 보안대학교는 방위대학교로 개칭되었다. 방위연수소는 구육군대학교와 해군대학교에 해당하는 것으로, 전사를 비롯하여 각국 군사정세 등에 대한 조사연구와 간부의 연수를 실시하는 기관이었다. 방위대학교는 구육군사관학교와 해군병학교에 해당하는 것으로, 3군의 간부 보충을 위한 통합교육기관으로서, 특히 각 군의 대립을 피하기 위해 한솥밥을 먹으면서 전원 기숙사 생활을 하는 교육을 실시했다.

▌미군의 홋카이도 철수와 육상자위대

　자위대가 발족된 1954년 7월, 헐(Hull Cordell) 미 극동군사령관은 1만 8,000명에 달하는 홋카이도 주둔 미군부대가 금년 중에 철수하여, 육상자위대 북부방면대와 교대한다는 성명을 발표했다. 이로써 홋카이도에 있던 미 육군 제1기병사단은 극동미군의 총예비대로서 기동적으로 운용되게 되었다. 이것은 일본의 방위력 증강이 미 전략과 맞물려 있다는 것을 말해주는 것이었다.

　보안대에서 육상자위대로 바뀌면서 2개 관구대(管區隊=사단에 해당)가 증설되었다. 즉 육상 병력은 북부방면대(군에 해당)와 제1(도쿄), 제2(아시히가와[旭川]), 제3(이타미[伊丹]), 제4(후쿠오카[福岡]), 제5(오비히로[帶広]), 제6(센다이[仙台]), 총 6개 관구대가 되었다. 그 현역대원은 54년도 중에 13만명이 될 예정이었다.

　관구대는 보통과(보병)연대, 특과(포병)연대, 시설(공병)대대, 특차(전차)대대 및 기타 후방부대 등으로 구성되며, 갑(甲)과 을(乙) 두 종류가 있었다. 또한 그 장비는 보안대 시절과 큰 차이가 없는 소총, 자동소총, 기관총, 로켓발사통, 무반동포, 박격포, 유탄포(榴彈砲：곡사포), 가농포(加農砲：평사포) 등 제2차 대전 당시의 미군병기였다. 보안대 시절에는 미군으로부터 대여한 것이었으나, 54년 11월 정식으로 일본 측에 양도되었다. 이후 국내 군수산업과 협력하여 병기의 국산화 및 일본인의 체격과 일본의 기후풍토에 맞는 병기 개발로 나아가게 된다.

또한 자위대법에 기초한 육상자위대 하부기관으로서 자위대 지방연락부가 설치되었다. 징병제가 아닌 지원제하에서는 대원의 모집이 큰 과제이므로, 그 전담기관으로서 설치된 것이다. 각 도도부현(都道府県)에 설치하도록 되어 있었으나, 54년도에는 우선 17개 부현(府県)에 설치되고, 56년도에 이르러 전국적으로 설치되었다. 또한 56년부터는 육상자위대 기관에서 3자위대의 공동기관으로 변경되었다.

지방연락부는 대원모집이 주된 임무이기는 하지만, 이와 더불어 자위대의 홍보활동에도 큰 역할을 하면서, 광보예산으로 국민들에게 방위의식을 주입시키고 있다.

▌해상자위대와 항공자위대

경비대에서 해상자위대로 전환되면서 정원은 1만 명에서 1만 5,800명으로 늘었다. 그리고 종래의 선대(船隊)를 호위대 및 경계대로 변경시켜 자위함대를 편성했다. 또한 구레(呉)에 지방대(地方隊)를 신설하여 요코스카(横須賀), 사세보(佐世保), 오미나토(大湊), 마이즈루(舞鶴)와 더불어 전전의 군항 모두가 지방대로 되었다.

경비대 발족 당시의 보유 함선은 해상보안청에서 이어받은 구해군의 소해용(掃海用) 소형정이 대부분이었으나, 미일선박대여협정에 의해 53년 이후 미군으로부터 PF(패트롤 프리깃)와 LSSL(대형 상륙지원정)을 대여받고, 또한 54년 3월의 미일상호방위원조협정과 동년 5월의 미일함정대여협정에 의해 경비함 및 잠수함 등을 대여받았다. 따라서 발족 당시의 해상자위대는 오로지 미군에서 대여받은 소형함선을 주체로 하는 해상 병력이었다.

한편, 52년 이후 방위력 정비를 위해 국내의 조선소에서 국산함정의 건조가 시작되었다. 그리고 1953년에 계획되어 56년에 준공된 1,700톤급 '하루카제(はるかぜ)' 이하 5척의 경비함을 비롯한 경비함과 잠수함 등이 잇달아 건조되어, 미 대여선박과의 교체와 더불어 국내 조선업의 부활 발전에 있어서 지주가 되었다.

항공자위대는 발족 당초에는 조종요원이 아직 미군 고문으로부터 교육을 받고 있는 중이었으므로 실제 전력은 존재하지 않았다. 처음에는 부대로서의 항공교육대 및 기관으로서의 4개 학교와 보급처(補給処)가 편성되었을 뿐으로, 대원의 정원도 6,700명에 지나지 않았다. 훈련이 진행됨에 따라 정원도 55년에 1만 1,500명, 56년에 1만 6,200명으로 증원되었다. 또한 부대도 56년 말까지 2개 항공단과 4개 훈련항공경계관제군(訓練航空警戒管制群)이 편성되었다. 그러나 기지는 미군과 공동으로 사용하는 곳이 대부분이었으므로, 항공병력으로서는 아직 '훈련 중'인 상태였다. 훈련항공경계관제군은 미군으로부터의 레이더 이관에 대비한 것이었다.

당초의 항공기로는 훈련용인 T34, T6G, T33A와 수송용인 C46을 보유하는 데 지나지 않았다. 55년이 되어 비로소 실전용 전투기 F86F가 장비되었다. 그리고 이 F86F가 미일정부간협정에 의해 국내에서 조립 생산되게 되어, 일본 항공기 공업의 비약적 발전에 원동력이 되었다.

▌자위대 발족과 헌법문제

자위대가 발족된 1954년 7월은 점령시대 이래 7년 동안 계속된 요시다 내각에 대한 보수정계 및 재계로부터의 비판이 높아져 신당운동이 활발하던 때였다. 기시 노부스케(岸信介), 이시바시 단잔(石橋湛山), 아시다 히토시(芦田均) 등이 54년 7월 3일 신당결성준비회를 만들어 반요시다 신당결성을 시작했다. 10월에는 일경련(日本経営者団体連盟) 총회와 경제동우회 대회에서 보수합동 촉진을 결의했으나, 개헌·재군비를 주장하는 신당파와 요시다 자유당 주류 사이의 갈등의 골은 여전히 깊었다. 그리하여 11월 24일, 자유당의 요시다파를 제외한 신당결성준비회와 개진당 그리고 일본자유당, 이들 보수 3파가 일본민주당을 결성했다.

민주당은 하토야마 이치로(鳩山一郎)를 총재로 하여, 강령 제1항에 "우리는 국민의 자유로운 의지에 따라 점령 이래의 각종 제도를 혁신하여 독립자위의 완성을 기한다."라는 항목을 내걸어, 개헌·재군비를 공공연하게 주장했다. 그리하여 12월 초순 임시국회에 민주당과 사회당 좌·우파가 공동으로 요시다 내각 불신임안을 제출했다. 요시다 수상은 중의원 해산을 주장했으나, 경제 4단체가 공동으로 해산 회피와 정국안정을 요망하고, 자유당 내에도 요시다의 후계자인 오가타 다케토라(緒方竹虎) 등의 총사직론이 강하게 제기되어, 12월 7일 결국 요시다 내각이 총사직하고 12월 10일 하토야마 이치로의 민주당 내각이 성립되었다. 소수 여당인 하토야마 내각은 조기 선거를 약속하여, 55년 1월 중의원을 해산하고, 2월 27일 총선거를 실시했다.

이 선거는 헌법개정과 재군비 찬반에 대한 것이 가장 큰 쟁점이었다. 강화 발효 후 보수파의 활발한 개헌·재군비론에 대해서 위기감을 가진 평화헌법 옹호운동도 점차 고조되었다. 53년 8월 가타야마 데쓰(片山哲) 등의 정치가와 학자 및 문화인에 의해 개별참가 형식의 '평화헌법옹호회'가 결성되고, 54년 1월에는 정당과 조합 그리고 평화단체 등이 참가한 '헌법옹호국민연합(호헌연합)'이 결성되었다. 총평(日本労働組合総評議会)과 일교조(日本教職員組合) 등의 노동조합도 호헌·평화운동에 큰 힘을 발휘했다. 이 선거에서도 "청년들이여, 총을 잡지 말라! 부인들이여, 남편과 자식을 전장에 보내지 말라!"라고 호소한 사회당 좌파 세력이 크게 신장되었다.

선거 결과는 민주당 185석·자유당 112석·사회당 좌파 89석·사회당 우파 67석·노동농민당 4석·공산당 2석으로, 민주당은 제1당이 되기는 했으나 과반수에는 훨씬 미치지 못했다. 혁신파는 처음으로 총의석의 3분의 1을 넘었다. 그 때문에 중의원에서 헌법개정 발의를 할 수 없게 되어, 개헌의 위기는 일시적으로 사라졌다.

선거 전부터 통합을 결의한 사회당의 양 파는 55년 10월 13일 통합대회를 열어, 좌파의 스즈키 모사부로(鈴木茂三郎)를 위원장으로, 우파의 아사누마 이네지로(浅沼稲次郎)를 서기장으로 선출했다. 이러한 움직임에 대해 재계 4단체가 자유당과 민주당의 통합을 강력하게 요망하여, 총재 문제를 보류한 채 11월 15일 자유민주당이 결성되었다. 자민당은 강령에서 '자주독립의 완성'을 주장하고, 정강(政綱)에서는 '독립체제의 정비'로서 '현행헌법의 자주적 개정'과 '국력과 국정(國情)에 걸맞는 자위군비'를 내걸었다. 개헌·재군비는 이후에도 보수파와 혁신파 사이의 최대 쟁점이 된다.

▌평화운동의 발전

자위대가 발족된 1954년은 세계적으로도 평화운동이 크게 진전되어, 냉전을 대신하여 국제적인 긴장완화 시대로 돌입한 시기였다. 1953년의 한국전쟁 휴전 후에도 인도차이나반도에서는 프랑스군과 베트남·라오스·캄보디아 3국의 민족독립 세력 사이에서 싸움이 계속되고 있었다. 그러나 민중의 지지를 받는 호치민(胡志明) 지휘하의 베트남민주공화국군이 프랑스군을 압박하여, 54년 5월 베트남 서북부의 요지인 디엔비엔푸(Dien Bien Phu)의 프랑스군을 항복시킴으로써 결정적인 승리를 거두었다. 그 결과 인도차이나의 평화를 위해 54년 4월부터 제네바에서 개최된 관계각국회의는 7월 20일 휴전협정 조인에 도달할 수 있었다.

제네바협정은 캄보디아와 라오스의 독립, 프랑스군의 철수, 베트남의 통일과 독립을 위해 2년 내에 총선거를 실시할 것 등을 결정했다. 그리하여 제2차 대전 후에도 계속되고 있던 전화(戰火)는 비로소 수습되었다. 그러나 미국은 이 협정에 조인하지 않았다. 다음 해인 55년, 남베트남에서 쿠데타를 일으킨 고딘디엠(吳廷琰) 군사정권은, 미국의 원조를 얻어 협정을 파기하고 통일선거를 실시하지 않았다. 이후 60년대에 프랑스를 대신한 미국을 상대로 베트남 독립전쟁이 전개된다.

아무튼 제네바협정은 냉전시대의 막을 내린 사건이었다. 그해 4월 중국과 인도는 영토주권의 존중, 불침략, 내정불간섭, 호혜평등, 평화공존의 평화 5원칙을 제창하여 많은 나라의 지지를 얻었다. 55년 4월에는 인도네시아의 반둥(Bandung)에 아시아와 아프리카의 29개국이 모여 세계평화와 협력의 촉진을 호소하는 「반둥선언」을 발표했다. 그리고 55년 7월에는 제네바에서 개최된 미·영·불·소 4개국 수뇌회담에서 '제네바 정신'이 강조됨으로써 긴장완화 분위기가 고조되었다.

이러한 국제정세의 전환을 불러온 요인 중의 하나가 세계적 평화운동의 발전이었다. 1950년 3월 세계평화옹호대회가 원자무기의 절대금지를 요구하는 스톡홀름 어필(Stockholm Appeal)을 발표하여 연내에 5억 명의 서명을 받았다. 또한 한국전쟁이 한창이던 1951년 2월, 세계평화평의회 제1차 총회는 미·영·불·소·중 5대국 평화협정 체결을 호소하는 베를린 어필(Berlin Appeal)을 발표하여 6억 명의 찬성 서명을 받았다. 이러한 평화운동은 미국이 한국전쟁에서 원폭을 사용하는 것을 견제하여 휴전으로 이끄는 교량 역할을 하게 된다. 그리고 55년 1월에는 세계평화평의회가 원폭전쟁 준비에 반대하는 비엔나 어필(Vienna Appeal)을 발표하여 7억 명의 서명을 받았다.

이러한 국제적인 평화운동의 발전은 일본에도 영향을 미치지 않을 수 없었다. 강화 발효 후에도 더욱 확장을 기도하는 미군기지에 대해서, 1953년의 우치나다(內灘) 투쟁과 55년의 스나가와(砂川) 투쟁 및 기타후지(北富士) 투쟁을 비롯한 기지반대운동이 전국적으로 확산되어, 55년 6월에는 전국 군사기지반대 연락회의가 결성되었다. 베를린 어필과 스톡홀름 어필 등의 서명운동도 크게 확산되었다.

원폭의 피폭체험을 가진 유일한 나라 일본에서는 특히 원수폭(原水爆) 반대운동이 대대적으로 전개되었다. 1954년 3월 미국이 마셜제도(Marshall Islands)의 비키니(Bikini)에서 행한 수폭실험으로 인해, 시즈오카현(静岡県) 야이즈(焼津)의 어선 제5후쿠류마루(福竜丸)가 재해를 입고 승조원도 피폭되어 1명이 사망했다. 이 사건의 충격으로 도쿄 나카노(中野)의 생선가게와 스기나미(杉並)의 주부 등이 원수폭금지 서명운동을 시작하여, 54년 8월 4일 원수폭금지 서명운동 전국협의회가 결성되었다. 이 운동은 세계적으로 확산되어, 다음 해인 55년 8월 제1회 원수폭금지 세계대회가 히로시마와 도쿄에서 개최되었다. 그때까지 서명한 사람은 일본에서 3,200만 명, 외국에서 6억 7,000만 명이었다.

평화운동과 원수폭금지운동 그리고 직접적인 헌법옹호운동 등이 1954년과 55년에 걸쳐 대대적으로 전개되었다. 보수정권에 의한 개헌·재군비의 사전 정지작업이 진행되는 것에 반비례하여 민중 레벨의 반전평화운동이 확산된 것이다. 55년 중의원 총선거에서 호헌파가 3분의 1의 의석을 확보한 것은 이러한 분위기가 반영된 것이며, 그것이 급속한 재군비에 대한 제동장치가 되었던 것이다.

샌프란시스코조약에 의해 일본에서 분리된 오키나와에서도 기지반대와 조국복귀 운동이 확대되기 시작했다. 중국혁명의 성공 이후 미국의 오키나와 기지건설이 본격화되어, 50년대 전반에는 미군에 의한 토지의 강제적인 접수가 계속되었다. 가고시마현(鹿児島県)의 아마미(奄美) 군도는 1953년 12월 반환되었으나, 54년 1월 아이젠하워 미 대통령이 오키나와 기지는 무기한 보유한다고 언명하여 주민의 불만이 높았다. 미국 측은 53년 4월 토지수용령을 발동하여, 54년 3월 턱없이 낮은 가격의 일괄지불방식을 발표했다.

이에 대해 오키나와의 류큐(琉球) 정부에 설치되어 있던 민선의 입법원(立法院)은 일괄지불 반대를 비롯한, 토지를 지키기 위한 4가지 원칙을 만장일치로 채택하여 저항했다. 53년에는 오키나와제도 조국복귀기성회(沖縄諸島祖国復帰期成会, 회장 야라 초묘[屋良朝苗])가 결성되었다. 이 회는 60년에 조국복귀협의회로 발전되어 복귀운동의 중심이 된다. 본토에서 기지반대투쟁이 고조되었던 56년, 오키나와에서도 섬 전체에서 반대운동이 일어나, 12월에는 나하(那覇) 시장에 인민당의 세나가 가메지로(瀬長亀次郎)가 당선되어 미군에 위협을 주었다.

4. 국방방침과 방위계획

▌자위대 발족 후의 증강

방위청설치법에 '국방의 기본방침'을 결정하는 기관으로 되어 있는 국방회의는, 보수당 내의 대립 때문에 구성이 결정되지 않아, 방위청·자위대의 발족과 동시에 출발할 수가 없었다. 이 때문에 국방의 기본방침과 장기방위계획을 작성할 수 없는 상태가 계속되었다. 그러나 미국으로부터의 방위력 증강 압력이 강하여, 형식적인 '국방의 기본방침'의 존재 여부에 관계없이 자위대는 착실히 정비되어 갔다.

1954년 12월 제1차 하토야마(鳩山) 내각의 성립과 더불어 오무라 세이치(大村淸一)가 방위청장관에 취임했다. 그리고 55년 2월의 제2차 하토야마 내각에서는 스기하라 아라타(杉原荒太)가 방위청장관에 취임했다. 방위청은 국방회의 설치 이전에 독자적으로 증강계획을 작성하여, 55년 3월 수뇌회의에서 「방위 6개년계획안」을 결정했다. 이것은 미일 간 방위절충의 기초로 하기 위한 것으로, 1960년도까지 6년간의 증강목표를 육상 18만 명, 해상 12만 톤, 항공 1,200대로 하는 것이었다.

제2차 하토야마 내각은 55년 5월 제22차 특별국회에 국방회의 구성에 관한 법률을 제출했다. 그러나 사회당 양 파의 반대와 자유당과 민주당 간의 의견 불일치 때문에 7월 말 국회 회기종료로 이 법률안은 폐기되고, 스기하라 장관이 책임을 지고 사임하고 스나다 시게마사(砂田重政)가 장관이 되었다. 이 스나다도 동년 11월 보수통합에 따른 제3차 하토야마 내각의 성립에 의해 후나다 나카(船田中)로 교체되었다. 이 때문에 방위청은 창설 1년여 동안에 5명의 장관이 교체되어, 장기적 방침이 수립되지 못하는 상태였다.

55년 8월 1일 방위2법의 개정이 이루어져, 정원 3만 명 증가와 서부방면항공대 및 항공단 신설 등이 결정되었다. 또한 국방회의 설치가 유산되었으므로, 8월 2일 방위각료간담회 설치를 결정하여 여기서 다음 해인 56년도 방위계획의 기본대강을 결정했는데, 그 내용은 육상 1만 명 증원, 해상 3,000톤 건조, 항공 F86F 전투기 80대 확충 등이었다.

제3차 하토야마 내각도 '자위군 창설'을 목표로 내걸고 착실히 군비 증강을 추진했다. 56년도 예산에서는 방위예산 1,002억 엔, 대미 방위분담금 300억 엔, 시설 등 제공비 103억 엔, 합계 약 1,407억 엔이 방위관계비였다. 이것은 연도 예산의 13.6%, 국민총소득의 2.2%에 해당하는 것이었다.

▌국방회의와 국방의 기본방침

국방회의 구성원에 민간인 포함 여부를 둘러싼 보수당 간의 대립은, 보수통합에 의해 각료만으로 구성한다는 자유당 안으로 수습되었다. 제3차 하토야마 내각이 국방회의 구성에 관한 법안을 56년 3월 국회에 제출하여, 그것이 양원에서 가결됨으로써 56년 7월 국방회의구성법이 공포되었다. 이에 의하면 회의의 구성원은 내각총리대신을 의장으로 하고 부총리, 외상, 장상, 방위청장관, 경제기획청장관이 위원으로 선임된다. 또한 회의에 사무국을 두어 관계 성청(省廳)의 차관 등에 의한 간사회와 담당과장 등에 의한 참사관회의도 설치하도록 했다. 제1차 국방회의는 1956년 12월 8일 개최되었다.

국방회의는 우선 현안인 '국방의 기본방침'을 심의했다. 이 방침은 국방회의 사무국과 방위청 내국에서 원안을 토의한 결과, 마침내 1957년 5월 20일 국방회의에서 결정되었다. 제3차 하토야마 내각은 수상의 사퇴로 56년 12월 이시바시 단잔(石橋湛山) 내각으로 바뀌고, 이시바시 내각도 수상의 지병으로 57년 2월 기시 노부스케(岸信介) 내각으로 바뀌었다. 방위청장관도 이시바시 내각과 기시 내각에서는 고다키 아키라(小滝彬)였다.

이때 결정된 국방의 기본방침은 이후 개정 없이 현재까지 답습되고 있는데, 그 내용은 다음과 같다.

[국방의 기본방침]
국방의 목적은 직접 및 간접의 침략을 미연에 방지하고, 만약 침략을 받았을 경우에는 이를 배제함으로써, 민주주의를 기조로 하는 우리나라의 독립과 평화를 지키는 데 있다. 그 목적을 달성하기 위한 기본방침을 다음과 같이 정한다.
1. 국제연합의 활동을 지지하고 국제적 협조를 도모하여 세계평화의 실현을 기한다.
2. 민생을 안정시키고 애국심을 고양하여 국가의 안전을 보장하는 데 필요한 기반을 확립한다.
3. 국력과 국정(國情)에 부합하는 자위를 위해 필요로 하는 한도 내에서 효율적인 방위력을 점진적으로 정비한다.
4. 외부로부터의 침략에 대해서는, 장차 국제연합이 이를 유효하게 저지하는 기능을 수행할 수 있을 때까지는, 미국과의 안전보장체제를 기조로 하여 이에 대처한다.

이 국방방침은 제3항의 '국력과 국정에 부합하는 방위력'과 제4항의 '미국과의 안전보장체제를 기조로 하여'가 골격이라 할 수 있다. 미일안보체제를 기조로 하여 국력과 국정에 부합하는 방위력을 정비해 가는 노력은 그 후에도 일관된다.

▌제1차 방위력정비계획

국방의 기본방침 결정에 이어, 1957년 6월 14일 국방회의에서 「제1차 방위력정비 3개년계획」(1차방)을 결정하여, 같은 날 각의에서 이것을 승인했다.[15] 그때까지 방위청의 6개년계획 등이 있기는 했으나, 정식적인 장기방위계획이 결정된 것은 이것이 처음이었다.

하토야마(鳩山) 수상의 후임인 이시바시(石橋) 수상은 처음에는 방위청 장관을 겸임하여, 자위군의 창설을 목표로 한 방위력 점증 방침을 변경한 것은 아니지만, 57년도 예산편성에서는 방위비의 팽창을 극력 억제하는 방침을 취했다. 이 때문에 경찰예비대 창설 이래 계속 증가되고 있던 육상자위대는 57년도에 처음으로 인원이 증가되지 않았다. 그리고 57년도 방위청 예산은 전년 대비 불과 8억 엔 증가에 머물렀다. 그러나 이시바시 내각이 수상의 지병으로 단기간에 끝나고 기시(岸) 내각이 출

---

15 1차방의 책정과 더불어 1958년도의 증강계획과 방위예산이 매듭지어졌다. 그것은 주일미군의 축소에 의한 것이었다. 미 육군의 주력인 제1기병사단이 57년 8월부터 철수를 시작했으므로, 육상자위대 약 1만 명 증원 및 혼성단과 공정단(空挺團 : 공수부대) 각각 1개 부대의 신설을 도모했다. 또한 항공자위대는 57년 8월부터 전 전투부대를 지휘하는 항공총대 사령부를 설치하고, 나아가 북부, 중부, 서부의 항공방면대사령부를 새로 편성했다.
이 항공자위대의 지휘기관인 항공총대 사령부는 도쿄의 미군기지 내에 미 제5공군 사령부와 함께 설치되었다. 또한 북부항공방면대 사령부는 항공자위대 기지인 홋카이도 지토세(千歲)가 아닌, 아오모리현(青森県) 미사와(三択)의 미군기지 내에 설치되었다. 마찬가지로 중부항공방면대 사령부는 사이타마현(埼玉県) 이루마(入間)에, 서부항공방면대 사령부는 후쿠오카현(福岡県) 이타쓰케(板付)에 설치되었다. 일본의 항공자위대 지휘기관이 일본의 기지 내가 아닌 미군기지 내에 미군과 동거하는 형태로 설치된 것은, 자위대가 실질적으로는 미군의 지휘하에서 미군과 공동작전을 했다는 증거이다.

현하자, 방위력을 적극 증강하는 방침으로 바뀌었다.

기시 수상 자신이 원래부터 강경한 개헌·재군비론자였기에 수상 취임 후에는 미일안보조약의 개정과 개헌에 열의를 불태우고 있었다. 그는 57년 6월에 미국을 방문하게 되는데, 이에 앞서 일본의 방위력 증강에 대한 열의를 보이기 위해 방위계획 작성을 서둘렀던 것이다.

같은 날 「방위력정비 목표에 관하여」라는 제목으로 발표된 1차방의 내용은 다음과 같다.

① 「국방의 기본방침」에 따라, 국력과 국정에 부합하는 필요 최소한도의 자위력을 정비하기 위해, 우선 58년도부터 60년도(일부는 62년도)까지 3개년 방위력정비계획을 책정한다.

② 이 계획에 있어서 육상자위대는 60년도 말까지 최소한 6개 관구대, 4개 혼성단 및 자위관 18만 명을, 해상자위대는 62년도 말까지 함정 약 12만 4,000톤과 항공기 약 200대를, 항공자위대는 62년도 말까지 비행부대 33개와 항공기 약 1,300대를 보유하는 것을 목표로 한다.

또한 이 계획에는 각종 신식병기의 연구개발과 장비품의 국산화에도 힘쓰는 것으로 되어 있었다. 그 주된 것으로 그동안 공여를 받고 있던 미 해군의 대형 대잠초계기 PS2V-7을 국산화하기로 하여 58년도 예산에 편성했다. 또한 항공자위대의 주력 전투기 F86F는 신미쓰비시중공업(新三菱重工)에서 국산화했으나, 미 공군에서는 이미 일선에서 은퇴한 구식이었으므로, 58년도를 마지막으로 국내생산을 중지하게 되었다. 이 때문에 차기 주력전투기를 어떤 기종으로 할 것인지가 큰 문제가 되어, 57년 8월 조사단을 미국에 파견했다. 그 결과 노스아메리칸 F100D와 록히드 F104 등이 유력했으나, 그 외에 원래 함재기였던 그루먼(Grumman)

F11F-F도 유력후보로 급부상하여 57년도 중에는 결정을 보지 못했다. 이 신기종 도입과 관련해서는 미 항공기회사, 관련 상사, 그리고 국산화에 따른 국내 메이커가 얽히고설켜서 방대한 이권을 둘러싼 뇌물수수가 행해졌다. 이로 인해 다음 장에서 기술하는 것과 같은 문제가 발생하게 된다.

또한 1957년 12월의 미일안보위원회에서 전투기에 탑재하는 공대공미사일 사이드와인더(Sidewinder : 적외선 추적식 초음속 유도탄)를 미국에서 공여하는 것으로 결정하였다. 소형이기는 하지만 처음으로 미사일 무기를 자위대가 갖게 된 것이다. 방위청의 미사일 연구는, 57년 8월에 공표한 「신무기 등의 연구개발계획」에 의하면, 공대공미사일은 54년도부터 연구를 시작하여 60년도에 시작(試作)에 들어가고, 지대공미사일은 59년도부터 시작에 들어가기로 되어 있었다. 그러나 선진 각국과의 기술 차가 너무나 현격하여, 결국 미국으로부터 공여를 받게 된 것이다.[16]

---

16 방위청은 기술연구소에서 1954년부터 미사일 연구를 하고 있었다. 그러나 개발이 진척되지 않아, 57년 3월 군마현(群馬県) 소마하라(相馬原)에서 최초로 유도장치를 부착한 시험용 비행체 TMBID의 비행실험을 행했으나, 1호기는 발사 후 100m 상공에서 추락하고, 2호기는 발사 순간 공중분해되어 실패했다. 기술연구소는 58년부터 기술개발본부로 바뀌어 유도탄 연구를 추진했으나, 세계 미사일의 진보는 따라갈 수 없을 정도로 빨랐다.

제5장

안보개정과 자위대의 변모

1. 미 극동전략의 변화와 자위대

2. 안보개정과 반대투쟁

3. 방위2법 개정과 2차방

4. 대소전략과 핵전쟁

1. 미 극동전략의 변화와 자위대

┃ 뉴룩전략

1954년 1월 12일 덜레스 국무장관이 아이젠하워 정권의 뉴룩전략 (New Look Strategy)에 관해, "공산세계의 강력한 지상병력을 봉쇄하기에 충분한 국지방위는 존재하지 않는다. 국지방위는 대량보복(Massive Retaliation)과 같은 보다 큰 억지력에 의한 것이어야 한다."라고 연설했다. '뉴룩전략' 혹은 '대량보복전략'의 채용을 선언한 것이다. 한국전쟁의 처참한 실패로 위신이 실추된 미국이 강력한 전략핵 전력에 의한 전략으로 전환할 것을 선언한 것이었다.

제2차 대전 후인 트루먼 대통령 시절의 미국은 공산주의 국가를 봉쇄하기 위해 그 주변에 3군을 배치하는 주변전략을 취했었다. 일본 본토도 오키나와도 전략폭격기 기지로서 주변전략의 중요한 거점이었다. 그러나 미 지상군을 주체로 한 한국전쟁에서 큰 희생을 치르게 되자, 뉴룩전략으로 전환하여 미 지상군을 철수시키고 동맹군에게 그 임무를 떠넘기는 방침을 채택한 것이다. 이것이 일본에 대한 지상병력 증강 요구의 배경이었다.

이러한 전략 전환은 극동 미군의 배치에도 영향을 주었다. 한국전쟁에 참전한 것은 주일 미 극동군으로, 휴전 후인 1954년경 지상부대는 일본에 제1기병·제24보병·제3해병(그 주력은 오키나와) 이 3개 사단이 있고, 별도로 한국에 제8군사령부와 제7보병 및 제1해병사단이 있었다. 55

년에는 제1해병사단을 본국으로 철수시키고 제24보병사단을 일본에서 한국으로 보냈다. 그리고 56년에는 극동 미군의 재편성을 발표하여(실시는 57년 7월), 일본에 있던 극동군사령부를 폐지하고 하와이에 태평양통합군을 설치하게 되었다. 일본에 있던 제1기병사단을 본국으로 철수시키고, 제3해병사단은 전 병력을 오키나와에 집결시켜, 일본 본토의 육군은 보급부대만 남게 되었다. 공군은 일본, 한국, 오키나와를 통괄하는 제5공군으로 편성하여 사령부는 일본에 두고 주일미군 사령부를 겸하게 했으며, 해군은 극동방면 전역을 제7함대가 담당케 했다. 주일미군을 감소시킨 것, 특히 지상부대를 철수시킨 것은 일본에서의 기지반대투쟁과도 관련이 있었다.

▎미사일 갭

핵전력의 압도적 우위를 전제로 하는 미국의 대량보복전략은 얼마 지나지 않아 수정이 불가피하게 되었다. 소련의 핵무기와 그 운반수단이 급속하게 발달하여 미국을 추월했기 때문이다.

미국의 장거리폭격기 특히 B52가 대량보복전략의 핵심이었으나, 1955년경부터 B52에 필적하는 소련의 장거리폭격기 37형(Bison)이 출현하여, 이 부문에 있어서의 미국의 독점적 지위를 빼앗았다. 1957년 8월 26일에는 소련이 대륙간탄도탄(ICBM)의 실험성공(8월 22일)을 발표하여 미사일 부문에 있어서의 진보를 명확히 했다. 이어서 10월 4일 인공위성 스푸트니크 1호(Sputnik 1)를 쏘아 올려 그것이 사실이라는 것을 증명했다. 핵의 대량보복력으로 위협하여 국지전쟁을 방지한다는 대량보복전략 자체가 성립되지 않게 되었던 것이다. 그리하여 소련의 미사일이 미국보다 앞섰다는 '미사일 갭'이 문제가 되어, 미국은 그것을 해소하기 위해 전력을 기울이게 된다.

이 사태에 대해서 미국이 취한 대응책은 국지전쟁에도 핵을 사용한다는 전술핵무기의 채택이었다. 전략핵무기를 핵심으로 하는 대량보복전략에 전술핵무기를 추가하여 국지전에 대비한다는 방침인 것이다. 덜레스 국무장관은 57년 10월 국제정치 평론지 『포린 어페어즈(Foreign Affairs)』에 기고한 「미국 외교정책의 문제점들」에서 국지전에 전술핵무기를 사용한다는 신전략을 발표하여 주목을 받았다. 이를 위해 미국은 핵탄두를 발사할 수 있는 미사일의 개발과 실용화에 힘을 기울였다. 그리하여 50년대 후반부터 60년대 초반에 걸쳐 근거리용 지대지미사일 어네스트 존(honest john), 중거리미사일 토르(Thor)와 메이스(Mace), 지대공미사일 나이키 허큘리스(Nike Hercules)와 호크(Hawk), 공대공미사일 사이드와인더(Sidewinder) 등을 차례로 배치했다.

이 전술핵무기에 의한 국지전 전략은 일본 특히 오키나와에 큰 영향을 미쳤다. 미국은 중거리미사일(MRBM)의 적절한 기지로서 영국, 알레스카와 더불어 오키나와를 선택한 것이다. 미군은 58년 5월 동남아시아조약기구(SEATO=Southeast Asia Treaty Organization) 각국의 군사대표에게 오키나와의 MRBM 토르를 공개했다. 59년 11월에는 지대공미사일 나이키 허큘리스의 시험발사를 공개하고, 60년 3월에는 지대공미사일 호크 기지건설을 발표했으며, 61년 3월에는 토르 대신에 메스B의 기지건설을 발표했다(朝日市民教室、日本の安全保障『アメリカ戦略下の沖縄』).

▌1차방과 자위대의 근대화

1958년부터 60년까지의 3개년 방위력정비계획인 1차방은 앞에서 기술한 것처럼 육상 18만, 해상 12만 4,000톤, 항공 1,300대의 정비를 목표로 내걸고 있었다. 그러나 동시에 "이 목표는 내외 정세의 추이 등에 따라 수시로 재검토하는 것으로 하며, 특히 과학기술의 진보에 맞추어 신식무기의 연구개발 촉진과 편성 및 장비의 쇄신을 도모하여, 이로써 방위력의 질적 충실을 기한다.”라고 되어 있었다. 이것은 '무기 및 장비의 근대화'를 도모하는 것이라고 설명되었는데, 그것은 제2차 대전 때의 미군 장비를 차용하는 것에서 탈피하여 새로운 장비로의 전환을 의미하는 것이었다. 기시(岸) 내각 시절이던 당시의 일본경제는 제1기 고도성장시대에 접어들어, 그것을 배경으로 자위대가 구식 군비에서 핵시대 신식군비로의 질적인 전환을 지향하고 있었던 것이다.

1차방 1차년도인 1958년에는 종래의 육상 1만 명 증원이 중지되고, 그 대신에 유도탄실험대(誘導彈實驗隊) 설치가 결정되었다. 그리고 공대공미사일 사이드와인더를 미국으로부터 구입하여 F86F 전투기에 장착했다. 또한 58년에는 스위스로부터 지대공미사일 오리콘이 도착하는 등, 핵전쟁시대에 대응한 근대화가 착실히 진행되었다. 그 외에도 방사능 방호대책이 각 부문에서 강화되는 등, 미 전략의 전환에 대응한 자위대의 '근대화' 즉 전술핵 전비로의 이행 준비가 진행되어 갔다.

자위대의 이러한 미사일 장비 움직임에 대해서 사회당과 공산당을 비롯한 혁신진영은 자위대의 핵무장이며 헌법위반이라고 강하게 반발했다. 이에 대해 정부는 표면적으로는 “자위대는 핵을 장비하지 않는다. 일본에 핵무기를 반입하지 못하게 한다.”라고 언명하고 있었다. 그러나 기시(岸) 수상은 59년 3월 9일의 참의원 예산위원회에서 “자위대는 적의 미사일 공격에 대해서는 바다 너머의 적 기지를 공격할 수도 있다.”라는 헌법해석을 제시했다. 같은 날 이노 시게지로(伊能繁次郎) 방위청장관은 “자위대가 핵탄두를 장착한 어네스트존을 보유해도 위헌이 아니다.”라고 언명하고, 3월 12일 기시 수상도 “방어용 소형 핵무기는 위헌이 아니다.”라고 하여 핵무장논쟁에 불을 붙였다.

▋차기주력전투기 기종 문제

항공자위대의 주력전투기 F86F는 50년대 후반에는 이미 구형이 되었으므로, 1차방에서는 초음속 제트전투기 300대를 5년 계획으로 조달할 것을 결정했다. 그리고 그 기종은 미 항공회사의 기종 중에서 선정하여 라이선스생산을 할 예정이었다. 이 기종선정을 위해 57년 여름에는 나가모리 요시오(永盛義夫) 공군소장 등을, 58년 초에는 사나기 사다무(佐薙毅) 항공막료장 등을 미국에 파견했다. 이 무렵 미군은 미사일 시대로 접어들어 전투기 구입을 보류하고 있었으므로, 미국의 각 항공회사는 일본에 이를 팔기 위해 혈안이 되어 있었다. 여기에 일본의 메이커 및 관련 상사가 얽혀 치열한 판촉전이 벌어졌다. 이러한 상황에서 이권을 노린 정치가가 개입하여 메이커·상사·정치가·자위대가 연루된 대규모 스캔들이 일어나, 방위와 이권의 유착구조가 형성되었던 것이다.

당초의 후보기종은 노스 아메리칸(North American) F100D, 컨베어(Convair) F102, 록히드(Lockheed) F104A, 그루먼(Grumman) F11F-1F, 노드롭(Northrop) N156F 이 5종이었다. 방위청 내에서는 처음에는 록히드를 채택하는 것으로 기울어 있었으나, 사나기(佐薙) 조사단이 귀국한 후에는 그루먼이 유력하게 되어, 58년 4월 5일 방위청은 그루먼 채택을 내정했다. 하지만 록히드파가 반격을 가하여, 고노 이치로(河野一郎) 자민당 총무회장이 방위청에 재검토를 요청했다. 중의원 결산위원회에서도 그루먼 내정에 부정이 있다고 하여 기시(岸) 수상 등의 증언을 요구하는 등, 정치적인 문제가 되었다. 이 때문에 방위청은 8월 25일 정식결정 중지를 발표했다.

그 후 반년에 걸쳐 국회 내외에서 이른바 그루먼소동이 계속되어 뇌물수수 소문도 퍼졌으나, 결국 부정은 입증되지 않았다. 59년 6월 국방회의는 기종문제를 백지화하고 새로 조사단을 파견하기로 했다. 59년 7

월 사나기의 후임으로 겐다 미노루(源田実)가 항공막료장에 취임하여, 8월 그 자신이 조사단장으로서 미국으로 갔다. 겐다 조사단의 보고에 입각하여 11월 6일 국방회의는 록히드 F104C의 일본용 개조형을 채택하는 것으로 결정했다. 동시에 1965년 말을 목표로 동종 180대와 훈련기 20대를 라이선스생산을 한다고 발표했다. 주계약사는 신미쓰비시중공업(新三菱重工)으로 결정되고, 록히드사와 제휴관계에 있던 가와사키항공기(川崎航空機)는 주계약사에서 배제되어 종계약사가 되었다. 이 결과에 대해서도 야당이 부정을 추급하여 갖가지 의혹이 난무했다.

주문생산으로 막대한 이익이 보장된 군용기 생산은 이권 의혹의 소굴이 되어, 정계·군·산업계 간의 검은 결탁의 장이 될 조건을 갖추고 있었던 것이다.

2. 안보개정과 반대투쟁

▌안보조약의 개정

미일안보조약의 개정을 내세운 기시 내각은, 1958년 9월 미국을 방문한 후지야마 아이이치로(藤山愛一郎) 외상이 덜레스 미 국무장관과 회담하여, 10월부터 도쿄에서 개정교섭을 시작하게 되었다. 아이젠하워 정권의 뉴룩전략하에서 미국이 일본에 요구하는 군사적 역할이 증대되었다는 것, 종래의 편무적 안보조약을 쌍무적 조약으로 바꿈으로써 경제성장을 이룬 일본의 자존심을 높이는 것과 더불어, 일본의 군사적 부담을 더욱 확대해야 하는 것이 개정의 배경이었다.

후지야마 외상과 맥아더 주일 미 대사 사이의 개정교섭이 1960년 1월 6일 타결되어, 기시 수상 이하의 전권대표가 도미했다. 그리하여 1월 19일 「미일상호협력 및 안전보장조약」이 조인되었다.

신안보조약은 전문과 10개조로 구성된 것으로, 전문에서 '극동에 있어서의 국제평화 및 안전유지'가 미일 공통의 관심사라는 것을 확인하고, 제4조에서 이에 대한 위협에 대해서는 양국이 협의할 것을 정했다. 그리고 제3조와 제5조에서 양국이 공동으로 공통의 위험에 대처할 것 즉 공동작전을 실시할 것, 이를 위해 일본이 군비증강의 의무를 질 것을 정했다.

신조약은 구조약에 비해 미일관계를 종속에서 대등으로 변화시킨 측면이 있는 것은 분명했다. 하지만 일본국 헌법에 반하여 미일이 군사동맹을 맺은 것이며, 일본이 군비증강의 의무를 지고 적극적으로 미일공동작전체제를 강화할 것을 의무화한 것이었다. 따라서 헌법위반 및 군사화의 위험을 동반한 내용이었다. 또한 '극동의 평화와 안전'이라는 말에 의해 미국의 전쟁에 일본을 끌어들일 위험이 있기 때문에 '극동'이라는 말의 범위가 문제가 되었다.

또한 미군이 핵무기를 일본에 반입하는 것에 대한 제동장치가 없고, '사전 협의'라는 애매한 말로 이것을 얼버무리고 있는 것, 그리고 제2조에서 '자유로운 각종 제도의 강화' 및 '경제협력의 촉진'을 내세워 미일경제협력의 강화를 기도하고 있는 것도 문제였다.

조약의 이러한 내용 때문에 그것이 헌법위반이며 군사화의 길을 튼 것이라는 비판은 이미 교섭단계 때부터 있었다.

▎반대운동의 고양

이러한 문제점을 포함하고 있는 안보조약 개정에 대해 사상 유례가 없는 대규모 반대운동이 전개되었다. 안보개정에 앞서 기시(岸) 내각은 1958년 10월 제30차 임시국회에 경찰관의 권한을 강화하는 경찰관직무집행법 개정안을 제출했으나, 사회당과 총평(日本勞働組合総評議会)을 중심으로 한 65개 단체가 경직법(警職法) 개악 반대 국민회의를 결성하고 폭넓은 반대운동을 전개하여 결국 이것을 철회시켰다. 안보개정이 구체적 일정에 오른 59년 3월에는 미일안보조약 개정 저지 국민회의가 결성되었다. 사회당과 총평이 중심이 되고 민사당(民社党)과 전노(全国勞働組合同盟)는 참가하지 않았으며 공산당은 옵서버였으나 원수협(原水爆禁止日本協議会)을 비롯한 공산당 영향하의 여러 단체가 구성원이었기 때문에, 공산당은 실질적으로 국민회의의 중심 멤버가 되어 있었다.

국민회의는 59년 4월 제1차 통일행동을 행한 이래, 안보반대 통일행동을 반복하면서 참가자를 늘려, 대중행동으로서는 유례가 없는 것이 되었다. 기시 내각은 6월 말로 예정되어 있던 아이젠하워 대통령의 방일 전에 국회의 비준을 마무리하기 위해, 1960년 5월 19일 500명의 경찰관을 중의원 원내에 투입시켜 반대파인 사회당 의원을 배제하고 조약비준을 강행 채결했다. 이에 대해 민주주의 옹호를 위한 대대적인 운동이 일어나, 6월 4일 노조 중심의 실력행사(스트라이크)에 560만 명이 참가했다.

그 후에도 대규모 항의 운동이 계속되었다. 6월 15일에는 우익단체가 국민회의의 데모대를 습격하고, 저녁부터는 국회 내에 돌입하려는 전학련(全日本学生自治会総連合)의 학생 데모대가 경찰대와 충돌하여 도쿄대 학생 간바 미지코(樺美智子)가 사망하는 등 혼란이 계속되었다. 경찰대는 다음날 새벽까지 학생과 교원집단을 습격하여 1,000명이 넘는 부상자가 발생했다. 6월 16일의 임시각의는 이미 마닐라에 도착해 있던 아이젠하워 대통령에게 방일 연기를 요청할 것을 결정하여, 기시 내각의 사실상의 퇴진이 결정되었다. 5월 19일 이래 국회는 열리지 않았으나, 6월 19일 참의원의 의결이 없는 채로 조약은 자동적으로 승인되고, 6월 23일 비준서가 교환되어 조약이 발효되었다.

5월 19일에서 6월 19일에 이르는 격동의 1개월 동안은 집회·데모·스트라이크가 계속되어, 6월 15일 이후에는 전국의 대학이 휴교상태가 되고 '안보반대'와 '기시(岸)를 타도하라'는 목소리가 확산되었다. 국민적 반대운동으로서의 그 규모와 심각성은 사상 유례가 없는 것이었다.

▌자위대 출동문제

상황이 여기에 이르자 치안유지를 위해 자위대를 출동시켜야 한다는 출병론이 고조되었다. 요미우리신문(読売新聞)의 정치부 기자 도바 하지메(堂場肇)가 쓴 「자위대의 치안출동문제」(『국방』 1960년 8월호)에 의하면, 기시 수상을 비롯한 정부 내에 출병론이 강해지고, 특히 구미 여행 중이던 요시다(吉田) 전 수상이 6월 14일 귀국하여 강하게 출병을 주장했다. 그리하여 그 다음날인 6월 15일의 간바(樺) 사망사건 때부터 6월 16일 각의에서 아이젠하워의 방일 연기를 결정하기까지 이틀 동안, 자위대에 대한 정부 최고수뇌부의 압력은 상당히 강하고 집요했다. 그러나 아카기 무네노리(赤城宗德) 방위청장관은 발전도상의 자위대가 국민을 향해 총구를 겨누는 것에 대한 정치적 판단에서 완강하게 출병에 반대했다.

자위대의 치안출동은 자위대법에 의해 '내각총리대신의 명령에 의거'하는 것으로 되어 있다. 6월 수도 경비를 담당하는 육상자위대 제1사단은 '비밀리에 치안출동 준비를 했으나', '동포들에게 총을 겨누는 것은 떳떳하지 못하다고 생각하여 구군인 출신 사단장들은 고민했다'고 한다 (朝日新聞社 『自衛隊』).

그리하여 동년 11월 육상자위대는 스기타 이치지(杉田一次) 막료장의 이름으로 「치안행동 초안」을 작성하여 배포했다. 이것은 '치안출동 및 이에 관한 훈련의 일반적 준거를 제시하는 것을 목적'으로 하는 훈련을 위한 교과서였다. '폭도진압'이라는 미명하에 국민에게 총을 겨누는 중요사항을 제시한 것이다. 이후 전국의 각 사단은 연간 최저 46시간의 치안행동훈련을 기준으로 하고, 수도권을 담당하는 제1사단은 그 약 3배의 시간을 할애하는 것으로 정해졌다.

▌저자세로 전환

1960년 7월 19일 기시(岸) 내각에 이어 이케다 하야토(池田勇人) 내각이 성립했다. 기시 내각에 의한 안보개정 강행은 국내에 깊은 균열을 남겼다. 그리고 미증유의 반대운동 고조는 일본국민의 평화에 대한 바람이 얼마나 큰지를, 또한 반미감정이 얼마나 강한지를 명확하게 보여주었다. 이 국민운동에 접한 보수정당과 재계 그리고 미국도 모두 정책의 전환이 불가피했다.

　이케다 내각은 국내 분열의 회복과 국민감정 완화를 지향했다. 이를 위해 기시의 강경자세 대신 '저자세'에 바탕을 둔 '관용과 인내'를 모토로 내세웠다. 그리고 헌법개정이나 재군비를 명목상으로는 철회했다. 내각은 표면적으로는 60년 12월 각의에서 결정한 국민소득배증계획을 내세워, 고도경제성장정책을 국가시책으로 추진하는 길을 선택했다. 군사보다는 경제를 국가목표로 하는 정책을 취한 것이다. 기시 내각의 대결노선이 보수정치의 존속 자체를 위협할 우려가 있다고 본 재계도 이 이케다의 자세전환을 지지하고 환영했다.

　이케다 내각이 소득배증계획을 내걸고 실시한 60년 11월의 중의원 총선거에서, 자민당은 해산 때보다 13석이 증가한 296석이라는 절대다수의 의석을 획득했다. 사회당도 23석이 증가한 145석으로 대폭 늘어나고, 민사당은 40석에서 17석으로 절반 이하로 격감했다. 그러나 안보투쟁이 보수 대 혁신의 구도를 크게 바꿀 것으로 예상되고 있었으므로, 자민당은 안도감을 갖게 됐으나 사회당은 실망했다. 이케다 내각의 자세전환이 성공한 것이다.

　미국도 대일정책의 전환이 불가피했다. 60년 11월 케네디가 대통령에 당선되자, 61년 4월 주일대사로 부임한 일본학 학자 라이샤워(Edwin O. Reischauer)가 일본의 근대화와 경제발전을 칭찬하는 발언을 반복하여, 케네디-라이샤워 노선이라 불리는 유화정책을 취했다. 이와 더불어 주일 지상군의 철수를 서둘렀다.

　그러나 이러한 일본의 노선전환은 표면상의 것이었다. 새로운 단계에 접어든 미일안보체제는 질적으로 전환되어, 군사협력 관계는 강화되고 자위대의 증강은 눈에 띄지 않은 상태로 착실히 추진되어 갔다. 그것은 신안보조약에 의한 미일안보협의의 개시와 방위2법 개정 그리고 2차방으로 결실을 맺게 된다.

3. 방위2법 개정과 2차방

▌방위2법의 유산과 성립

미국이 뉴룩전략으로 이행하여 장거리미사일과 전략폭격기를 중심으로 하는 전략핵 전력에 의한 대량보복전략으로 전환한 것, 그리고 극동에서 주일 지상군을 철수한 것은 일본 육상자위대의 병력증강을 요구하는 것이었다. 개정 안보조약에서도 일본의 군비증강을 요구하고 있었다. 또한 일본의 장기방위계획인 1차방이 60년도로 끝나기 때문에, 61년도부터 시작되는 제2차 방위력정비계획(2차방)의 결정이 불가피했다. 그러나 안보개정을 둘러싼 대규모 반대운동은 국민들 가운데 군비증강에 대한 비판이 강하다는 것을 의미하는 것이었다.

방위청은 1960년도 예산에 있어서의 자위대 8,000명 증원 등과 더불어, 자위대법과 방위청설치법 즉 방위2법 개정안을 1960년 제34차 통상국회에 제출했으나, 안보 비준을 둘러싼 혼란 속에서 폐기되었다. 60년 11월의 중의원 총선거 후의 제37차 특별국회에, 이케다(池田) 내각은 재차 방위2법 개정안을 상정했으나, 이것도 심의 미완료로 폐기되었다.

두 번의 폐안 후 이케다 내각은 60년도와 61년도 2년분의 자위대 증강계획을 담은 방위2법 개정안을 제38차 통상국회에 제출했다. 그리하여 61년 6월 자민당 참의원위원회에서의 심의강행 및 단독채결을 거쳐 마침내 2년 만에 성립시켰다.

▌자위대의 변모

이 방위2법의 개정에 의해 변화된 주요 내용은 다음과 같다.

첫째, 통합막료회의 의장의 권한이 강화되었다. 이전에는 방위청장관이 발령한 명령이 육해공 각 막료장을 거쳐서 자위대 각각의 부대에 하달되었으나, 이때부터는 육해공 중 어느 둘 이상의 통합부대 행동에 대해서는 장관의 명령을 받아 통막의장이 직접 지휘하게 되었다. 또한 통막 사무국의 기구도 대폭 확대되었다. 이것은 미국에서 58년의 개정으로 통합부대에 대한 국방장관의 직접지휘 권한이 강화됨에 따라서 통합참모본부의 권한도 커지게 되어, 그 내부에 새롭게 작전부가 설치된 예를 모방한 것으로 볼 수도 있다.

둘째, 육상자위대의 편성이 크게 바뀌었다. 이때까지는 6개 관구대 4개 혼성단의 10개 단위로 되어 있던 것을 13개 사단으로 재편성했다. 이 13개 사단은 홋카이도(北海道) 4, 도호쿠(東北) 2, 간토(関東) 2, 주부(中部) 1, 긴키(近畿) 1, 주고쿠(中国) 1, 규슈(九州) 2로 배치되었다. 각 사단은 9,000명과 7,000명 2종류가 있었으며, 홋카이도의 지토세(千歳)에 주둔하는 제7사단은 제7혼성단을 보강하여 편성한 기갑사단이다. 이 개정에 의해 육상자위대 정원은 61년 말까지 17만 1,500명이 되고, 이후 제2차 계획에 의해 18만 명까지 증가하게 되었다.

셋째, 해상자위대의 편성도 호위대군(護衛隊群)과 직할부대 2종류였던 것을 호위함대, 항공집단, 직할부대로 나누고 항공부대를 독립시켰다.

넷째, 항공자위대는 서부항공방면대를 신설하여, 기존의 북부 및 중부 항공방면대와 아울러 전국을 관할구(管轄区)로 나눈 방공체제를 정비했다. 또한 이시카와현(石川県) 고마쓰(小松)에 제6항공단을 신설하여 동해(일본해) 방면에 대비한 태세를 정비했다.

이러한 증강계획은 미국의 극동전략 전환과 신안보조약에 의해 자위대에 부과된 임무가 크게 변화된 것에 대응한 것이었다. 그리하여 60년도에 끝나는 1차방에 이어서 계획되어 있는 2차방을 앞당긴 것이었다. 2차방 그 자체는 60년부터 검토되고 있었으나, 안보개정에 따른 국내의 혼란과 미 케네디 신정권에 의한 대외군사원조 삭감 등의 영향을 받아 작성이 연기되고 있었다. 그래서 육상 13개 사단으로의 개편 등 일부를 발췌해서 우선적으로 실시했던 것이다.

▌제2차 방위력정비계획

연기되어 있던 2차방은 1961년 7월 18일 각의 후의 국방회의 의원간담회에서 결정되었다. 그것은 1962년도부터 5년에 걸친 방위력정비계획으로서,[17] 그 주된 내용은 다음과 같다.

자위대가 보유하고 있던 화기와 차량 대부분은 미국에서 공여된 것이었다. 칼빈소총·자동소총·기관총 등의 경화기, 박격포·무반동포·곡사포 등의 중화기, M24 경전차·M4A3 중전차·지프·트럭 등의 차

17　2차방의 목표는 다음과 같다.
　○방위력정비 방침
　1. 미일안전보장체제하에서 재래식 무기의 사용에 의한 국지전쟁 이하의 침략에 대해 유효하게 대처할 수 있는 방위체제의 기반을 확립하기 위해, 61년도 말까지 달성되는 핵심적 방위력의 내용을 충실하게 하고, 아울러 과학기술의 진보에 부합하는 정예부대 건설을 위한 기초를 배양함으로써, 육해공 자위대의 종합방위력 향상을 도모하는 것으로 한다.
　2. 핵심적 방위력의 내용을 충실하게 하는 것에 관해서는 장비의 근대화 및 소모분의 계획적 갱신, 기동력의 증강, 후방지원태세의 강화, 특히 기지 등 후방시설의 정비충실, 대략 1개월분의 탄약 등의 비축 등에 중점을 두는 것으로 한다.
　3. 정예부대 건설에 관해서는 유도무기의 진보에 발맞추어 대공유도탄 도입을 도모함과 더불어, 기타 근대적 정예장비의 일부 정비 및 운용연구를 실시하는 것으로 한다.
　4. 위의 내용 외에도, 방위력 향상에 기여하기 위해 정보기능을 충실하게 정비하고 기술의 연구개발을 추진함과 더불어, 국토와 국민에 밀착된 방위력을 구축하기 위해 재해구조 및 공공사업의 협력 등 민생협력 측면의 시책 및 소음방지대책을 중시하는 것으로 한다.

량, 프리깃함과 상륙용 주정(舟艇) 등의 함선은 모두 제2차 대전 당시 미군이 사용하던 것이었다. 이것들은 전투방식의 진화에 따라 형식이 이미 구형이 되고 병기 자체도 노후화되었으므로, 이것을 가급적 국산의 신식 병기로 교체한다는 것이 당국이 설명한 취지였다. 하지만 당시 많은 사람들이 지적한 것처럼, 이 '근대화'의 진짜 목적은 미사일의 보유와 그것을 국산화하는 것을 중심으로 한 것이었다.

미사일과 로켓의 연구 및 시험생산은 방위기밀이었기 때문에 당국도 관련 업자도 공표를 피하고 있었으나, 이미 밝혀진 것만으로도 방위 관련 업자의 관심의 표적이 미사일이라는 것은 명백했다. 육상의 방공부대에는 지대공미사일 나이키 에이잭스(Nike Ajax)와 그 개량형인 허큘리스(Hercules), 마찬가지로 지대공미사일인 호크(Hawk)와 스위스제 오리콘(Oerlikon) 및 오리콘의 국산품으로 제작된 TLRM2 등이 연구되어 있다. 그리고 나이키를 장비한 3개 대대가 도쿄, 오사카, 북 규슈에 각각 배치될 예정이다.

해상자위대도 이전의 해군 상식과는 크게 변화되고 있다. 국산 갑형(甲型) 경비함에는 이미 대공미사일 타타(Tartar)가 장비되어 있다. 또한 세계의 어느 해군도 아직 소유하고 있지 않은 1만 톤급 헬리콥터 항공모함의 건조계획도 종종 대두되고 있다. 이 헬리콥터에는 이미 로켓 장착이 가능하다. 또한 항공자위대에서는 전투기에 탑재하는 공대공 로켓 마이티 마우스(Mighty Mouse)가 양산되고, 그것보다도 사정거리가 긴 공대공미사일 사이드와인더(Sidewinder)도 시험생산되고 있다. 이러한 미사일 장비가 착실히 실현되어 간다면, 종래의 소총·기관총·대포·군함과 같은 장비와는 완전히 차원이 다른, 미소 양국을 제외하면 적어도 아시아의 서구진영에서는 유일한 신식군대로 변모하게 될 것이다.

▌치안대책의 중시

자위대의 이러한 변모에는 안보반대운동의 영향에 의한 국내 치안대책의 중시라는 의미가 포함되어 있었다고 할 수 있다. 육상자위대는 특히 그랬다. 13개 사단으로 개편하는 것이 제2차 방위력정비계획 중의 육상자위대 관련 중심적 사항이었으나, 그 결정이 일본의 국내사정과 미국과의 관계로 지연되었기 때문에, 특히 이 부분만을 방위2법의 개정이라는 형태로 서둘러 실현한 것이다.

이 개정으로 육상부대의 단위가 소형화되어 그 배치가 한층 농밀하게 전국에 분산되었기 때문에 국내에 대한 긴급출동이 편리해진 것은 말할 것도 없다. 이전의 육군이 전국 각 부현(府県)에 보병연대를 배치하고 있던 것보다도 훨씬 분산시켜 대대 단위로 주둔시킴으로써 주둔지 수가 훨씬 증가되었다. 사단편성도 이전에 대륙작전을 위해 방대한 군수품을 보유하여 둔중했던 대형사단에 비하면, 국내의 복잡한 지형에 맞는 소형사단이 되었다고 할 수 있다.

신자위대법에 있어서도 외국으로부터의 무력공격에 대한 방위출동과 더불어, 간접침략 및 폭동 등에 대한 치안출동을 중시하고 있다. 더구나 이 치안출동은 국회의 사전승인 없이 내각총리대신의 권한으로 가능한 것으로 되어 있다. 그 제78조에서는 내각총리대신은 "긴급사태"가 발생했을 경우 "치안유지"를 위해 "자위대의 전부 또는 일부의 출동을 명령할 수 있다."라고 되어 있다.

더욱 중요한 것은 국지적 출동과 관련된 제81조의 규정이다. 여기에는 "도도부현(都道府県)의 지사는 치안유지상 중대한 사태와 관련하여 부득이한 것으로 인정되는 경우, 해당 도도부현의 도도부현 공안위원회와 협의를 거쳐 내각총리대신에게 부대 등의 출동을 요청할 수 있다."라고 되어 있다. 지역적인 사건이 발생했을 경우, 도도부현 지사의 요청으로 자위대가 출동할 수 있는 준비가 갖추어져 있는 것이다.

이러한 '치안출동' 준비를 구체화한 것이 앞의 「치안행동 초안」이었다. 이 초안에 의하면 치안행동의 주된 목표는 '도시, 공업지대, 군사기지, 교통 및 통신의 요충지 등'에 있어서의 조직적인 노동자나 학생의 '폭동'을 진압하는 것이다. 여기에 출동하는 자위대의 제압행동은 스크럼을 짜고 눌러 앉아 있는 '폭도'를 끌어내고, '가스나 저격수 등을 사용'할 수 있도록 준비하는 것을 비롯하여, 화기나 가스의 사용에 대해서도 구체적으로 기술되어 있다. 이렇게 하여 민중운동에 정면으로 대결하는 치안출농 훈련이 갑자기 중시되었던 것이다.

이러한 긴급 치안출동에 대해 자위대는 이미 대비 태세를 갖추고 있었다. 각지의 주둔부대는 인근의 도시와 공장을 중심으로 노동자와 학생 그리고 혁신정당의 동향에 관한 상세한 정보를 수집하여, 어떤 경우에도 대응할 수 있는 출동계획을 수립하고 있었다. 신문기자에게 젊은 장교들은 아무렇지도 않게 "부대는 전투체제에 있으므로"라고 하고, 연대장은 "자위대는 전시편제로 유사즉응 태세에 있다. 지금의 정치상황에서 평시편제를 취할 수는 없다. 이것은 최고수뇌의 정세판단에 의한 것이다."라고 말했다(『朝日新聞』 1961년 6월 21일).

언제든지 긴급출동에 응할 수 있는 체제가 이미 정비되어 있었다고 보아야 할 것이다. 이 기자가 본 것은 마쓰모토(松本)의 보병연대와 지바현(千葉県) 나라시노(習志野)의 제1공정단(空挺団 : 공수여단)이었는데, 공정부대를 폭동발생 지구에 강하시킨다는 대규모 진압작전까지 이미 준비되어 있었다.

▌ 케네디 전략과의 관련성

이러한 치안대책 중시는 안보문제를 둘러싼 미증유의 대중운동에 자극을 받은 것이기도 하지만, 그 이상으로 그것은 미 세계전략의 일환으로서의 자위대의 현상과 관련되어 있었다. 1960년의 안보조약 개정에서 구조약 제1조에 있던 '내란 및 소요' 발생 시 일본국의 요청에 의해 미군이 출동한다고 하는 '내란조항'이 삭제되었다. 즉 국내 치안유지의 책임은 전적으로 자위대에 있다는 것이다. 이에 따라 57년 미 지상군 전투부대가 일본에서 철수한 이래 점차 감소되고 있던 주일 미 육군병력은, 이 무렵에는 보급관계 인원 5,500명 정도가 남아 있을 뿐이었다.

원래 육상자위대의 전신인 경찰예비대가 50년의 한국전쟁에 즈음하여 창설된 것도 주일미군의 출동으로 공백이 된 국내 치안확보라는 목적이 있었으며, 해군이나 공군과는 달리 육상자위대는 국내진압용이라는 성격이 강했던 것이 이에 의해 한층 강화되었다고 할 수 있다.

케네디 시대에 들어 미국의 세계전략에 하나의 특징적인 변화가 발생했다.[18] 그것은 미사일이나 핵무기 등의 초근대적 장비에 의한 전쟁준비와 병행하여, 한정된 지역에 있어서의 국지전이라는 새로운 형태의 전쟁준비 중시가 표면화된 것이었다. 이것은 전쟁이, 국경을 넘어 진격해 오

---

18 1960년 11월 미 대통령선거에서 민주당의 케네디가 당선되어, 61년 1월 케네디 정권이 등장했다. '나태 청산'과 '구태 탈피'를 주창하면서 참신한 모습으로 등장한 케네디는, 군사적인 측면에 관한 한 매우 고자세였다. 케네디 전략은 대량보복정책을 청산하고, 통상병력을 중시하여, 게릴라전술을 채택하는 것이었다.

1953년의 소련의 수소폭탄 실험 성공에 의해 원자탄과 수소탄 독점을 상실한 미국은, 아이젠하워 시대에는 대량보복전략을 취했다. 그것은 공산권의 팽대한 지상병력에 대해서는 미국이 가진 대량의 핵보복력으로 대항한다는 것이었다. 그러나 이 전략은 소련의 전략핵무기가 증강되자, 상호 자살행위 즉 지구의 파멸을 초래할 수 있는 위험이 있었다. 또한 핵무기의 소형화가 성공했다. 이 때문에 전면 핵보복에 의존하는 것이 아니라, 우선 전술핵무기를 사용하고, 축차적으로 전략핵무기로 이행한다는 한정적 핵전략 개념이 나왔다. 또한 59년에 폴라리스 잠수함이 완성되었으므로, 소련의 핵공격에 대해서도 안전한 폴라리스 잠수함에 의해 보복력을 유지한다는 유한핵억지전략(有限核抑止戰略)이 나왔다. 또한 미 육해공 3군 병력에 대한 재검토를 실시하여 총 25만 명의 증강이 이루어졌다.

이것은 지상전과 국내전을 중시하는 것으로, 동맹국 군대에 대해서도 거기에 부합하는 대응책을 요구하는 것이었다.

는 군대와의 싸움이 아니라, 라오스나 베트남 그리고 콩고에서처럼 대규모 내란의 형태로 일정한 전선이 없이 국내 곳곳에서 게릴라전이 전개되어, 전투원 간의 싸움뿐만 아니라 정치적 수단으로서의 전투가 행해진다는 개념에 의한 것이었다. 그리하여 게릴라 요원의 훈련이나 내란대책에 중점이 두어졌다.

따라서 일본의 군비에 대해서 미국이 바라는 것도 소련과의 전쟁이 발발했을 경우 미군의 증원이 있을 때까지 버틴다는 임무 외에도, 국내의 내란에 대한 강한 저항력을 갖고 친미적인 현 정권을 옹호한다는 것이었다. 미국은 한편으로는 소련과의 전쟁에 대한 고강도의 군비를 갖추면서, 다른 한편으로는 그 동맹국 및 종속국의 군비를 소련과의 전쟁에 있어서의 보조군대 역할로부터 각국에 있어서의 '간접침략'에 대처하는 군대로 이행시키고 있었다.

케네디 시대에 들어 주일미군의 축소는 더욱 진척되었다. 오키나와를 제외하고 일본 본토에 있던 미군기지는 안보개정 전에는 230개소였으나, 61년 2월 현재는 189개소로 감소했다. 병력의 축소도 진척되어 이 시기에는 육군 5,000명, 해군 1만 2,500명, 공군 3만 2,500명으로 총 약 5만명이 되었다. 육군은 보급부대만 남아있었고, 해군은 제7함대를 위한 요코스카(橫須賀) 및 사세보(佐世保)의 군항과 함상기(艦上機) 훈련기지로서의 아쓰키(厚木) 및 기사라즈(木更津) 비행장의 공군이 주력이었다. 후추(府中)에 사령부를 둔 제5공군 휘하에 F102 전투기와 F100 전투폭격기를 주력으로 한 전술공군이 미사와(三沢)와 요코타(橫田) 그리고 이타즈케(板付) 등의 비행장에 전개하고, 다치카와(立川)에는 수송항공단이 있었다. 거의 이 규모의 병력이 이후 장기간 유지된다.

4. 대소전략과 핵전쟁

▌미 극동전략과 자위대의 역할

2차방의 편성 장비면에 있어서의 특징은 자위대의 미사일 장비를 중심으로 하는 근대화였다. 앞 절에서 기술한 것처럼, 육상자위대에 대해서는 국내 치안대책이 중시되고 있었으나, 해상과 항공에 대해서는 고도의 전투를 목표로 한 근대적 장비의 보강이 계획되어 있었다.

여기서 장비하려고 한 신무기의 목적은 두 가지였다. 하나는 지대공 및 공대공 단거리미사일의 강화이다. 즉 나이키와 호크 각각 2개 대대의 편성, F86F 전투기 205대에 사이드와인더 장착, 반자동 경계관제조직의 도입 등이 계획되어 있는 것이 그것이다. 이것은 소련이 일본 본토로 공중 공격해 오는 것을 저지하기 위한 것이었다.

다른 하나는 대형 대잠초계기 P2V 7대, 대잠헬리콥터 HSS-55를 비롯한 헬리콥터 54대 보유 등, 소련 잠수함을 의식한 장비의 강화였다. 소련 잠수함을 해상에서 공격하여 그것을 적어도 동해(일본해)에서는 봉쇄하기 위한 것이었다. 이상의 두 가지는 미국의 대소전략과 떼어놓고 생각할 수 없는 근대장비였다.

그러나 이미 핵탄두를 장착한 대륙간탄도탄이 세계 어느 지역도 공격할 수 있을 정도로 강대국의 군비는 진척되었다. 미소 양 대국의 군비는 세계 다른 어떤 나라의 군비와도 비교할 수 없는 차원에 도달해 있었다. 자위대의 미사일화는 자위대 당국자들 사이에서는 핵무기의 보유로 진행될 것을 바라면서 준비하고 있었으나, 아무리 그것이 진척된다 해도 이들 선진군비와 동일한 단계까지 나아가기는 불가능했다.

하지만 만약 핵무기를 사용하는 본격적인 전쟁이 일어난다면, 결국 그것은 인류의 파멸로 직결될 것임이 명백하다. 자위대의 미사일화가 이러한 전면적 핵전쟁을 상정한 상태에서, 이에 대한 준비를 진지하게 하고 있다고는 생각지 않는다. 그것은 자위대 당국자가 종종 말하고 있는 것처럼, 이른바 한정적 핵전쟁에 대한 준비일 것이다.

그러나 세계 유일의 원폭 피해자인 일본국민은 핵무기가 인류에게 얼마나 무서운 것인가를 몸소 체험했다. 미 군부에 의해서도 자위대에 의해서도 은밀히 상정되어, 자위대 미사일화의 이론적 근거가 되어 있는 이른바 '한정적 핵전쟁'이 발생할 가능성이 그다지 크다고는 생각되지 않는다. 핵무기를 사용하는 전쟁은, 설령 한정된 범위에서 한정된 무기로 행해진다고 해도, 곧 인류의 파멸을 의미하는 것임을 일본국민은 누구보다도 잘 알고 있다.

핵탄두를 장착한 대륙간탄도탄이나 중거리유도탄의 공격을 예상하여, 거기에 대한 미사일 보유를 추진하는 것이 과연 자위대에 있어서 의미가 있는 것일까. 이러한 대공미사일을 아무리 증강시킨다고 해도, 그것으로 핵공격을 완전히 막아내지 못할 것은 분명하다. 그러한 핵공격이 발생할 사태를 만들지 않기 위해 전력을 다하는 것이야말로 지금의 세계정세하에서는 국방이며 방위이다. 미사일화는 오히려 핵전쟁의 위험을 증대시키고, 국민을 우롱하는 것에 지나지 않는 것이다.

자위대가 미사일화에 열중하여 소련에 대한 전쟁준비를 하면 할수록 이러한 위험은 증대될 것이다. 더구나 이른바 방공체제가 점차 정비되어, 현재도 경보와 동시에 요격전투기와 지대공미사일이 즉각 공격태세를 완료하는 훈련이 되어 있다. 여기에 더욱 고도화된 미사일 장비가 진척되어 소형 핵탄두를 보유하는 데까지 진행된다면 얼마나 위험한 일인

가. 약간의 실수로 경보가 잘못 발령되기라도 한다면, 일본은 핵전쟁의 무대가 되어버릴 위험이 있다.

자위대가 미사일 장비를 진척시켜 소형 핵무기를 보유한다는 것은, 전략상 무의미할 뿐만 아니라, 국민에게 있어서는 돌이킬 수 없는 해악이라고 할 수밖에 없다.

▍종속군인가 독립군인가

경찰예비대로서의 초창기 이래, 미국이 일본의 재군비에 기대해 온 것은 주로 지상군의 증강에 의한 미군의 보조부대 역할, 즉 국내 안정을 위한 '간접침략'에 대한 역할이었다. 이에 대해 일본의 방위 당국이 끈질기게 주장해 온 것은 육해공 3군의 균형 잡힌 소형 독립군대의 편성이었다. 방위 당국에 3군의 균형에 대한 향수와도 같은 희망이 있었기 때문에, 군대로서 보다 강력하고 유효한 장비를 요구하는 것은 어쩌면 당연한 것일지도 모른다. 그러나 세계전략의 관점에서 그 독자적인 존재의의를 주장할 수 있을 만한 군비는 이제 미소 양국 외에는 있을 수 없게 되었다.

NATO에 가맹된 서구 강국인 영국, 프랑스, 서독의 경우도 그 주력은 육상병력이다. 전략공군은 오로지 미국에 의존하고, 전술공군도 그 대부분은 미국이 점하고 있다. 군비에 관한 한 미소 이외의 어떤 강국도 이제는 그 독자성을 가질 수 없게 되었다. 자위대가 아무리 미사일 장비를 강화해도 그것이 일본군대의 독자성을 증대시킬 수는 없으며, 미국의 세계전략 범위 내에 머무르는 데 지나지 않을 것이다.

그럼에도 불구하고 이와 같은 장비의 '근대화'와 '체질개선'이 적극적으로 추진되는 이유는 무엇일까. 제2차 방위계획의 원안에 의하면, 그것을 달성하는 데 필요한 경비는 1조 2,000억 엔이 넘는다. 지금까지의 장비는 주로 미국의 공여에 의한 것이었고, 국산도 일본의 자본 중에서는 주로 2류의 방위산업 업체에 맡겨져 왔다. 하지만 이 국산 미사일의 생산에 대해서는 대기업이 비상한 열의를 갖고 엄청난 연구비를 투입하고 있다. 미사일 보유가 과연 전략적으로 유효한지 아닌지와는 별도로, 이러한 경향이 방위산업에 대한 대기업의 진출과 결부됨으로써 그 발전에 기여한다는 것만은 틀림이 없을 것이다.

이러한 변화에 의해 자위대는, 한편으로는 국내의 내란이나 혁명에 대비한 무력으로서의 측면을 한층 강화하면서, 다른 한편으로는 장비의 ‘근대화’를 추진하여 전쟁수단의 발전에서 뒤떨어지지 않으려고 초조해 하고 있다. 이 두 측면은 공히 미국의 세계전략에 부응하는 것임은 말할 나위가 없다. 자위대 창설 당시에 비해 자위대에 대한 미군 고문단의 발언이나 개입이 줄어든 것은 사실이며, 주일미군의 병력이 대폭 축소되어 극동에 있어서의 미군의 주요 기지가 일본에서 철수함으로써 주로 보급기지와 전진기지가 되어 있는 것도 사실이다. 그러나 대외적 군사력으로서의 자위대의 존재의의는 어디까지나 미국의 세계전략의 일환이라는 데 있다. 민중운동을 억압하기 위한 대내적 군사력 역시 군사적으로 일본의 안정을 바라는 미국의 의도에 부응하는 것이다.

하지만 2대 군사블록의 대결이라는 현 단계에서, 군대의 이와 같은 성격은 비단 일본만의 현상이 아니다. 영국·프랑스·서독 등의 군대가 NATO에 소속되어 그 통합지휘관(미국인)하에서 편성·장비·훈련이 획일화되고, 긴급사태가 발생하면 NATO 차출병력 이외의 국내군도 자동적으로 그 지휘하에 들어가는 체제를 취하고 있는 것과 비교하면, 일본의 경우는 적어도 형식적으로는 아직 밖으로부터의 제약이 적은 편이다. 현재의 군사 단계는 일국의 군비라는 개념 자체를 불가능하게 하고 있다.

그렇게 된다면 대외적 군사력으로서의 자위대의 정비는 좋든 싫든 필연적으로 일본을 핵전쟁의 위험에 노출시키지 않을 수 없게 된다. 그것을 단적으로 증명한 것이 1962년 10월의 쿠바 위기였다. 대부분의 일본 국민이 모르는 사이에 일본도 핵전쟁의 벼랑 끝에 내몰려 있었던 것이다.[19] 그리고 이러한 정비와 증강은 어떤 의미에서도 일본의 독립과 국민의 행복 보장과는 거리가 먼 것이라 해야 할 것이다.

▍3무사건

2차방이 준비되어 정치적 폭력행위 방지법안(政防法)이 국회에서 논의되고 있던 1961년 6월, UPI는 '자위대 청년장교에 의한 쿠데타 발각'이라는 기사를 세계에 타전했다. 이것은 오보였으나, 그것이 받아들여졌다는 것은, 외국에서 보면 자위대에 그 가능성이 있다는 것이었다. 실제로 61년 12월 12일 구 육군사관학교 59기와 60기생 등 13명이 정계 요인을

---

19 1962년 10월 22일 케네디 대통령은 소련이 쿠바에 중거리탄도미사일(IRBM)과 중사정미사일(MRBM) 기지를 건설 중이라고 발표하고 쿠바 해상봉쇄를 선언했다. 미군은 즉각 전투태세에 돌입하고, 소련군도 휴가를 중지하고 비상태세에 들어갔다. NATO 각국 군과 바르샤바조약 가맹국 군에도 경계태세가 발령되었다. 이 위기는 소련의 후루시초프 수상이 쿠바로부터 공격용 무기를 철수할 것을 명령함으로써 1개월이 채 안 되어 해소되었다. 그러나 전 세계가 제3차 대전의 일촉즉발 위기에 떨었다.
아사히신문사(朝日新聞社)에서 발간한 『자위대』(1968년)에 의하면 1962년 10월 23일 이른 아침, "케네디 미 대통령이 쿠바에 대한 강경책을 발표하여 미소 핵전쟁의 위기에 직면했다. 주일미군과 더불어 항공자위대는 경계태세에 들어갔다. 각 전투기 기지에서는 대기 전투기의 수를 늘리고, 나머지 모든 전투기도 긴급 정비에 들어갔다. 이러고 있는 동안에 고마츠(小松) 기지에 긴급발진 지령이 내렸다. '맙소사! 끝장인가'라고 비행대장은 생각했다. 그러나 그때의 긴급발진 지령은 미소 간의 긴장과는 직접적인 관계가 없는 것임을 나중에 알았다. 또한 그날 해상자위대 사세보(佐世保) 지방총감은 주일 미 해군 기지사령관의 방문을 받았다. 위기를 알게 된 총감은 구잠정(駆潛艇) 1척에 대해 훈련출동을 명령하여 항 입구에서 경계토록 했다. 동시에 방잠망(防潛網)으로 항을 봉쇄할 준비를 시작하도록 했다."라고 한다.
쿠바 위기는 미군의 경계태세에 자위대가 휘말려 든 사건이었다. 일본인이 모르는 사이에 핵전쟁의 위기에 처해 있었던 것이다.

암살하고 자위대 계엄령하에 임시정권을 수립하려고 한 사건이 발각되었다(3무사건).[20] 전전의 3월 사건이나 10월 사건을 모방한 것이었으나, 구체성도 계획성도 없는 조잡한 쿠데타 계획이었다.

그러나 그것이 아무리 황당무계한 것이었다고는 해도, 구군인과 자위대가 관련된 쿠데타가 계획되었다는 그 자체에 의미가 있었다. 자위대 창설 당시에는 전전의 교훈을 거울삼아 신경질적일 정도로 군인의 정치 관여를 막아 문관 우위의 체제를 만들었으나, 그것이 점차 무너져 가는 하나의 증거라고도 할 수 있는 사건이었다. 헌법의 그늘 뒤편에 숨어 성상해 온 자위대가 이미 아시아 서방진영 최강의 군사력으로 성장한 것, 3군 막료감부의 발언권이 점차 내국(內局)을 능가하여 통합막료회의의 권한이 강화된 것, 그리하여 적어도 외국에서 보면 자위대가 쿠데타의

20　경시청 공안부가 살인예비 및 소란예비 용의로 그날 체포한 것은 전 육군사관학교 60기생 고이케 가즈오미(小池一臣), 전시 중 조선업자로서 유명한 전 가와미나미공업(川南工業) 사장 가와미나미 도요사쿠(川南豊作), 5·15사건의 전 해군중위 미카미 다쿠(三上卓) 등 13명으로, 그중 10명이 기소되었으나, 그 후에도 4차에 걸쳐 체포가 계속되었다. 가와미나미는 무전쟁(無戰爭), 무세(無稅), 무실업(無失業)의 3무주의를 주창하면서 삼무숙(三無塾)을 경영하고 있었다. 고이케(小池) 등의 전 육사생도 그룹은 국사회(國史會)라는 이름으로 현상타파를 기획하고 있었으므로, 사건은 처음에는 국사회 사건이라 불렸으나, 국사회와는 밀접한 관계가 없다는 것이 밝혀졌다. 고이케 등 관계자 대부분이 가와미나미의 3무주의에 공감하고 있었으므로 3무사건이라 불리게 되었다.
현 정권에 대한 불만을 가진 그들은 쿠데타로 이것을 타도할 목적으로, 1962년 1월의 국회 재개 당일 국회에 돌입하여 각료를 감금하고 비상사태 선언을 강요하고, 경우에 따라서는 각료를 살해한다. 치안기관의 출동을 막기 위해 방위청장관, 육해공 3군 막료장, 경시총감 등을 설득하고, 받아들여지지 않으면 살해한다. 이것들이 성공하면 총평(日本勞働組合総評議会)을 습격하여 수송, 통신, 전력 등의 거점을 확보함으로써 항의 총파업을 막는다는 계획이었다. 내용과 형태가 30년 전의 3월사건이나 10월사건 그대로로, 비현실적이라는 것까지도 꼭 같았다.
이 사건의 공판은 도쿄지방법원에서 열려, 64년 5월 판결이 언도되었다. 파괴활동방지법의 적용은 인정되었으나, 살인예비 및 소란예비는 인정되지 않고 살인음모 및 소란음모를 인정하여 3명은 실형, 5명은 징역형 집행유예, 4명은 무죄를 받았다. 67년 6월 도쿄고등법원의 판결에서는 파괴활동방지법에 관해서는 무죄가 되고, 소란음모로 가와미나미가 징역 2년에 처해지는 등 4명이 유죄판결을 받아, 70년 7월 대법원에서 고등법원 판결이 확정되었다.

주역이 될 가능성이 있음을 보여준 것이었다.

문제는 자위대가 헌법의 그늘에 숨어있는 존재였기 때문에 그 실태가 국민들에게 알려지지 않고, 국회의 심의에서도 형식적인 논의로 일관하여 실질적으로는 거의 문제가 되지 않았다는 것이다. 자위대 내부가 아무리 국민일반의 이념이나 희망과 동떨어진 것이 되어 가도, 그것을 국민은 정확하게 파악하지 못하고 있다. 미사일화와 로켓화가 진척되어 소련과의 핵전쟁 준비에 열중하고 있는 대원이 어떤 긴장상태에 놓여 있는지, 그것에 의해 국내는 어떤 의외의 폭탄을 끌어안고 있는지, 그런 것을 국민은 알지 못하고 있다. 또한 주야로 치안행동 훈련이 계속되어, 대원들이 자신들도 모르는 사이에 노동자 대중을 적대시하는 사고를 갖게 된다는 것, 그러한 두려움도 국민은 모르고 있다.

과거의 일본군대는 일반사회와의 단절을 하나의 특징으로 하고 있었다. 그러나 국민개병제도에 의해 사회와 군대 간에 상당한 소통이 있었기 때문에, 국민들이 그나마 친근감을 갖고 있었다. 그러나 자위대에 대해서는 이 정도의 친근감도 없어졌다. 그리고 국민이 백안시하게 됨으로써, 자위대는 국민과의 골이 한층 깊어지고 있다. 그 때문에 발생하는 굴욕감이나 초조감이 부대 내의 긴장상태를 더욱 고조시켜, 자신들도 모르는 사이에 시한폭탄과 같은 상태가 되어 있다. 3무사건은 자위대원이 계획에 직접 참여한 것은 아니지만, 자위대의 중견간부와 동기생 관계에 있는 육사 59, 60기생이 그들과 똑같은 초조감에 쫓겨 폭발하려고 한 것이었다.

제6장

한일조약과 미일군사체제의 신단계

1. 미쓰야 연구

2. 한일조약의 체결

3. 베트남전쟁의 격화와 3차방

1. 미쓰야 연구

▌고도성장과 안보효용론

이케다(池田) 내각이 경제성장을 통한 국민소득배증계획을 국가 시책의 중심으로 내걸었을 때, 사실은 이미 고도성장이 시작되어 있었다. 국민총생산(GNP)이라든가 경제성장률이라든가 하는 말이 일반화된 것도 이때부터였다.

고도경제성장 자체는 1955년부터 시작되었다. 55년 후반부터 수출선(輸出船) 붐으로 시작되는 '진무경기(神武景氣 : 기원전 7세기 중엽 진무천황 이래 최대의 호경기라는 의미)'가 일어나 57년 전반까지 계속되고, 그해 후반부터 58년까지의 '냄비바닥 불황(なベ底不況)'을 거쳐, 59년과 60년의 '이와토경기(岩戸景氣 : 일본신화에 등장하는 아마테라스 오미카미[天照大神] 이래 최대의 호경기, 즉 진무경기를 상회하는 호경기라는 의미)'로 전환되었다. 이케다 내각이 목표로 한 10년간 국민소득을 두 배로 증가시킨다는 계획은 과거의 실적으로 보면 너무 낮은 것으로, 실제로 60년 이후의 GNP 실질성장률은 계획을 훨씬 초과하여 연평균 10%를 넘었기 때문에 목표는 8년 후에 달성된다.

이러한 경제발전의 결과 국민총생산 대비 방위비 비율도 자위대 발족 당시의 약 2%에서 60년대에는 약 1%로 계속 저하되었다. 이 때문에 "일본은 미일안보체제를 통해 비생산적인 군사지출을 최소한으로 줄여서 오로지 경제발전에만 전념할 수 있었다."(宮沢喜一『社会党との対話』)라고

하는 '안보효용론'이 생겨났다. 이것은 또한 미국으로부터는 '무임승차' 라는 비난을 불러일으키게 된다.

그러나 2차방의 진행과 더불어 방위비는 두드러지지 않은 형태로 착실히 증가되었다. 2차방하의 방위비는 1960년 1,600억 엔에서 61년 1,835억 엔, 62년 2,137억 엔, 63년 2,475억 엔, 64년 2,808억 엔, 65년 3,014억 엔으로, 두 배로 증가했다. 경제의 그늘에 가려있기는 했어도 군비증강은 착실히 진행되고 있었던 것이다.

▌긴박해진 아시아

일본에서 안보투쟁이 한창이던 1960년 4월, 이웃 한국에서는 대통령 선거 부정에 항의하는 학생운동이 고조되어 있었다. 이 학생운동은 민중의 민주화운동으로 발전하여, 전후 일관되게 독재정치를 계속하던 이승만 정권을 무너뜨렸다(4월 혁명). 그 결과 한국에는 민주정권(제2공화국)이 탄생했으나, 그 생명은 2년밖에 되지 않았다. 1961년 5월 군부는 군사쿠데타로 제2공화국을 무너뜨리고 반공친미 군사독재정권을 수립했다. 일본 육군사관학교에서 수학한 구 만주국 군 간부 박정희가 62년 군사정권의 실권을 잡고, 63년 12월 정식으로 대통령에 취임하여 독재체제를 수립했다. 박 정권은 불안정한 기반을 보완하기 위해 반공·반북한의 긴장상태를 조성하여 군사경계선에 있어서의 충돌을 반복했다.

한편 제네바 회의 후인 1955년 이래, 미국이 지원하는 고 딘 디엠(吳廷琰, Ngo Dinh Diem)의 군사독재정권하에 있던 남베트남(월남)에서는, 60년 결성된 남베트남민족해방전선(베트콩)이 독재정권에 대한 무력투쟁을 강화하여, 62년 말에는 국토의 4분의 3을 지배하는 데까지 성장했다. 이에 대해 미국은 62년 2월 주월 군사원조사령부를 설치하여 군사고문으로서 4,000명의 미군을 파견한 것을 시작으로 대규모 군사원조에 착수했다.

64년 1월 미국의 지지하에 구엔 칸(阮慶, Nguyen Khanh) 장군이 제2차 군사쿠데타로 정권을 장악하여 프랑스 세력을 일소했다. 미군의 개입에도 불구하고 남베트남해방전선의 활동은 더욱 활발해졌다. 이에 화가 난 미국은 64년 8월 미 군함이 북베트남(월맹)의 어뢰정에 공격당한 통킹만 사건(Gulf of Tonkin Incident)을 구실로 북베트남의 해군기지를 보복 폭격했다.

64년 11월 민주당의 존슨 대통령이 재선되자, 베트남에 대한 개입은 더욱 적극적이 되었다. 64년 군사원조사령관에 취임한 웨스트모얼랜드(William Childs Westmoreland) 대장 휘하로 육상병력을 적극 파견했다. 미국의 요청을 받은 한국정부도 베트남 파병을 결정하여 65년 2월 제1진을 파견했다. 미국도 공공연하게 지상병력을 투입하기 시작하여 3월에는 해병대를 상륙시켰다.

65년 2월 남베트남민족해방전선이 브레이크의 미군기지를 습격하자, 미국은 때마침 소련 수상이 방문 중이던 북베트남의 동호이(Dong Hoi)를 보복 폭격했다. 이후 미군기에 의한 북베트남의 도시 폭격이 개시되었다. 그리고 6월에는 미 군사원조사령관에게 전투참가 권한이 있다고 발표함으로써 공공연하게 지상전투에 개입하여, 괌의 B52 전략폭격기도 베트남 폭격을 개시했다. 7월에는 오키나와를 중계기지로 하여 B52가 가데나(嘉手納) 비행장에서 발진하여 폭격을 시작했다.

베트남에 대한 미군의 본격적인 개입은 좋든 싫든 일본을 끌어들였다. 오키나와는 발진기지 및 보급기지로서 중요한 역할을 하게 되었다. 또한 일본에 주문하는 폭탄과 네이팜탄(Napalm bomb)을 비롯한 군수품도 증가했다. 이 베트남 특수(特需)는 일본경제에 큰 도움이 되었다.

▌미쓰야 연구의 폭로

1965년 2월 중의원 예산위원회에서 사회당의 오카다 하루오(岡田春夫)가, 63년에 작성된 자위대 통합막료회의 극비문서 「1963년도 방위도상연구 실시계획(防衛圖上研究實施計劃)」, 일명 '미쓰야 연구(三矢研究)'를 들고 나와 정부를 추궁했다.[21] 그 내용은 다음과 같은 것이었다.

이 도상연구는 통합막료회의 사무국장 다나카 요시오(田中義男) 중장을 통제관으로 하여, 63년 2월 이치가야(市ヶ谷)의 통합막료회의 강당에서 실시되어 육해공 자위대 간부 등 84명이 참가했다. 연습은 제1동(動)에서 제7동까지를 상정하여 실시되었다. 제1동에서는 한국의 치안정세가 악화되어 한국군의 일부가 반란을 일으킴으로써 일본의 치안정세도 악화된다는 상황이다. 제2동은 한국 반란군을 공산 측이 지원하는 것에 대해서 미군이 개입하여 반격한다는, 당시의 베트남과 같은 사태가 발생하는 것을 상정하고 있다. 제3동은 공산군이 38도선을 돌파함으로써 제2차 한국전쟁이 발발하여 서일본 정세가 긴박하게 되는 상황이다. 이 부분이 국회에서 폭로된 것인데, 자위대가 출동을 준비함과 더불어 일본 국내에 총동원태세가 수립되는 것으로 되어 있다. 제4동에서는 한국 내 정세가 악화되어 자위대와 미군이 공동작전을 실시한다. 제5동에서는 서일본이 공격을 받아 홋카이도에 긴장감이 감돌고, 한국에서는 부분적으로 핵무기가 사용된다. 제6동에서는 마침내 소련이 개입하여, 미일 공동작전이 본격적으로 전개된다. 제7동에서는 일본 전역에 대한 소련의 본격적인 해상 및 공중 공격이 실시됨으로써 모든 전장에서 핵무기가

---

21 그날의 의사록 및 제출된 자료는 『중앙공론(中央公論)』 1965년 4월호가 전문(全文)을 게재한 것을 비롯하여, 각 신문과 잡지들이 보도했다. 특히 「국방 중앙기구의 정비에 관한 사항」, 「경제 및 요원에 관한 시책」, 「전시 각종 법안과 추경예산안의 국회 제출과 성립」 등이 군인의 정치지배 계획이며 태평양전쟁 당시 국가총동원의 재현이라 하여 문제가 되었다.

사용되고, 최종적으로는 미군이 사할린·북한·만주·중국으로 진격하여 핵보복공격을 실시함으로써 승리를 거둔다는 것으로 되어 있다. 하지만 이때 전장이 된 일본의 국민은 어떻게 될 것인가. 참으로 백일몽과 같은 상정이다.

이 제3동에 대비하여 87건의 전시법안을 국회에서 성립시켜 국가총동원태세를 수립한다는 연구가 행해지고 있었다. 오카다 의원의 추궁에 대해, 취임한 지 얼마 되지 않은 사토(佐藤) 수상은, "이와 같은 일은 절대로 용납할 수 없다."라고 대답했다. 자위대의 현역 간부가 유사시의 정지와 경제를 포함한 국가의 전면적인 지배를 검토하고 있었던 것이다.

본격적인 전쟁을 상정한 미쓰야 연구는 사태의 발생을 한국군의 반란에서 시작되는 것으로 하고 있다. 즉 일본과 미국 공히 한국군에 대해 전면적인 신뢰를 할 수 없었던 것이다. 한국군에 대한 불신은 역으로 자위대에 대한 신뢰로 이어지고 있다. 한반도 유사시 자위대에 대한 기대가 커지게 된 것도 미일 간 군사체제 강화의 포석이 되었던 것이다.

▮ 한반도의 군사정세

미쓰야 연구 당시 남한에는 6만의 미군과 60만의 한국군, 그리고 유엔군이라는 형식을 취하기 위해 터키와 태국의 소수 부대 및 영국과 프랑스 등 10개국의 연락장교단을 합한 약 500명이 있었다. 1957년 도쿄에 있던 미 극동군사령부가 폐지되자, 그것을 겸하고 있던 유엔군사령부의 명칭은 서울의 미 육군 제8군사령부로 계승되었다. 제8군사령관은 유엔군사령관인 동시에 주한미군 육해공 3군사령관이기도 하다.

한편, 도쿄도(東京都) 후추시(府中市)에 있는 미 제5공군사령부는 극동군사령부 폐지 후에는 주일미군 사령부를 겸하고 있다. 제5공군은 일본·오키나와·한국을 관할하면서, 한국에 주둔하고 있는 제314항공사단과 제38대공여단도 지휘하고 있다. 한국의 항공작전은 주일미군인 제5공군이 지휘하고, 주일 미 육군은 한국에 있는 육군 제8군의 후방부대이다. 즉 일본과 한국은 미군의 지휘계통에서는 하나로 되어 있는 것이다. 그리고 일본의 육해공 자위대는 명목상으로는 미군의 지휘하에 있지 않지만, 미군 고문단에 의한 감독을 받고 있기 때문에, 미쓰야 연구에 나타나 있는 것처럼 유사시에는 '미일 작전조정소'라는 이름의 통일 사령부 즉 미군의 지휘하로 들어가는 것으로 되어 있다.

2. 한일조약의 체결

▌한일회담

한일 간 국교수립을 위한 제1차 회담은 일본이 미군의 점령하에 있던 1952년 2월 점령군의 명령으로 이루어졌다. 하지만 회담에 앞서 한국이 이승만 라인을 일방적으로 선언함으로써 어업문제로 의견이 정면으로 대립했다. 제2차 회담은 강화 발효 후인 1953년 4월부터, 제3차 회담은 동년 10월부터 열렸으나 모두 이승만 라인 문제로 결렬되었다. 제4차 회담은 기시(岸) 내각 때인 58년 4월부터 60년 4월까지 이루어져, 기본적으로는 타결을 목표로 했으나, 이승만 정권의 붕괴로 도중에 중단되었다.

제5차 회담은 4월 혁명 후 장면 정권과 60년 10월부터 이루어졌으나, 61년 5월 쿠데타로 그 정권이 무너짐으로써 중단되었다. 제6차 회담은 박정희 정권과의 사이에서 61년 10월부터 개최되었다. 박정희 정권은 고도성장을 이룬 일본으로부터의 원조를 기대하여 회담에 적극적인 자세를 보였다. 그러나 한국 내의 강한 반일감정 때문에, 청구권 문제에 한정하여 일본과 합의를 보았으나 이케다(池田) 내각의 퇴진 등으로 중단되었다. 사토(佐藤) 내각은 한일조약 체결을 기본정책으로 내걸고 64년 12월부터 회담을 추진하여, 65년 4월 현안문제인 청구권, 어업문제, 재일 한국인의 법적지위, 이 3건에 대한 합의사항에 가조인(仮調印)이 이루어졌다. 그리고 1965년 6월 22일 한일기본조약과 청구권, 어업, 재일 한국인의 법적 지위, 문화협력, 이 4개 협정에 대한 조인이 이루어졌다.

60년대에 들어 한일 국교수복을 서두른 것은 미국의 강한 요청에 의한 것이었다. 베트남에 대한 미국의 개입과 실패 및 한국군의 베트남 파병이 한반도의 긴장을 고조시켜, '제2차 한국전쟁'의 위험이 큰 문제가 되기 시작했다. 이러한 경우에 대비하여 미국은 고도성장 중인 일본경제 및 그러한 가운데서 착실히 전력을 증강하고 있는 자위대에 큰 기대를 걸고 있었던 것이다.

▌한일조약의 군사적 목적

미쓰야 연구(三矢研究)의 기초연구인 「한국전쟁과 일본 방위작전의 관계」에서는, "주일미군이 일본 본토에서 수행하는 전투작전행동의 허용을 포함한, 가능한 모든 대미 작전협력을 적극적으로 전개함으로써 한국 전선에 있어서의 미군의 승리를 앞당기는 것, 그것이 자유진영의 조기 승리로 연결된다."라고 하고 있다. 즉 '제2차 한국전쟁'에 대한 자위대의 적극적인 협력이 강조되어 있는 것이다. '제2차 한국전쟁'에 있어서의 일본의 역할은 1950년의 경우처럼 미군에 대한 기지의 제공이나 후방보급에 대한 협력에 머무는 것이 아니다. 13개 사단의 육군 전투병력·1,170대의 제1선 항공기·470척의 함정·4개 대대의 지대공미사일·공수부대와 대잠공격 병력을 보유한 자위대는, 아시아의 미국 측 진영 중에서 최강의 전력을 보유하고 있다. 이 전력이 '제2차 한국전쟁'의 작전계획에 감안되어 있는 것은 '미쓰야 연구'나 '플라잉 드래곤계획(Flying Dragon計劃)'을 통해서도 알 수 있다. 그것은 중국에 대한 미국의 전략에 있어서 강력한 예비군이다. 그리고 그것을 실현하기 위해서는 "가능하면 한일회담이 조기에 타결되는 것이 바람직하다."라고, 2년 전의 이 '연구'는 결론짓고 있다. 조약의 조인에 의해 그것이 현실화되었던 것이다.

▌자위대의 한국에서의 역할

한일조약의 군사적 목적은 바로 여기에 있었다. 미군이 베트남에 투입됨에 따라 공백이 생긴 남한에서의 역할을 일본 자위대에 떠맡기는 것이 그 목적의 하나였다. '미쓰야 연구'의 전제로서, 62년 8월의 미일안전보장협의회 위원회에서, 미국의 요청으로 일본과 한국 사이에 '군사협조안(軍事協調案)'이 비밀리에 합의되었다고 한다. 이 '협조안'은 65년 2월 27일 한국 의회에서 민정당의 강문봉 의원에 의해 폭로되었다. 2월 28일자 아사히신문(朝日新聞)이 서울의 고마쓰(小松) 특파원발로 전한 바에 의하면, 그 내용은 "① 미국이 담당해 온 극동의 대공방위를 한일 양국에 맡긴다. ② 한일 양국에 미국의 원자력잠수함 기지를 설치한다. ③ 한국군의 장비는 일본의 군수공장에서 생산 조달한다."는 것으로, 그 외에도 한일 공동의 방공망 및 방잠망(防潛網) 설치를 결정했다고 한다.

이것은 이미 회의 직후인 62년 10월 1일자 도쿄신문(東京新聞)과 마이니치신문(每日新聞)에 의해서도 보도되었다. 도쿄신문은 "지난 8월 1일의 미일안전보장협의회 위원회에서 한일 문제가 중심 의제가 되어 상당히 심도 깊은 군사상의 의견이 교환되었다."라고 하면서, 미군은 일본이 중심이 되어 극동 자유진영의 방위체제를 강화할 것을 요망하고, 방위청으로서도 당연히 다음의 사항을 고려하고 있다고 전했다. 즉 "① 방위주재관을 서울에 상주시킨다. 또한 자위관과 한국군의 교환 시찰을 실시한다. ② 한국군의 항공기 일부는 현재 유엔기라는 명분으로 일본의 민간회사가 수리를 하고 있으나, 함정의 수리는 일본에서 하지 않고 있다. 앞으로는 항공기는 물론이고 함정 및 그 장비도 일본에서 수리 보급한다. ③ 방위대학교 및 간부학교로의 한국군 유학 및 파일럿 위탁 양성. ④ 항공자위대는 66년까지 1관구에 배지(BADGE : Base Air Defense Ground Environment System)를 장비하게 되는데, 이것을 대만과 한국의 배지 시스템과 연결하여 방공 공동작전을 수행한다. ⑤ 비상시에는 한일 양국에 의한 쯔시마(対馬) 해협의 공동봉쇄를 실시한다." 이와 같은 한일 양군의 협조를 원활하게 하기 위해서도 한일조약의 촉진이 필요했던 것이다.

일본정부와 자민당만은 한일조약에 군사조항은 존재하지 않으며, 그 것은 결코 군사동맹이 아니라고 거듭 강조하고 있다. 그러나 이 조약에 대해서 미국과 한국 모두 가장 기대를 걸었던 것은 군사적 측면이다. 한미 양국의 고위층과 군인은 분명히 그것을 언명하고 있다. 64년 10월 3일 번디(William P. Bundy) 국무차관보는 서울에서의 기자회견에서, "공산 측이 한국을 공격해 올 경우, 한국정부와 미국은 물론, 일본도 헌법이 허락하는 범위 내에서 공산군을 공격하는 한국을 지원할 것이다."라고 말했다.

65년 3월 28일 베트남전선 시찰에 나선 김성은 한국 국방부장관은 하네다(羽田) 공항에서, "한일회담이 타결되면 한국군과 일본 자위대의 협력관계도 자연히 이루어지게 될 것이다."라고 말했다. 65년 6월 24일 이동원 외무부장관은 귀국 후의 기자회견에서, "본인은 사토(佐藤) 수상과 아시아의 집단안전보장에 대해서 상의했다."라고 폭로했다. 65년 8월 10일 정일권 국무총리는 국회 답변에서, "일본은 유엔 가맹국이다. 따라서 공산주의의 침략이 재개된다면, 이에 즉시 대응할 주한 유엔군의 지휘하에 당연히 일본이 활동할 것으로 믿고 있다."라고도 말하고 있다.

미국과 한국의 이러한 기대에 자위대는 충분히 부응할 힘을 갖고 있다. 뿐만 아니라 오히려 적극적으로 남한에서 미군을 대신하고, 나아가 '제2차 한국전쟁'에 대한 준비를 추진하고 있는 것이다. '미쯔야 연구'가 한일군사협조안을 포함하여 계획된 것이며, 조약 성립의 목적이 군사협력을 한층 진전시키는 데 있는 것은 분명하다. 그것을 감안하여 이 시기부터 자위대의 훈련도 본격적인 해외파병을 목표로 하게 되었다. 공해에서의 적의 공격을 봉쇄하고 인원과 물자를 신속하게 운반하는 것을 목적으로 한 육해공 통합연습, 홋카이도의 산지를 무대로 한 대규모 적설지(積雪地) 내한연습, 즈시마 해협을 중심으로 한 한·미·일 해군 합동 해협봉쇄연습 등이 실시되어, 그것들이 그때마다 보도되고 있는 것은 '제2차 한국전쟁'에 대한 적극적인 참전을 전제로 하였다고밖에는 생각되지 않는다.

3. 베트남전쟁의 격화와 3차방

▌전쟁의 격화

1965년 2월 미국은 본격적으로 북베트남(월맹)에 대한 폭격을 개시함과 더불어, 남베트남(월남)으로의 지상부대 개입을 강화했다. 62년 2월 미국이 남베트남에 군사원조사령부(MACV)를 설치한 이래, 그 병력은 계속 증강되었다. 65년 말 약 20만 명이었던 미 지상군이 66년 말에는 약 40만 명으로 늘고, 67년에는 무려 50만 명에 달했다. 유엔군의 이름으로 파견된 한국군도 5만 명에 달하여, 남베트남 정부군을 대신하여 미군이 직접 남베트남민족해방전선(베트콩)과 격전을 전개했다. 그리하여 전쟁은 계속 확대되었다.

67년 9월 남베트남에서는 미군의 비호하에 구엔 반 티우(阮文紹, Nguyen Van Thieu) 대통령의 군사독재정권이 성립되었다. 그 탄압정책으로 인해 민심은 더욱 해방전선 쪽으로 옮겨 갔다. 68년 1월 말 음력설에 남베트남 전역에서 해방전선군이 '테트(Tet=설날) 공세'로 불리는 대공세를 개시하여 미군이 큰 타격을 받았다.

미군의 피해 증가와 전쟁 비용의 증대 그리고 미국 경제의 파탄은 미국의 초조감을 불러일으켰다. 68년 3월 존슨 미 대통령은 동년 11월의 대통령 선거 불출마와 북베트남에 대한 폭격 중지를 발표하고 화평교섭을 호소했다. 북베트남 정부가 이 호소에 호응하여 68년 5월 파리에서 북베트남과 미국 사이의 화평회담이 시작되었다. 하지만 쌍방의 주장이 크게 달라 진전을 보지 못했다.

68년 11월 베트남전쟁 종결을 공약한 닉슨이 대통령선거에 당선되었다. 69년 1월 미국이 지지하는 남베트남 정부와 남베트남민족해방전선 대표가 모여 베트남화평확대 파리회담이 개최되었다. 그러나 쌍방의 주장이 여전히 일치하지 못해, 전쟁은 그치지 않았다. 69년 6월에는 해방전선을 중심으로 남베트남공화국 임시혁명정부가 수립되었다.

▌베트남 반전운동

미군의 대량 개입으로 남베트남의 전투가 격화되는 한편, 1970년 5월에는 미국이 캄보디아를 침입했다. 미국의 식민지전쟁과 무차별폭격 등의 '비열한 전쟁'에 대해 국제적인 비판이 높아졌다. 특히 1968년 3월 16일 남베트남 중부의 손미(Son My) 마을에서 미군이 노약자와 부녀자를 포함해 주민을 학살한 사건이 보도되어, 세계 각지에서 베트남전쟁에 대한 비난의 목소리가 높아졌다.

미국 내에서도 베트남전쟁에 대한 지식인과 학생의 반대운동이 확산되었다. 1969년 가을에는 반전운동이 미국 전역으로 확대되어, 10월 15일에는 '반전의 날'에 1,600만 명이 참가한 것으로 보도되었다. 더욱이 11월 13일부터는 '반전 통일행동'이 미국 전역에 걸쳐 수천 곳에서 전개되어, 11월 15일 워싱턴에서 25만 명이 운집한 집회가 개최되었다.

앞에서 기술한 것처럼, 68년 대통령선거에서는 베트남의 정전을 호소한 공화당의 닉슨이 당선되었으나, 그 후에도 유효한 화평수단이 취해지지 않은 채 시일이 경과하여, 미군의 출혈과 국비 손실이 증대되고 있었다.

일본에서도 베트남 반전운동이 고조되었다. 1965년에는 '베트남에 평화를! 시민문화단체연합(후에 시민연합으로 개칭)'(베평연)이 결성되어,

점차 무당파(無党派) 층까지 그 영향력을 확대했다. 사회당과 공산당 그리고 학생과 지식인의 반전운동도 확산되었다.

▋제3차 방위력정비계획

사토(佐藤) 내각은 1967년 3월 국방회의에서 1967년도부터 71년도에 걸친 5년간의 방위력확장계획(3차방)을 결정했다. 이것은 총 2조 3,400억 엔에 달하는 예산이 투입되는 방위력확장계획으로서, 미국이 베트남전쟁에 깊이 개입함으로써 발생하는 군사적 재정적 부담을 고도성장을 이룬 일본이 상당 부분 떠맡으려고 한 군비증강계획이었다.

3차방의 일반방침에서는 방위력정비 목표를 "통상전력에 의한 국지전 이하의 침략사태에 대해 가장 유효하게 대처할 수 있는 효율적인 것"이라 하고 있다. 1차방과 2차방의 방침에는 '가장'이라는 단어가 없었기 때문에, 이것이 첨가된 것은 '통상전력에 의한 국지전'에 대해 최고도의 군사력을 구비한다는 목표를 내건 것이 된다. 그리고 이 목표를 달성하기 위해, '특히 주변해역 방위능력 및 중요지역 방공능력의 강화를 비롯한 각종 기동력의 증강을 중시한다'는 것을 방침으로 제시했다.

이를 위한 구체적인 계획은 다음과 같은 내용이었다.

해상자위대에서는 대잠헬리콥터 탑재 호위함 2척(4,900톤급)·대공미사일 탑재 호위함 1척(3,000톤급)·기타 호위함 13척(2,000톤급 3척, 1,500톤급 10척)·잠수함 5척(1,800톤급)을 건조하고, 대잠초계비행정 PX-S 15대와 대잠헬리콥터 HSS-2 40대를 장비한다.

항공자위대에서는 2차방에 의한 나이키 에이잭스(Nike Ajax) 2개 대대를 나이키 허큘리스(Nike Hercules)로 교체하여 5개 대대로 증강하고, 나아가 차기주력전투기(FX)·차기연습기(TX)·차기수송기(CX)의 기종 결정 및 국산화를 도모한다. 또한 2차방에 이어서 배지 시스템을 완성하고, 레이더 탑재 공중조기경계기를 정비한다.

육상자위대에서는 대형 헬리콥터 V-107과 중형 헬리콥터 HU-1 합계 83대 및 장갑수송차 160대를 신규로 장비하고, 그 외 61식 전차 280대를 교체하고 호크 3개 대대를 신설한다. 또한 대전차미사일, 자주무반동포, 대공기관포, 대형 설상차(雪上車) 등을 신규로 장비한다. 이것에 의해 1개 연대(1,800명)로 구성된 특별공수기동부대를 편성하는 것 외에도, 각 방면대에 1개 중대의 공수기동능력을 갖게 한다.

▌3차방의 목적

이 계획의 첫머리에 언급되어 있는 '주변해역 방위능력'의 강화라는 것은, 헬리콥터 탑재함이나 대잠초계기 등 본격적인 대잠수함 공격능력 보유를 목적으로 하는 것이다. 해상자위대 발족 당시부터 미국의 대소 전략의 일익을 담당하기 위해 소련 잠수함에 대한 감시경계 임무가 부여되어 있었으나, 이제는 독자적인 대잠공격 능력을 가질 수 있게 된 것이다.

'중요지역 방공능력'과 관련해서도, 5개 대대를 편성하려고 하는 나이키 허큘리스는 사정거리 150㎞·고도 32㎞·속도 마하 3.3 그리고 핵탄두 장착이 가능한 미사일로서, 사정거리 45㎞·고도 20㎞·속도 마하 2인 나이키 에이잭스에 비해 훨씬 성능이 우수하다. 또한 '각종 기동력의 증강'으로서, 육상자위대는 헬리콥터에 의한 공수기동부대를 편성하기로 하고 있다. 뿐만 아니라 61식 신형전차와 자주포를 보강하여 전 사단이 시속 40㎞로 기동 가능한 기갑사단의 충실화도 계획되어 있다. 핵 장비가 가능한 신무기의 보유를 공수기동부대나 대잠 공격능력 등과 같은 전력의 질적 향상 및 미 핵전략체제에 밀착시키는 것이 3차방의 첫 번째 목적이었다.

둘째로, 이상의 것과 관련하여, 자위대의 전력을 미국의 전략체제에 더욱 밀착시키려는 성향을 명확하게 드러내고 있는 것이 특징이다. 원래 이미 공표된 3차에 걸친 방위력정비계획이라는 것은 무기 및 장비의 정비계획에 지나지 않는 것으로, '방위계획' 그 자체는 아니다. 이러한 계획은 그 전제로서 '방위'의 기본방침이나 전략체계 그리고 작전계획이 있어야 비로소 수립되는 것이다. 그러나 그 전제가 되는 각종 계획은 전적으로 비밀로 되어 있다.

이 은폐되어 있는 기본계획은 미일안보체제에 기반을 둔 미일공동 작전계획임이 분명하다. 이 비밀 미일공동전략에 있어서의 자위대의 역할 증대가 3차방에도 나타나 있는 점을 간과해서는 안 될 것이다. 즉 3차방에서 중점적인 부분은 미 전략체제의 변화, 그중에서도 특히 베트남전쟁 수행에 의해 발생한 새로운 사태에 대처하기 위해 자위대에 새롭게 부과된 역할에 부응하려고 하는 것이다.

▍미 전략에의 밀착

이 무렵 미군의 전략은 전략핵무기에 의한 '대량보복력' 및 전술핵무기에 의한 '국지전 억지력'과 더불어, 통상전력에 의한 국지전을 중시하여 전진기지에 병력과 군수물자를 전개시켜 두려고 하는 것이었다. 세계전략으로서는 '유연반응전략(柔軟反應戰略)'을, 극동지역에 대해서는 '전진전략(前進戰略)'을 취하고 있었다. 그러나 전진전략이라고는 하지만, 분쟁이 예상되는 모든 지역에 충분한 병력을 미리 전개해 둘 수는 없는 것이므로, 전투가 예상되는 주요거점 지역에 병력과 물자를 집중시키고 고도의 기동성을 가진 예비군을 출동대기시켜, 그 배치에 있어서 동맹국군의 능력과 성격에 부합하도록 하고 있었다.

서태평양 지역에서의 미군의 전개와 그 안에서의 일본의 지위는 이

전략에 따르고 있다. 이 지역 전략부대의 근간은 괌을 기지로 하는 B-52 폭격기와 폴라리스 잠수함(Polaris submarine)이다. B-52의 이타즈케(板付) 피난문제나 오키나와 이동문제에서 나타난 것은 오키나와나 일본 본토가 그 전진 및 중계기지로서의 능력을 갖고 있는가 하는 것이었다. 베트남 폭격의 격화와 더불어 그 가능성은 점점 커지고 있다.

폴라리스 잠수함은 잠행 중 항로유도를 위한 전파를 발신하는 로란(LORAN=Long Range Navigation) 국(局)이 홋카이도의 우라호로(浦幌)와 오가사와라(小笠原) 그리고 오키나와에 있으므로, 그 주요 활동해역은 일본의 동쪽일 것이다. 사세보(佐世保)와 요코스카(橫須賀)에 입항하는 공격형 원자력잠수함은 폴라리스 탑재 원자력잠수함의 호위를 주된 임무로 하는 것이다. 이와 관련해서도 일본은 전진 및 보급기지이다. 그리고 이것은 만일의 경우 일본이 전략핵무기의 탄도하에 놓인다는 것을 의미하는 것이다.

3차방이 계획하고 있는 병력 및 장비의 증강은 이 미 전략체제에 밀착하여 미군을 보조하고 그 미비점을 보완하기 위한 것이다. 이렇게 되면 '통상전력에 의한 국지전'이라는 한정은 유명무실하게 된다. 앞에서 기술했듯이 대잠병력(對潛兵力)의 증강은 폴라리스를 근간으로 하는 미 함대를 위한 것이고, 방공체제의 강화는 뒤에서 기술하는 것처럼 더욱더 미 공군과의 일체화를 추진하는 것이며, 기동력의 증강은 미 전진전략의 일익을 담당하여 해외파병으로 통하는 길이다. 그리고 구체적으로는 한반도에서 예상되는 '제2차 한국전쟁'에 있어서 미군의 역할을 가능한 한 최대한 자위대에 떠맡기기 위한 것이다.

제7장

고도성장과 4차방

1. 오키나와 반환과 70년 안보문제

2. 제4차 방위력정비계획

3. 수렁에 빠진 베트남전쟁과 자위대의 역할

1. 오키나와 반환과 70년 안보문제

▌고도성장과 사토 내각

호황이 계속되던 일본경제는 올림픽 다음 해, 즉 사토(佐藤) 내각 초기인 1965년에 심각한 불황에 빠졌다. 그러나 정부의 야마이치증권(山一証券) 구제책이나 적자국채 발행 등의 재정조치로 불황을 빠져나와, 66년부터는 다시 호황으로 전환하여 제2기 고도성장시대에 들어갔다. 66년부터 70년까지는 '이자나기경기(いざなぎ景気 : 이자나기는 일본의 창조신. 따라서 진무경기[神武景気]와 이와토경기[岩戸景気]를 상회하는 호경기라는 의미)'라 일컬어지는 호경기가 계속되었다. 명목상 GNP 성장률이 17.8%에 달하여, 실질적으로도 5년 연속 두 자릿수를 기록했다. 사토 내각은 이 고도성장을 더욱 추진시킬 정책을 취하여, 성장에 따른 공해 등의 모순을 무시했다. 이 때문에 국내에서는 도시주민의 불만이 높아져, 67년 도쿄도 지사에 미노베 료키치(美濃部亮吉)가 당선되는 등, 60년대 후반에는 각지에 혁신지자체가 생겨났다.

이 고도성장은 재정투자와 수출 증가에 의한 것이었다. 국제수지는 68년도 이래 흑자로 정착되었다. GNP 총액은 68년에 서독을 앞질러, 미국에 이어 2위가 되었다. 그러나 이로 인해 미국 등 각국과의 무역마찰이 격심해졌다. 미국의 재정 및 무역 적자는 베트남전쟁의 수렁에 빠진 것이 원인이었으나, 반대로 일본은 베트남 특수로 큰 흑자를 내고 있었기 때문에, 이것도 미국의 일본에 대한 불만의 구실이 되었다. 그리고 미

국은 일본이 방위노력을 게을리하여, 미국 납세자의 부담으로 편하게 돈
벌이를 하고 있다는 비판의 목소리를 높였다.

▌닉슨의 등장과 괌 독트린

베트남전쟁의 파탄과 심각한 달러 위기에 직면한 미국 국민의 초조감
은 점점 더해갔다. 68년 11월의 대통령선거에서는 베트남전쟁 종결을
내건 공화당의 닉슨이 당선되었다. 69년 1월 닉슨 정권이 발족하여, 같
은 달 파리에서 베트남화평확대회의가 개최되었으나 교섭은 진전을 보
지 못했다. 그러나 닉슨은 동아시아 방문 중이던 7월 25일 괌에서 선언
문을 발표하여, 동아시아 제국의 자조강화(自助強化)와 미국의 부담경감
을 방침으로 제시했다(괌 독트린). 이 독트린은 미 지상군의 베트남 철수
와 동맹국에 의한 부담분담을 요구한 것이었다.

이러한 미국의 정책은, 특히 일본에 대해서 새로운 역할을 담당케 하
여, 미국 자신의 부담을 줄이려고 한 것이었다. 이미 존슨 정권 시절인
67년 11월 방미한 사토 수상과 존슨 대통령 회담에서 일본의 베트남전
쟁 지지, 안보견지와 군사력 증강, 이에 대한 조건으로 1년 이내에 오가
사와라(小笠原)를 일본에 반환할 것이 약속되었다. 오키나와에 대해서는,
그 기지가 일본뿐만 아니라 극동의 안전보장에 중요한 역할을 하고 있
는 것을 인정하여, 그 반환 시기는 밝히지 않았다. 오키나와 반환을 요구
하는 일본에 대해, 미국은 비싼 대가를 요구하려고 했던 것이다.

이 시기에는 일본 국내에서도 오키나와 반환이 큰 정치과제가 되어
있었다. 오키나와의 미군기지는 극동 미 전략의 요충지이며, 베트남전쟁
수행의 중요한 보급기지였다. 68년에 접어들어 장거리폭격기 B52가 대
량으로 진주하여 베트남 폭격을 위한 기지로 사용되었다. 오키나와는 군
사기지로서뿐만 아니라, 베트남 부상병을 위한 병원이나 병사의 위로휴

양지로서도 이용되는 등, 베트남전쟁에 깊이 관여하고 있었던 것이다.

▌오키나와 반환운동

제2차 대전 말기 격렬한 전화에 휘말려 주민 20만 명이 희생된 오키나와는, 전후에도 미군의 점령하에서 고난을 겪고 있었다. 그러한 가운데서 1960년 오키나와 교직원회를 중심으로 조국복귀협의회가 결성되어 조국복귀운동이 확산되었다. 특히 베트남전쟁이 격화됨에 따라서 군사기지화가 진행되자, 복귀운동은 반전평화운동과 연계되어 전개되었다.

이러한 운동이 확산되는 가운데, 68년 11월의 류큐(琉球) 정부주석 선거에서 사회대중당·사회당·인민당 이들 야 3당 통일후보인 조국복귀협의회의 야라 조뵤(屋良朝苗)가 당선되었다. 그 직후인 11월 19일 오키나와 최대의 가데나(嘉手納) 기지에서 베트남 폭격을 위해 출발하던 B52가 추락하여 4㎞ 사방의 가옥 139채가 피해를 입었다. 부근에는 핵무기 저장고가 있어서, 경우에 따라서는 오키나와 전체가 전멸할지도 모를 큰 사고였다. 이 사건을 계기로 140개 단체가 가맹한 'B52 철거, 원잠기항 저지 현민공투회의(原潜寄港阻止県民共闘会議)'(생명을 지키는 현민공투[いのちを守る県民共闘])가 결성되어 폭넓은 운동이 전개되었다.

오키나와의 조국복귀운동 고조는 미국에 있어서도 큰 문제였다. 미국도 형식적으로 시정권(施政権)을 반환한 상태에서 기지의 기능을 유지하는 것을 고려하지 않을 수 없게 된 것이다. 한편 본토의 혁신세력도 마침내 오키나와 반환을 정치과제로 다루기 시작했다. 사토(佐藤) 내각은 오키나와 반환을 정치과제로 내걸고 있었기 때문에, 기지를 유지하면서 오키나와를 반환하고 그 대가로 일본에 새로운 역할을 분담시키려는 미국의 이 방침에 선뜻 응하고 나섰던 것이다.

또한 1960년 체결된 미일안보조약은 기한을 10년으로 정하고 있었기 때문에, 1970년을 겨냥하여 안보반대 및 반전반미 운동이 고조될 조짐이 보였다. 68년에서 69년에 걸쳐서는 세계적으로 '학생 반란'이 일어나, 일본에서도 전국적으로 베트남전쟁 반대나 대학개혁을 내건 '대학 분쟁'이 큰 문제가 되고 있었다. 사토 내각은 70년 안보에 관한 운동에 대해서는 조약 제10조에 근거한 자동연장으로 얼버무려 해결할 방침이었다. 그 대신 국민의 관심을 오키나와 반환으로 돌리려고 한 것이다.

▋사토·닉슨 공동성명과 미일군사체제

1969년 11월 21일, 방미 중인 사토 수상과 닉슨 대통령이 안보조약 유지 및 72년 오키나와 반환이라는 공동성명을 발표했다. 주목되는 것은 이 공동성명에서 남한·대만·남베트남의 친미정권 유지를 일본의 안전과 일체화하여, 이를 위해 일본이 협력할 것을 약속하고 있다는 것이다. 즉 베트남에 대해서는, "만일 베트남의 평화가 오키나와 반환예정 때까지도 실현되지 않을 경우, 미일 양국 정부는 남베트남 인민이 외부로부터 간섭을 받지 않고 그 정치적 장래를 결정할 기회를 확보할 수 있게 해 주기 위한 미국의 노력에 영향을 미치지 않으면서 오키나와의 반환이 실현되도록, 그때의 정세에 비추어 충분히 협의하는 것으로 의견의 일치를 보았다."라고 하여, 오키나와 반환이 사이공 괴뢰정권 유지의 전제조건임을 분명히 하고 있었던 것이다.

또한 이 성명에서는 핵에 대한 "일본국민의 특수한 감정"에 "대통령이 깊은 이해를 표시했다."라고 하고 있다.[22] 이것을 일본정부는 "핵이

---

22 공동성명의 전문(前文) 제8항은 다음과 같이 되어 있다. "총리대신은 핵무기에 대한 일본국민의 특수한 감정 및 이것을 배경으로 하는 일본정부의 정책에 대해 상세하게 설명했다. 이에 대해 미 대통령은 깊은 이해를 표시하고, 미일안보조약의 사전협의제도에 관한 미국정부의 입장을 손상시키지 않고, 오키나와 반환을 앞에서 언급한 일본정부의 정책에 반하지 않게 실시할 뜻을 총리대신에게 확약했다."는 것이다.

제거된 오키나와 반환"이 약속되었다고 자찬했다. 이를 뒷받침하듯 12월 미국은 오키나와에 있는 중거리 핵미사일 메스B 기지를 철거한다고 발표했다. 그러나 이것은 오키나와의 핵장비를 완전히 철거하는 것을 의미하는 것은 아니었다. 장거리전략폭격기의 발전으로 노후화된 메스B는 이미 군사적 의미가 없었던 것이다.

이것을 뒷받침하듯, 69년 3월 아이젠하워 전 대통령의 장례식에 정부 특사로서 방미한 사토 수상의 친형 기시 노부스케(岸信介) 전 수상은 워싱턴에서 다음과 같이 말했다. "오키나와에 핵무기를 두는 것은 극동에 있어서의 전쟁 억지력으로 가장 바람직하다. 그런데도 일본국민 중에는 핵알레르기 혹은 핵무기에 대한 반감이 있다. 핵에 대한 일본인의 인식을 새롭게 하는 것은 매우 어렵다. 오키나와 반환의 경우에도 핵은 있어야 하기 때문에, 그 핵의 존재를 일본 국민이 모르게 하는 것이 바람직하다." 다시 말해서 '핵 은폐'를 공언했던 것이다.

▌안보 자동연장

사토 수상은 미일 수뇌회담에서의 오키나와 반환 약속을 성과로 내세워 중의원을 해산하고 총선을 실시했다. 69년 12월 27일의 선거 결과는 자민당이 288석, 나중에 입당한 의원을 합해서 300석의 절대다수를 획득했다. 사회당은 141석에서 90석으로 격감하고 민사당은 현상유지에 가까운 31석이었으나, 공명당은 25석에서 47석으로, 공산당은 5석에서

이것은 일단 핵을 철수하기는 하지만 유사시에는 반입한다는 것으로, 전적으로 '핵 제거'를 언명한 것은 아니었다.

1971년의 오키나와 반환협정에서도 핵무기에 관해서는 명기하지 않고, 협정의 전문에서 미일 양국이 1969년 사토·닉슨 회담의 "공동성명을 기초로 하여 시행될 것을 재확인한 것에 유의"한다고 언급한 데 그쳤다. 따라서 '핵 제거' 문제는 항상 오키나와 반환문제의 논쟁점이 되었다.

17석으로 약진하여 야당의 다당화(多党化) 현상이 발생했다. 자민당은 득표수는 줄었으나 의석에 있어서는 사회당 감소분만큼의 의석을 늘린 것이다. 이 결과 70년 안보의 대세는 결정되었다.

1970년 1월 14일 제3차 사토 내각이 성립했다. 방위청장관에는 전부터 우익적 언동으로 일관해 온 나카소네 야스히로(中曽根康弘)가 취임했다. 사토 내각은 새삼 10년간의 기한을 정해서 고정연장을 하면 안보투쟁이 재연될 우려가 있다고 하여, 제10조의 자동연장을 택했다. 10년간의 기한이 끝나는 70년 6월 이후에는 어느 한쪽이 종료통고를 하면 그 1년 후에 효력이 상실되는, 즉 종료통고를 하지 않으면 자동적으로 연장되는 것으로 되어 있기 때문에, 그 방법을 택한 것이다.

10년째인 70년 6월 22일 사토 내각은 자동연장에 대한 정부성명을 발표했다. 같은 날 미국에서도 로저스(William P. Rogers) 국무장관이 방미 중인 아이치 기이치(愛知揆一) 외상과 회담하여, 「미일안보조약 10주년에 관한 성명」을 발표했다. 이러한 자동연장에 의해 안보체제를 계속 유지하는 방법이 이후 반영구적으로 취해지게 된 것이다.

사토 내각은 자동연장 후의 방위정책에 대해서도 특별히 변경을 하지 않는다는 방침을 취했다. 그러나 군비증강에 적극적인 나카소네 방위청장관은 1월 취임하자마자 「국방의 기본방침」 재검토를 주장했다. 재검토론은 '자주방위'를 방침으로 하여 전수방위(專守防衛)를 보다 적극적인 것으로 수정할 것, 국방회의를 미국의 국가안전보장회의와 같은 것으로 개편하여 강화할 것 등을 포함하는 것이었다. 그러나 자민당 내의 신중론과 국민감정을 고려하여 「국방의 기본방침」 개정은 보류되었다.

▌오키나와 반환의 실현

69년 11월의 미일공동성명에서 오키나와 반환이 약속되었다고는 해도, 핵 반입과 기지의 존속에 대해 일본 내에 강한 반대가 있고, 미국에서도 반환의 대가로 미일무역마찰의 해소를 요구하여 교섭이 난항을 거듭했다. 특히 미국은 섬유업계의 압력으로 일본 섬유제품의 수출규제를 요구해 왔다. 결국 일본이 양보하여 일본 업계의 희생으로 수출규제를 하고, 마침내 71년 6월 17일 도쿄와 워싱턴을 텔레비전 위성중계로 연결하여 조인식을 했다. 이 때문에 '실(糸)로 밧줄(縄 : 오카나와(沖縄))을 샀다'고 평해진 반환이었다.

이 협정에 대해 혁신정당의 반대와 오키나와 현지의 불만도 컸다. 71년 11월의 임시국회에서 정부 자민당은 사회당과 공산당이 불참한 가운데 중의원에서 오키나와 반환협정을 가결했다. 이때 비핵 3원칙과 오키나와의 기지축소 결의도 가결되었는데, 이것은 자민당이 단독채결을 피해 공명당과 민사당의 출석을 얻어내기 위한 조건이었다. 그 결과 오키나와 시정권의 정식반환은 다음 해인 72년 5월 15일에 실현되었다.

'핵 제거' 보장이 명확하지 않았던 것과 더불어, 극동 최대의 미군기지를 그대로 남겨 놓은 것도 반환협정의 문제점이었다. 오키나와 반환협정 제3조에서 기지 공여를 인정하여 「기지에 관한 양해각서」가 교환되었다. 이에 의하면 88개소의 기지가 그대로 미 군용시설 및 구역으로 남게 된다. 미 군용지는 실로 오키나와 전체의 14.8%, 오키나와 본섬의 27.2%에 미치는 것이었다. 그야말로 오키나와는 기지의 섬이며 '기지 속의 오키나와'로 불릴 정도였다.

오키나와 반환에 따라 71년 6월의 미일안전보장협의위원회는 자위대의 오키나와 배치계획을 내용으로 하는 「일본국에 의한 오키나와 국지방위책무의 인수에 관한 결정」을 승인했다. 자위대가 미군으로부터 해상방위와 방공 등의 국지방위를 넘겨받아 미일공동체제를 만든 것이다.

이를 근거로 자위대는 오키나와에 진주하게 되었다. 그 병력은 미군과 합의한 바에 의하면 6,800명으로, 육상은 1개 혼성단·해상은 기지대

(基地隊)와 1개 항공군(航空群)·항공은 1개 혼성단을 파견하여, 미군으로부터 나이키·호크·레이더 기지를 인수할 예정이었다. 그러나 오키나와 주민의 반전 반군감정 때문에 자위대의 오키나와 진주는 난항을 겪게 된다.

2. 제4차 방위력정비계획

▌달러쇼크와 중일수교

1971년 8월 15일 닉슨 미 대통령은 달러와 금 교환의 일시정지와 수입과징금 실시 등의 달러 방위책을 발표했다. 이 조치는 달러쇼크로서 세계경제에 큰 영향을 미쳤다. 제2차 대전 후의 미국은 풍부한 금준비와 국제수지의 흑자에 의해, 달러를 기준통화로 하는 국제통화기금(IMF) 체제하의 세계경제를 지배하고 있었다. 하지만 1960년대 후반이 되자, 베트남전쟁의 수렁에 빠져 전쟁비용 부담으로 인한 재정적자와 국제수지 적자가 겹쳐, 이른바 '달러 누수' 상태가 되었다. 이 때문에 달러 유출과 금준비 감소로 달러위기에 빠졌던 것이다.

달러쇼크는 미국 경제에 의존하고 있는 일본경제에 심각한 영향을 미쳤다. 주식이 폭락하고 불황이 심각해져, 수출 전문 기업은 큰 타격을 입었다. 사토(佐藤) 내각은 건설국채를 증액 발행하고 공공사업을 확대하여 불황 탈출을 시도했으나, 이것은 국채의 증가에 의한 재정위기의 원인이 되기도 했다. 이렇게 하여 15년 이상 계속된 일본경제의 고도성장은 막을 내렸다.

달러쇼크 이상으로 사토 내각에 타격을 준 것은 일본이 배제된 상태에서 이루어진 미중 국교수립이었다. 베트남전쟁과 달러위기로 고심하던 미국이 기사회생의 비책으로서 취한 정책이 중국과의 국교수립이었다. 소련과의 대립이 심각해진 중국도 그것을 상책으로 생각한 것이다.

71년 7월 극비리에 중국을 방문한 미 대통령 보좌관 키신저가 주은래 수상과 회담하여, 72년 5월 이내에 미 대통령이 중국을 방문한다고 발표하여 세계를 놀라게 했다. 미국의 외교를 추종하여 대만을 지지하고 중국을 적대시하는 정책을 취하여 중국의 유엔 가입도 반대해 온 일본으로서는 큰 타격이었다.

72년 2월 중국을 방문한 닉슨 대통령이 모택동 주석과 회담하여, 중국은 하나라는 공동성명을 발표했다. 이렇게 하여 중국은 화려하게 국제사회에 복귀했다. 고도성장이 막을 내린 후 새로운 큰 시장을 개척하기 위해 중국으로 눈을 돌린 일본의 재계도 차례로 대표단을 중국에 파견하여 중일수교를 요구하게 됨으로써, 대만에 연연하는 사토 내각의 퇴진은 시간문제였다.

72년 5월 오키나와 반환이 실현된 것을 계기로, 6월 사토 수상이 은퇴를 발표하여 7월 사토 내각은 총사퇴했다. 재임기간 7년 6개월은 일본 헌정사에 있어서 최장기록이었다. 후임 자민당 총재에는, 풍부한 자금력으로 당 내에 기반을 굳히고, 중일수교를 주장하고 있던 다나카 가쿠에이(田中角榮)가 당선되어 내각을 조직했다.

다나카 내각의 첫 번째 과제는 중일수교였다. 취임 직후인 9월 다나카 수상이 오히라 마사요시(大平正芳) 외상을 대동하고 중국을 방문하여, 모택동 주석 및 주은래 수상 등과 회담하여 국교정상화에 관한 공동성명을 발표했다. 대만문제와 중소 대립이 얽혀 있어서 강화조약 체결에는 이르지 못했으나, 1937년의 중일전쟁 개시 이래 35년 만에 비로소 국교가 회복된 것이다.

달러쇼크에 의한 미국의 지도력 저하 및 중국과의 국교회복이 일본을 둘러싼 국제정세 특히 군사정세에 큰 영향을 미치게 된 것은 당연했다.

▌난감한 방위청

1971년도는 제3차 방위력정비계획의 최종 연도였기 때문에, 그 목표 달성에 중점을 두고 장비의 강화와 대원의 충원이 이루어졌다. 이 때문에 71년도 방위비는 70년도에 비해 17.8%가 증가된 6,709억 엔으로, 자위대 발족 이래 최고의 신장률을 보였다. 그것은 총예산의 7% 이상, 국민총생산의 0.8%로, 고도성장하에서 편성된 최후의 방위예산이었다.

하지만 71년은 달러쇼크에 의한 일본경제의 대변동이 있었을 뿐만 아니라, 방위청에 이상한 사건이 잇달아, 차기 방위계획인 4차방의 책정도 난항을 겪었다.

71년 7월 30일 이와테현(岩手県) 시즈쿠(雫石) 마을 상공을 훈련비행 중이던 항공자위대 F86F 제트전투기가, 지토세(千歳)에서 하네다(羽田)로 향하고 있던 전일공(全日本空輸) 항공기와 충돌하여 두 대 모두 추락했다. 전일공 항공기 탑승자 162명 전원이 사망한, 세계 사상 최대의 항공기 사고였다. 낙하산으로 탈출한 자위대 탑승원과 교관에게 전적으로 과실이 있는 것으로 인정되어 체포 기소되었다. 이 사고는 내외에 큰 충격을 주어, 마스하라 게이키치(増原惠吉) 방위청장관이 책임을 지고 사임했다.

이 사고에 의해, 자위대 항공기의 훈련이 무제한 실시됨으로써 공중이 과밀상태가 되어 매우 위험하다는 것이 밝혀졌다. 이에 8월 정부는 「항공교통안전 긴급대책요강」을 결정했다. 그리하여 자위대 항공기의 훈련 공역(空域)이 종래보다는 제한을 받게 되었다.

후임인 니시무라 나오미(西村直己) 장관도 외국인 기자에게 자위대의 아시아 파견을 인정하는 발언을 하거나, 각의 후의 기자회견에서 중국의 유엔 가입은 사태를 나쁘게 한다고 하기도 하고, 유엔은 '시골의 신용조합'라고 말해 야당의 비판을 받아 사임했다. 이 때문에 71년은 1년 동안에 나카소네 야스히로, 마스하라 게이키치, 니시무라 나오미, 에자키 마스미(江崎真澄), 이 4명의 방위청장관이 교체된 이상한 한 해가 되었다.

▌방위백서와 4차방의 난항

3차방이 71년에 끝나므로 방위청은 72년도부터 시작되는 4차방을 검토하고 있었으나, 정치 및 경제상황의 변화와 방위청을 둘러싼 이상 사태 때문에 4차방 책정은 난항을 겪었다.

70년 9월 방미 중이던 나카소네 방위청장관이 총액 160억 달러(5조 7,600억 엔)의 4차방을 검토 중이라고 하여 그 방대한 액수로 주목을 받았다. 그리고 나카소네 장관은 귀국 후인 10월 총액 5조 8,000억 엔이 투입되는 4차방의 개요를 발표했다.

4차방의 개요 발표에 앞서, 10월 방위청은 최초의『방위백서』를 만들어 각의의 승인을 거쳐 공표했다. 이것은 나카소네 장관이 외국의 예를 따라 국민에게 방위력 증강의 필요성을 설명하기 위해 작성을 지시한 것이었다. 백서는 3부로 구성되어, 1부는 일반론으로서 현대사회에 있어서의 국방의 의의를 논하고, 2부에서는 미일공동방위체제의 필요성을 강조하고, 3부에서는 자위대의 실태를 소개하였다. 76년 이후 방위청은 매년 백서를 작성하여 방위비 증액을 위한 캠페인을 했다.

4차방의 개요 발표로부터 반년이 지난 71년 4월, 방위청은 4차방의 원안을 정식으로 발표했다. 총경비는 5조 1,950억 엔으로, 대원의 임금 인상을 포함하면 대략 5조 8,000억 엔에 달하는 것이었다. 이 총경비는 3차방의 2.2배에 달하는 것으로, 그것이 실행되면 세계 12위였던 국방비 총액이 6~7위로 약진한다는 대규모 계획이었다.

하지만 이 원안이 발표된 후, 미국과 중국의 접근으로 극동에 긴장완화 무드가 고조되고, 시즈쿠이시(雫石) 마을의 사고로 자위대에 대한 국민의 불신이 커졌으며, 또한 오일쇼크로 불황이 격화되는 등의 상황변화 때문에, 방위비의 대폭적인 증액을 필요로 하는 4차방에 대한 비판이 강해졌다. 그 결과 원안의 수정이 불가피하게 되어, 71년 12월 에자키(江崎) 장관 등이 참석하는 방위관계 각료협의에서, 4차방은 72년도부터 시작되지만 그 내용은 72년 3월까지 결정하는 것으로 하였다. 이렇게 해서 4차방의 정식 결정은 해를 넘겼다.

그러나 71년 4월 발표된 나카소네 장관 원안의 '인기상품'으로 일컬어진 T2 초음속폭격기와 RF42 팬텀정찰기 등이 4차방의 정식결정에 앞서 72년도 예산에 편성되어 있었다. 야당은 4차방이 결정되기도 전에 그 내용이 방위예산에 편성된 것은 문민통제에 위배된다고 반발하여 국회 심의가 정지되었다. 정부는 나카소네 원안을 백지화하고 새로 원안을 만들기로 했다. 그 결과 4차방은 최초의 원안 때로부터 1년 반이 지난 72년 10월 마침내 국방회의와 각의에서 결정된다.

▌4차방의 내용

결정된 4차방 즉 72~76년의 5개년 방위력정비계획은 원안보다는 약간 감액되었다. 총경비 4조 6,300억 엔, 임금인상을 포함하면 5조 1,000억 엔으로, 3차방의 약 2배였다. 내용은 육해공 모두 신예장비를 강화하는 것으로, 구체적으로는 다음과 같았다.

육상자위대는 18만 명 체제를 확립하고 화력과 기동력을 증강하는 것을 목표로 한다. 이를 위해 전차 280대(그중 신형 160대)·장갑차 170대(그중 신형 136대)·자주포 90문·헬리콥터 154대·항공기 159대를 정비하고, 지대공미사일 호크부대 3개 군(群)을 증설한다.

해상자위대는 주변해역 방위능력과 해상교통의 안전확보능력 향상을 목표로 한다. 이를 위해 대잠헬리콥터 탑재 호위함(DDH) 2척·함대공미사일 적재 호위함(DDG) 1척·함대함미사일 적재 호위함(DDA) 1척을 포함한 호위함 13척·잠수함 5척 등·각종 대잠초계기 등 작전용 항공기 92대를 정비한다.

항공자위대는 신예 요격전투기 F4EJ 팬텀 46대·정찰기 RF4E 팬텀 14대·국산 연습기 T2 59대·국산 대지(對地) 지원전투기 FST2 개량형 68대·국산 제트수송기 C1을 정비하여 근대화를 추진하는 것 외에, 지대공미사일 나이키J 부대 2개 군(群)의 증강과 1개 군 편성을 준비한다.

이 계획은 중일 국교회복에 의한 아시아의 긴장완화에 역행하는 것으로, 내외로부터 끝없는 군비확장으로 이어질 것이라는 비판을 받았다. 이것을 결정한 다나카(田中) 내각은 제동장치가 없는 군비확장이라는 비판에 대응하여 '평화 시에 있어서의 방위력의 한계'에 대해 어떤 식으로든 제동장치를 설치하는 것이 불가피하게 되었다. 다나카 수상은 방위청에 그것을 검토할 것을 지시하지 않을 수 없었다.

▋오키나와 배치와 반대운동

앞 절에서 기술한 것처럼, 오키나와의 일본 복귀와 더불어 미일 간의 결정으로 6,800명의 육해공 자위대가 오키나와에 배치되었다. 그러나 오키나와전투의 기억이 생생하게 남아있는 주민의 끈질긴 반일본군 및 반자위대 감정을 배려하여, 사토 수상은 정치적으로 문제를 결정하겠다고 약속했다. 그리하여 복귀 직전인 72년 4월 국방회의를 개최하여 당초의 계획보다 축소된 배치계획을 결정했다. 그것은 단계적으로 병력을 증강시키되, 당면목표는, 육상은 연내에 제1혼성군(混成群) 약 1,000명 배치, 다음 해에 호크를 넘겨받고, 해상은 기지대(基地隊)와 대잠초계기 P2J 6대의 항공대를 배치하고, 항공은 연내에 요격전투기 F104J 18대의 항공대를 배치하고, 다음 해에는 나이키를 넘겨받는다는 것이었다.

하지만 이 국방회의의 결정에 앞서, 항공자위대가 자재와 물자를 오키나와에 반입하고 있는 것이 72년 3월 밝혀졌다. 이 느닷없는 반입은 사토 수상의 약속에 반한 현역군인의 독주라 하여 야당의 비판을 받았다. 그 결과 이시카와 간시(石川貫之) 항공막료장과 우쓰미 히토시(內海倫) 방위사무차관 등이 경질되었으나, 오키나와 주민의 반자위대 운동에 기름에 부은 격이 되었다.

오키나와 복귀 후, 자위대의 본격적인 배치가 시작되었다. 72년 10월에는 육상자위대 임시 제1혼성군이 YS11기로 나하(那覇) 공항에 도착하여 주둔지를 개설하고, 항공자위대도 나하 공항에 제83항공대를 창설했다. 해상자위대도 화이트 비치(White Beach) 군항에 임시 오키나와 기지 파견대를, 나하 공항에 P2J 임시 나하 항공대를 창설했다. 그리하여 72년 중에 3자위대 합계 약 2,800명이 배치되었다.

이에 대한 주민의 반대운동이 고조되어 주민 총궐기집회가 열렸다. 혁신시정(革新市政)을 실시하는 나하시(那覇市)를 비롯해 지방자치단체가 반대하는 곳도 있어, 대원의 주민등록을 거부하기도 하고 기지에서 나오는 쓰레기 처리를 거부하기도 했다. 이러한 반대운동에 대해 정부가 지자체에 시정을 요구하고, 자위대도 초기의 주둔부대 간부는 오키나와 출신을 기용하는 등 반대운동 완화를 위해 노력했다.[23]

---

23 초기 파견부대 간부는 육상자위대 제1혼성군 부대장 구와에 료호(桑江良逢) 대령, 동 지방연락부장 마타요시고스케(又吉康助) 대령, 항공자위대 나하(那覇) 기지 사령관 도몬 히로시(東門弘) 대령 등 오키나와 출신이 보임되었다. 대원도 전국의 자위대로부터 오키나와 출신을 차출하여, 주민에 대한 유화책이 취해졌다(高嶺朝一 「復帰後自衛隊の戦略」 『世界』 1985년 6월호).

3. 수렁에 빠진 베트남전쟁과 자위대의 역할

베트남 화평협정

달러 방위책을 취해 중국과 수교한 미 닉슨 대통령의 최후의 과제는 베트남의 평화였다. 베트남전쟁에 대한 내외의 비판이 고조되는 가운데, 72년 11월 대통령 선거를 앞둔 닉슨은 무엇보다도 전쟁 종결을 택하지 않을 수 없었다.

72년 10월 초의 파리 비밀회담에서 9개 항목의 화평안을 제안한 북베트남은, 10월 28일 그 전모를 발표함으로써 미국에 조인을 압박했다. 키신저 미 보좌관은 같은 날 기자회견에서 9개 항목의 합의를 확인했다. 11월 7일 닉슨은 베트남 화평을 공약하여 대통령에 재선되었다.

이러한 과정을 거쳐 73년 1월 27일 미국·남베트남공화국·북베트남·남베트남임시혁명정부 간 베트남화평협정이 파리에서 조인되었다. 이 협정은 1954년의 제네바협정에 의해 승인된 베트남의 독립과 통일 그리고 영토보전을 존중한다고 하여, 즉각적인 정전과 미군 및 기타 외국군의 60일 이내 철수를 정하고 있다. 이것은 베트남의 민족독립투쟁이 미국의 거대한 군사력에 승리했다는 것을 보여주는 것이었다.

1월 29일 닉슨 대통령은 베트남전쟁의 종결을 선언했다. 미국은 '명예로운 철수'를 강조했으나 누가 봐도 패배가 분명했다. 미 육군은 남베트남에서 철수했으나, 그 괴뢰군사정권인 남베트남 정부가 100만의 군대와 더불어 여전히 남아 있어, 미국은 해공군을 지원함으로써 여전히 남베트남에 대한 영향력을 행사하려고 했다.

이 때문에 화평협정 조인 후에도 남베트남에서의 전투는 그치지 않았다. 남베트남 정부는 남베트남임시혁명정부를 인정하지 않았기 때문에, 미국이 지원하는 전자와 북베트남이 지원하는 후자의 전투는 여전히 계속되었다. 미국은 73년 3월까지 군대를 철수하고, 3월 29일 원조군사령부를 해산했다. 그러나 같은 날인 3월 29일 주재무관사무소(DAO)를 설치하여 육해공 3군과 해병대의 무관을 두고, 그 외 병참보급 전문가와 민간계약으로 남게 된 무기 및 통신시설 유지보수요원 등의 잔류 미국인이 8,500명에 달히여 위장한 미군이라는 비판을 받았다.

인도차이나 3국의 하나인 라오스에서도 73년 2월 21일 미국이 지원하는 비엔찬(Vientiane) 정부와 북베트남이 지원하는 라오스애국전선(파테트라오[Pathet Lao]) 사이에 정전협정이 성립되었다. 그 결과 정부군과 파테트라오군이 휴전하여, 동년 9월 임시 민족연합정부를 수립하는 화평의정서에 조인함으로써 마침내 내전이 끝났다. 그러나 캄보디아에서는 오히려 전쟁이 격화되었다. 미국이 지원하는 론 놀(Lon Nol) 정권에 대해 해방세력인 캄보디아 민족통일전선의 공세가 격화되어 국토의 대부분이 그 지배하에 들어갔다. 이처럼 인도차이나 3국에서는 제2차 대전 후 30년 이상이나 전쟁이 계속되고 있었던 것이다.

▌오일쇼크와 보수의 위기

1973년 10월 이집트·시리아와 이스라엘 간 제4차 중동전쟁이 발발했다. 10월 17일 사우디아라비아 등의 페르시아만 연안 6개국은 석유가격의 21% 인상과 이스라엘 지지국 판매용 석유생산을 월 5%씩 삭감한다는 석유전략을 선언했다. 그리고 11월 OAPEC 가맹 10개국은 이스라엘에 대한 전략으로 11월의 원유생산을 9월 대비 25% 줄인다고 하고,

12월에는 페르시아만 연안 6개국이 1월부터 석유가격을 2배로 인상한다고 발표했다. 이 석유전략은 세계적으로 영향을 미쳤는데, 특히 에너지의 대부분을 페르시아만의 석유에 의존하고 있는 일본경제에 큰 타격을 주어, 일본 국내는 패닉상태에 빠지게 되었다.

1971년의 달러위기 이후 일본경제의 고도성장을 지탱해 온 조건은 이미 사라졌다. 그러나 72년 7월 정권을 이어받은 다나카(田中) 수상은 '일본열도 개조론'을 주창하면서 여전히 고도성장의 꿈을 추구하여, 신칸센(新幹線)과 고속도로로 일본 전체를 연결시키기 위한 토건사업 정책을 내세웠다. 이를 위해 다나카 내각이 처음으로 편성한 73년도 예산은 일반회계에서 14조 2,840억 엔으로, 72년도 당초 예산 대비 24.6%가 증가하고, 재정투자 및 융자도 6조 9,248억 엔으로, 전년 대비 28.3%가 증가하여 전후 최고의 신장률을 나타냈다.

이 인플레 예산 때문에 비정상적인 물가상승이 발생하고 있던 차에 석유위기가 덮친 것이다. 이 때문에 인플레이션과 물자부족이 더욱 심화되어, 주부가 화장지 등의 사재기를 하기 위해 뛰어다니고, 슈퍼마켓에서 혼잡함 때문에 사망자가 발생하는 소동이 일어났다. 12월의 전년 대비 물가는 휴지와 설탕이 각각 150%, 51% 상승하여, '광란물가', '물자부족'이라는 말이 유행어가 되었다. 민중의 생활에 직접적인 타격을 주는 물가상승 때문에, 인기가 높았던 다나카 내각의 지지율은 급속하게 하락했다. 아사히신문(朝日新聞)의 조사에 의하면, 취임 직후인 72년 8월의 62%에서 73년 4월에는 27%, 73년 11월에는 22%까지 급격하게 떨어졌고, 역으로 '지지하지 않는다'가 60%까지 상승했다. 보수정권 자체가 위기에 직면한 것이다.

이 위기에 대처하기 위해 다나카 내각은 73년 11월 개각을 단행, 저성장론자인 후쿠다 다케오(福田赳夫)를 장상(藏相)에 임명하여 억제책으로 전환하고, 12월에는 국민생활안정 긴급조치법과 석유수급 적정화법을 긴급하게 성립시켰다. 고도성장에서 저성장으로 크게 전환했던 것이다.

▌4차방의 정체

석유위기와 인플레이션은 자위대에도 영향을 미쳤다. 1972년 시작되는 4차방은 인플레이션의 영향으로 각종 장비의 제조비가 일제히 상승하여 그 달성이 어렵게 되었다.

예를 들면 73년도 예산에 계상되어 있던 전차와 제트전투기 그리고 호위함 등은 모두 자재비와 인건비 상승 때문에 메이커와의 계약교섭이 난항을 겪었다. 야마나카 사다토시(山中貞利) 장관은 74년 5월 중의원 내각위원회에서, "4차방을 달성하고는 싶지만, 객관적인 정세가 그것을 허락할지 어떨지 모르겠다."라고 하여, 4차방의 기한 내 달성 포기를 시사했다.

<표 4> 4차방 달성상황

	주요항목		계획	72~76년도 정비	미달성
육상	전차	(대)	280	249	31
	(그중 74식 전차)	(대)	(160)	(129)	(31)
	장갑차	(대)	170	110	60
	자주포	(문)	90	20	70
	작전용 항공기	(대)	159	141	18
	호크	(群)	3	3	0
해상	호위함	(척)	13	8	5
	잠수함	(척)	5	3	2
	작전용 항공기	(대)	92	75	17
항공	항공기	(대)	211	169	42
	(그중 지원전투기)	(대)	(68)	(26)	(42)
	나이키	(群)	2 및 1 준비	1 및 1 준비	1

다나카(田中) 내각하의 보수정치 그 자체도 위기상태였다. 중일수교 성과를 과시하면서 치른 72년 12월 중의원선거에서 자민당은 과반수인 271석을 획득하기는 했으나 전번보다 17석이 줄었으며, 사회당은 28석 이 증가한 118석, 공산당은 24석이 증가한 38석으로 제3당으로 약진했 다. 그리고 74년 7월의 참의원선거에서는 야당이 분발하여 보수와 혁신 의 차이가 7석까지 접근했다. 한편 미중수교와 중일수교 등에 의한 아시 아 긴장완화의 영향으로 방위력증강에 대한 비판적 분위기도 강해졌다.

그동안에 4차방 이후의 방위구상에 대한 논의도 진행되었으나, 4차방 의 난항과 재정의 곤란 및 보수와 혁신의 근접 등의 영향으로, 방위력을 대폭적으로 증가시킬 필요가 없다는 생각이 보수파 내부에도 확산되어 있었다. 다나카 수상은 74년 5월의 중의원 내각위원회에서 "3차방, 4차 방이라는 방식의 계획이, 필요없는 논의를 불러일으켰다."라고 하여, 4 차방 다음의 5차방은 작성하지 않겠다는 의향을 나타냈다.

이러한 상황하에서 4차방 자체는 더욱 지연되었다. 물가상승과 정부 의 총수요억제책의 영향을 받아, 주요 장비의 많은 부분이 달성되지 못 하게 되었다.[24] 방위청은 이것들을 정비하는 것을 중지하고 포스트 4차 방에 기대를 걸게 되었다.

또한 73년 9월 삿포로(札幌) 지방법원의 나가누마(長沼) 나이키 소송[25]

---

24 〈표 4〉의 내용은 4차방에 있어서의 육해공 자위대의 주요항목 정비상황. (1975년 12 월 말 현재 『방위백서』 1976년판 [1972∼75년은 실적, 1976년은 예산])

25 나가누마 나이키 소송은 3차방의 일환으로 홋카이도 유하리군(夕張郡) 나가누마초 (長沼町)에 나이키 기지를 건설한 것에 따른 소송. 1968년 6월 방위청이 기지건설을 위해 이 마을의 보안림(保安林)에 대해 보안림 지정 해제를 신청하여, 69년 7월 농 림성 대신이 그 신청을 인정했다. 이에 대해 해당 지역 주민들은 위헌인 자위대를 위 해 지정해제를 하는 것은 삼림법 제26조 제2항의 지정해제 요건인 '공익상의 이유' 에 해당하지 않는다고 하여 처분 취소 소송을 제기했다.
제1심인 삿포로(札幌) 지방법원에서는 1973년 9월 7일 후쿠시마 시게오(福島重雄) 재판장이 원고인 주민들의 '평화적 생존권'을 인정함과 동시에, 자위대는 헌법 제9 조에 의해 금지되어 있는 전력에 해당되므로, 위헌인 자위대를 위한 기지건설 목적 으로 보안림 지정해제를 하는 것은 위헌이라는 판결을 내렸다. 법원이 처음으로 자

판결에서, 처음으로 자위대를 위헌이라고 한 것도 방위력증강에 대한 비
판에 힘을 실었다.

위대의 위헌성에 대해 판단을 제시한 것으로서, 이 '후쿠시마 판결(福島判決)'은 많
은 주목을 받았다.
그러나 농림대신의 공소에 의한 삿포로 고등법원의 제2심은 76년 8월 5일 1심 판결
을 취소하여 원고의 주장을 각하하는 판결을 내렸다. 이유는 원고가 주장하는 구체
적인 이익이 없으므로 헌법판단에 저촉되지 않기 때문이며, 부가견해로서 자위대에
는 '통치행위론(統治行爲論)'이 적용되어야 한다고 했다. 대법원도 82년 9월 9일 상
고를 기각하는 판결을 내리고, 자위대의 위헌성에 대해서는 아무런 언급도 하지 않
았다.
자위대의 위헌성에 대해서는, 이보다 앞서 큰 문제가 된 것으로서 62년의 에니와 사
건(惠庭事件)이 있다. 홋카이도 지토세군(千歲郡) 에니와초(惠庭町) 낙농업자 노자
키(野崎) 형제가 자위대의 훈련으로 피해를 입어, 항의를 했으나 무시되자 자위대
훈련장의 전화선을 절단하여, 일반 기물손괴죄보다 무거운 자위대법 121조(방위용
물건 손괴죄) 위반으로 기소되었다. 재판에서는 자위대의 합헌·위헌이 처음으로
본격적으로 다루어져 주목을 받았다. 그러나 삿포로 지방법원은 67년 3월 29일의
판결에서, 헌법에 관해서는 아무런 언급도 없이, 피고의 행위는 자위대법 121조에
해당되지 않기 때문에 무죄라는 '의외의 판결'을 내렸다. 따라서 이 '후쿠시마 판결'
이 최초의 위헌판결이었다.

제8장

미일안보체제의 신단계

1. 미키·포드 회담
2. 방위계획의 대강
3. 가이드라인과 유사입법

1. 미키·포드 회담

▌사이공 함락

1975년 4월 30일 남베트남의 괴뢰정권이 무조건 항복하여, 해방전선군이 사이공의 대통령 관저에 해방의 깃발을 내걸었다. 100만의 남베트남 정부군도 민중과 더불어 싸우는 남베트남해방전선의 적수가 되지 못하고 일거에 궤멸해버린 것이다. 그날 최후의 미군을 태운 헬리콥터도 사이공을 떠났다. 제2차 대전 후 35년 동안 계속된 인도차이나 반도의 전쟁이 마침내 민족해방세력의 완전한 승리로 끝난 것이다.

1965년 미군이 본격적으로 베트남에 개입한 이래, 미 지상병력은 최대 50만에 달해, 한국군과 남베트남 정부군을 포함하면 120만 이상의 지상병력이 참전했다. 또한 그 이상으로 미 해공군의 압도적인 전력이 추가되었다. 제2차 대전 중 미군이 일본에 투하한 폭탄의 총량은 16만 톤, 한국전쟁에서 미군이 투하한 폭탄은 55만 톤인 것에 비해서 베트남에 미군이 투하한 폭탄의 총량은 무려 740만 톤에 달했다. 더구나 산야를 불태운 네이팜탄과 고엽제 등의 비인도적인 무기도 사용되었다. 그렇게 하고서도 민족독립을 내건 해방세력과의 싸움에는 이길 수 없었던 것이다.

베트남전쟁의 종결은 세계정세를 크게 바꾸어 놓았다. 제2차 대전 후 미국의 세계에 대한 군사적 경제적 지배력이 결정적으로 흔들렸다. 남베트남에 이어 라오스와 캄보디아에서도 미국의 괴뢰정권이 동요되어, 해방세력이 승리를 거두었다. 베트남전쟁 종결에 앞서 74년 4월 포르투갈에서 정변이 일어나 40년 동안 지속된 살라자르(António de Oliveira Salazar) 독재체제가 무너졌다. 스페인에서도 75년 11월 프랑코(Francisco Franco) 총통의 사망으로 민주화가 진행되어 최후의 파시즘 국가가 소멸되었다. 그 결과 세계에서 마지막까지 거대한 식민지로 남아있던 포르투갈령 3국 앙골라·모잠비크·기니비사우(Guinea-Bissau)가 독립하여, 세계는 민주화와 민족자립의 길로 크게 전진했던 것이다.

▌세계적 불황과 일본

사이공 함락은 단지 미국의 군사적 패배만을 상징하는 것은 아니었다. 그것은 자본주의 세계의 동시불황이 한창인 때 일어나, 세계 자본주의의 위기를 상징하는 사건이기도 했다.

베트남전쟁의 격화로 인한 미국의 재정적자와 무역적자가 1971년 달러위기를 초래했다. 그리고 달러위기와 그 방어책은 세계불황을 진행시켰다. 73년의 석유위기는 불황을 더욱 심화시켜, 그것이 장기간 계속되는 사태를 초래했다. 더구나 석유위기 이후에는 비정상적인 인플레이션이 불황과 동시에 진행되는 스테그플레이션(Stagflation)이 발생했다.

경제협력개발기구(OECD) 가맹국 전체의 GNP는 1974년은 보합, 75년은 마이너스 2%가 되어, 전체 세계무역이 75년은 10% 감소했다. 자본주의국 전체의 불황이 동시에 그리고 장기간에 걸쳐 진행되어, 이전의 세계대공황 이래 최대의 경제위기가 되었다.

이 불황에서 가장 빨리 벗어난 것이 일본이었다. 일본경제도 1973년의 석유위기와 '광란 물가', 74년 후반부터의 심각한 불황을 경험했다. 그러나 이 위기 속에서 다나카(田中) 내각 말기부터 미키(三木) 내각에 걸쳐 재정을 담당한 오히라(大平) 장상(藏相)은 불황 탈출을 위해 국채를 발행하여 균형재정을 포기했다. 기업은 불황을 구실로 철저한 합리화를 추진하여, 그 결과 철강·조선·자동차 등의 국제경쟁력을 강화, 76년부터는 수출이 호조로 전환되어 일본경제는 불황을 탈출했다.

베트남전의 패배와 경제위기의 심화로 고심하던 미국은, 고도성장을 이루었을 뿐만 아니라 세계적 불황에서 탈출하여 가장 먼저 안정된 성장을 하고 있는 일본에 대해, 더욱 강하게 군사부담 증가를 요구하게 되었다.

▌미일방위협력의 강화

석유위기 후의 인플레이션에 대한 국민의 불만이 고조되고, 다나카의 금권정치 등으로 보수지배 자체가 위기에 직면한 74년 12월, 자민당 내 작은 파벌의 장이었던 미키 다케오(三木武夫)가 보수정권 유지의 최후 수단으로서 정권을 담당하게 되었다. 미키는 원래 온건파(鳩派=The Doves)로 알려져 있었으나, 당내 기반이 약했기 때문에 우파의 압력으로 강경파(鷹派=The Hawks)적인 정책을 내세우는 경우가 많았다. 방위문제도 그 중의 하나였다.

남베트남에서의 패배가 명백해진 1975년 4월 23일 포드 미 대통령이 인도차이나 전쟁은 끝났다고 연설하면서, "우리는 일본과의 안전보장조약이 아시아 태평양 안정의 초석(Cornerstone)이라고 생각한다."라고 말했다.

이러한 미국의 기대에 부응하여, 동년 8월 초 방미한 미키 수상이 포드 대통령과 5차에 걸쳐 회담하여 8월 6일 공동성명과 공동신문발표를 했다. 공동신문발표에서는 안보조약은 아시아 국제정치의 기본적 구조에 불가결한 요소라는 것, 미국의 핵 억지력은 일본의 안전에 중요한 기여라고 인식하고 있다는 것, 미국은 핵공격에 대해서도 일본의 방위를 약속한다는 것을 분명히 했다.

또한 "한국의 안전은 한반도의 평화유지에 긴요하며, 한반도의 평화유지는 일본을 포함한 동아시아의 평화와 안전에 필요하다."라는 새로운 표현을 포함시켰다. 이것은 한국의 안전이 일본에 있어서도 필요하다는 1969년의 닉슨·사토(佐藤) 공동성명의 한국조항을 재확인함과 동시에, 한미일 3국의 방위협력 강화를 강조한 것이었다.

또한 공동신문발표에서는 미일 방위협력 관계를 재확인하면서, "양국의 협력에 대해서는 안전보장협의위원회에서 협의하는 것으로 일치를 보았다."라고 하여, 미일안보조약 제4조의 '수시협의'를 '정기협의'로 발전시키기로 했다.

이에 이어서 슐레진저(James Rodney Schlesinger) 미 국방장관이 방일하여, 8월 29일 사카타 미치타(坂田道太) 방위청장관과 회담했다. 여기서 "미일 방위 수뇌의 정기협의를 실시할 것"과 "미일작전협력을 위한 협의기관을 설치할 것"에 합의했다. 방위 수뇌회담의 정기개최와 작전협력을 위한 상설기관을 설치하는 것 모두가 미일방위협력 강화를 위한 획기적인 사건이었다.

▌방위협력소위원회 설치

1976년판 『방위백서』에 사카타 방위청장관이 「간행에 부쳐」라는 장문을 실어, "미일안보조약이 우리의 안전에 이처럼 중요한 것인데도, 유사시의 방위협력에 대해서는 지금까지 미일 사이에 어떠한 논의도 없었고, 또한 작전협력에 대해 협의할 기관도 없었다. 나는 그것이 너무나 의외여서 놀랐다."라고 했다.

이 슐레진저·사카타 회담에서 미 국방장관과 일본 방위청장관이 원칙적으로 연 1회의 정기협의를 실시하는 것과 새로운 구체적 협의의 장을 설치할 것이 합의된 것이다. 이를 근거로 76년 7월 8일 개최된 미일안전보장협의위원회에서 그 하부기구로서 방위협력소위원회를 설치할 것이 결정되었다.

이 소위원회는 "미일안보조약의 목적을 효과적으로 달성하기 위해 군사비를 포함한 미일 간 협력에 관해 연구 및 협의할 것"을 목적으로 하고 있다. 위원으로는, 일본 측에서는 외무성 미국국장·방위청 방위국장·통합막료회의 사무국장이, 미국 측에서는 주일공사·주일미군 참모장·필요에 따라서는 태평양군사령부 및 국방총성의 관계자가 참가하는 것으로 되어 있다.

방위협력소위원회는 76년 8월 30일 처음으로 개최되어, 그 하부조직으로 작전·정보·후방지원의 세 분과회의를 설치할 것을 결정했다. 이 세 분과회의는 미일 양국의 군인에 의한 전문적 검토를 목적으로 한 것이었다. 그리고 실제로 이 분과회의가 미일 방위협력문제의 주축이 된다.

2. 방위계획의 대강

▌포스트 4차방 문제

1972년도에서 76년도에 걸친 4차방은 석유위기와 인플레이션 그리고 대불황의 영향으로 계획 달성이 곤란하게 되어 '미해결' 문제가 발생했다. 따라서 76년도 예산에서 4차방 계획의 '미해결' 건이 발생하는 것은 확실했다. 4차방의 예산 총액은 계획 당초의 예상으로는 4조 6,300억 엔이었으나, 실제로는 그것을 1조억 엔 이상이나 초과하고도 미달성 부분을 남기게 된 것이다.

4차방의 '미해결' 문제를 어떻게 할 것인가 하는 것과 더불어, 포스트 4차방을 어떻게 할 것인가도 문제가 되었다. 75년 10월 사카타 방위청장관은 4차방에 이어 77년도부터 시작되는 방위력정비계획의 구체적인 구상을 '장관 지시'로서 내부에 하달했다. 그것은 앞으로는 '평화 시 방위력의 한계'를 상한선으로 한 필요최소한의 것을 '기반적 방위력'으로 한다는 것이었다. 주변 제국의 군사력에 대응하여 소요 방위력을 정비한다는 지금까지의 구상을 전환하여, 평시의 상한선을 제시한다는 것이었다. 그러나 이에 대해서는 '유사즉응(有事卽應)'의 정도가 저하된다는 현역군인의 불만이 있었다.

이 구상은 종래와 같은 5년간의 장기 고정적인 방위력정비계획을 반복하고 있다가는 제동장치가 없어진다는 생각을 반영하고 있다. 지금까지의 방위계획에서는 최초의 계획단계에서 2차방(62~66년도) 1조 1,635

억 엔, 3차방(67~71년도) 2조 3,400억 엔, 4차방(72~76년도) 4조 6,300억 엔으로 두 배의 증가를 반복하고 있어 끝없이 증액될 우려가 있고, 고도성장에서 저성장으로 전환되어 경기의 장기 전망이 어렵게 된 것 등도 이유였다.

76년 6월 사카타 장관은 『일본의 방위』라는 제목의 방위백서를 각의에 보고하여 승인을 받았다. 이것은 나카소네(中曽根) 장관 시절인 70년 10월 최초의 『일본의 방위』를 발표한 이래 두 번째 방위백서였다. 여기서도 일본의 방위는 "주변지역 분쟁의 파급"이나 "소규모 기습침략"의 가능성에 내비한 '기반적 방위력'의 정비가 불가결하다는 것을 강조했다. 기반적 방위력이란 통상무기에 의한 침략에 대해서 최소한의 대항조치를 취할 수 있는 것으로, 타국에 위협을 주지 않으면서 타국이 얕보지도 않을 정도의 방위력이라고 했다.

▎「방위계획의 대강」 결정

이렇게 하여 미키(三木) 내각은 포스트 4차방에서는 이른바 연차방(年次防) 방식을 취하지 않기로 하고, 5차방을 책정하지 않는 대신에 77년 이후의 방위지침으로서 「방위계획의 대강(大綱)」을 정하기로 했다. 이것은 방위력 정비의 목표로서 상한선을 정한다는 개념에 입각한 것이었다. 「방위계획의 대강」은 국방회의를 거쳐 76년 10월 29일 각의에서 정식으로 결정되었다.

「방위계획의 대강」은 일본을 둘러싼 국제정세에 큰 변화가 없다는 것을 전제로, "평시의 충분한 경계태세"와 "한정적이고 소규모적인 침략"에 대응할 방위력의 정비를 목표로 한 것이었다. 그리고 현재의 자위대는 이미 육해공 모두 방위력의 '양'으로는 일정 수준에 도달해 있으므로, 이후의 정비 중점은 '질'에 두고 '기반적 방위력'의 건설을 목표로 일본

의 "평화 시 방위력의 한계"를 정한 것이었다.[26]

▌방위비의 범위 결정

1차방에서 4차방까지와 같은 연차방 방식을 그만두고 「방위계획의

------

26 「방위계획의 대강」에서는 [별표(別表)]에서 '평화 시 방위력의 한계'로서 '정비 목표'를 다음과 같이 제시하고 있다. 이것은 양적인 면에서는 4차방의 달성목표와 차이가 거의 없고, 차후의 정비는 내용의 질적 향상에 중점을 두는 것으로 하고 있다.

[육상자위대]
○ 자위관 정원 : 18만 명
○ 기간부대
  - 평시지역배치 : 12개 사단, 2개 혼성단
  - 기동운용부대 : 1개 기갑사단, 1개 포병(特科) 연대, 1개 공수단(空挺團), 1개 교도단, 1개 헬리콥터단
  - 저공역방공용 지대공유도탄부대 : 8개 고사포 포병군(特科群)

[해상자위대]
○ 기간부대
  - 대잠수상함정부대(對潛水上艦艇部隊) (기동운용) : 4개 호위대군
  - 대잠수상함정부대(지방대) : 10개 대(隊)
  - 잠수함부대 : 6개 대
  - 소해부대 : 2개 소해대군(群)
  - 육상대잠기부대(陸上對潛機部隊) : 16개 대
○ 주요장비
  - 대잠수상함정 : 약 60척
  - 잠수함 : 16척
  - 작전용 항공기 : 약 220대

[항공자위대]
○ 기간부대
  - 항공경계관제부대 : 28개 경계군(群)
  - 요격전투기부대 : 10개 비행대
  - 지원전투기부대 : 3개 비행대
  - 항공정찰부대 : 1개 비행대
  - 항공수송부대 : 3개 비행대
  - 경계비행부대 : 1개 비행대
  - 고공역방공용 지대공유도탄부대 : 6개 고사군(高射群)
○ 주요장비
  - 작전용 항공기 : 약 430대

* 방위청 『방위백서』 1977년판 참조

대강」에 의해 방위력의 상한선을 제시하는 데 그친 것은, 방위력의 내용에 대한 재량권이 각의나 국방회의로부터 방위청 내부로 위임된 것을 의미한다. 미일공동작전체제의 정비와 더불어 이것은 군사당국과 미일 현역간부의 실권 증대를 의미하는 것이기도 했다. 또한 베트남전쟁 종결 후 미국의 일본에 대한 군비증강 요구도 강해졌다. 이 때문에 오히라 마사요시(大平正芳) 장상 등 재정당국을 비롯한 정부 내에서도 방위비 증가에 대해 어떤 형태로든 제동장치를 만들어야 한다는 의견이 있었다.

75년 9월 사카타 장관의 자문기관인 '방위를 생각하는 모임'에서 「우리나라의 방위를 생각한다」는 문서를 발표하여, 방위비의 범위에 대해 다음과 같이 기술하고 있다. "모든 사태에 대응이 가능한 방위력을 평소에도 보유하려고 하면 제동이 걸리지 않을 우려가 있다. 우리나라의 방위력을 그러한 군사적 요청만으로 판단하는 것은 타당하다고 할 수 없다. 방위비로서 국민의 지지를 얻을 수 있는 한도는 GNP의 1% 이내가 적당하지 않을까. 현재처럼 경제성장이 둔화되어 있는 때는 물론, 순조로울 때에도 1%를 초과하게 되면 국민의 공감을 얻기 어렵다."

「방위계획의 대강」 결정 1주일 후인 76년 11월 5일의 국방회의와 각의에서, 미키(三木) 내각은 이후의 방위관계비에 대해 "당분간 각 연도의 방위관계비 총액이 그 연도 국민총생산의 100분의 1에 상당하는 액수를 초과하지 않는 것을 목표로 한다."라는 결정을 했다. 방위비에 대해 'GNP의 1% 이내'라는 제동장치를 만든 것이다. 방위청은 이렇게 되면 양보다 질을 충실하게 한다고 해도 「방위계획의 대강」의 실현에 제약을 받는다고 하여 '1% 정도'라는 표현을 희망했으나, 저성장하의 재정사정을 이유로 대장성이 강하게 반대하여 '1% 이내'라는 표현이 되었다. 미국과 국내 강경파의 군비확충 요구에 대해 미키 내각으로서는 최대한의 저항으로서 이 제동장치를 설치했다고 할 수 있을 것이다.

▌F15와 P3C

1976년 2월 미 상원의 외교위원회 다국적기업소위원회에서 록히드사가 일본정부 고관에게 뇌물을 준 것이 폭로되어, 7월 다나카 가쿠에이(田中角榮) 전 수상이 체포되었다. 이 록히드 사건은 일본의 정계를 뒤흔들게 되는데, 그 진상해명에 열의를 불태운 미키 수상이 역으로 보수정치가의 반감을 사게 됨으로써 자민당 내에 미키 퇴진운동이 일어나, 76년 12월 중의원선거에서의 자민당 퇴조 후 미키 내각이 총사퇴하고 후쿠다 다케오(福田赳夫) 내각이 성립했다.

후쿠다 내각은 자민당 단독으로는 중의원의 과반수가 빠듯한 의석밖에 갖고 있지 않았다. 그러나 76년의 총선 후 공명당과 민사당이 중도를 내걸고 우익노선을 명확히 하여, 지방정치에서도 자민당과 제휴하여 혁신 지자체의 붕괴에 힘을 보탰다. 미키 내각 시절인 75년 말 공무원의 동맹파업권 쟁취를 위한 데모가 패배함으로써 노동운동의 우경화가 결정적인 것이 되고, 대기업은 합리화와 감량화를 추진하여 대량의 인원삭감을 강행했는데, 대기업의 노동조합이 이에 협력하여 어용조합화를 앞당겼다. 이 때문에 대기업의 국제경쟁력이 강화되어 수출이 신장됨으로써, 일본경제는 안정성장노선을 타고 '우경화'로 일컬어진 풍조가 일반화되었다. 원래 우익적 사상을 갖고 있던 후쿠다 수상은 이 우경화 경향 속에서 미키 내각보다 더욱 우익적인 방위정책을 추진한 것이다.

77년 7월 브라운(Harold Brown) 미 국방장관이 방일하여 후쿠다 수상·미하라 아사오(三原朝雄) 방위청장관·하토야마 이이치로(鳩山威一郎) 외상 등과 개별 면담하여, 미군의 한국 철수에 따라 일본의 한국에 대한 경제원조 강화를 요청했다. 9월에는 미하라 장관이 방미, 브라운 장관과 정기협의를 하여 실무자 차원의 정기협의를 재개할 것에 합의함으로써, 활동 중인 방위협력소위원회와 더불어 미일 공동작전체제의 강화가 더욱 추진되었다.

77년 12월 국방회의에서는 차기주력전투기로서 맥도널 더글러스사(McDonnell Douglas)의 F15 이글(Eagle)을, 그리고 대잠초계기로서 록히드사의 P3C 오라이온(Orion)을 각각 채용할 것을 결정했다. F15는 최신의 요격전투기인 동시에 공중급유를 하면 항속력을 신장시켜 대지공격용(對地攻擊用) 전투폭격기가 되는 기능을 갖고 있다. 후쿠다 내각은 F15의 채용결정에 있어서 '전투기의 공중급유는 하지 않는다'는 종래의 방침을 과감하게 버리고, 이 국방회의에서 F15의 공중급유장치와 폭격장치를 제거하지 않을 것을 결정했다. 강력한 최신 대잠공격기능을 가진 P3C의 채용결정과 더불어, 이것은 전수방위(專守防衛)의 범위를 넘는 것으로서, 후쿠다 내각의 고자세를 나타낸 것이었다. P3C 1대에 63억 엔, F15 1대에 61억 엔이라는 것이 제1차 견적 때의 평균단가로, 너무 고가의 구매였다.

후쿠다 내각은 또 다른 현안이었던 방위2법 개정안을 3년 만에 마침내 성립시켰다. 자위관의 증원과 제3항공단을 아이치현(愛知県) 고마키(小牧)에서 아오모리현(青森県) 미사와(三沢)로 이동시키는 것 등을 포함한 방위청설치법 및 자위대법의 개정안은 미키 내각에 의해 75년 2월 1일 제75차 통상국회에 제출되었다. 그러나 내각의 정치력 부족과 재정난으로 폐안 4회, 계속심의 4회라는 난항을 반복했다. 그러다가 후쿠다 내각에 의해 77년 12월 21일 제84차 통상국회에서 마침내 성립되었다.

3. 가이드라인과 유사입법

▌안정하의 우경화

일본경제는 석유위기하의 세계적 불황을 재빨리 탈출하여, 76년 이래 안정된 성장을 계속하여 국제수지도 76년부터 흑자기조가 되었다. 이러한 가운데 노동운동의 우경화와 중도정당의 우익적 노선이 두드러지게 되었는데, 후쿠다(福田) 내각하의 1978년이 되자 자민당의 '상대적 안정' 하에서 '우경화'가 더욱 뚜렷해졌다.

78년 1월의 공명당 대회에서 다케이리(竹入) 위원장이 안보조약 용인과 자위대 긍정 발언을 하여, 이미 그 노선을 표방하고 있던 민사당과 더불어 중도정당의 우경화를 명확하게 했다. 그리고 중도정당은 교토부(京都府) 지사, 오키나와현(沖縄県) 지사, 요코하마(横浜) 시장 등의 선거에서 자민당을 보완하는 역할을 했다. 후쿠다 수상은 78년 4월, 29년 만에 교토부를 보수가 탈환하자 "국민선택의 흐름이 바뀌었다."라는 담화를 발표하여 우익노선에 대한 자신감을 보였다. 그리고 '원호(元号) 법제화'를 각의에서 결정하여 다음 내각에 넘겨주고, 8월 15일에는 후쿠다 수상이 야스쿠니신사(靖国神社)를 참배하여 내각총리대신 직함으로 방명록에 서명함으로써 공식참배에 첫발을 내딛는 등 차례로 우익적 정책을 실행했다.

이러한 우경화는 중국의 동향과도 관련이 있었다. 1972년 중일 국교 수립 이래 정식적인 강화조약 조인은 양국 간 현안이 되어 있었다. 76년

모택동 공산당 주석이 사망하고 청강(江靑) 등 4인방이 체포됨으로써, 77년 등소평이 복귀하여 문화혁명의 청산과 근대화 노선이 개시되자 일본에 대한 우호적 태도가 분명해졌다. 그리고 중국이 종래의 주장을 대폭 양보하여, 78년 8월 중일평화우호조약이 북경에서 조인되었다. 또한 10월 비준문서 교환을 위해 방일한 등소평 부수상이 "미일안보조약의 유지와 자위력 증강은 당연한 것"이라고 언명한 것도 후쿠다 내각에 힘을 실어주었다.

이에 앞선 78년 6월 20일 미국을 방문한 가네마루 신(金丸信) 방위청장관이 브라운 국방장관과 회담하여 유사시의 바람직한 미일협력에 대해 토의했다고 전해졌다. 그 다음날인 6월 21일 방위청은 '통합작전 운용연구'를 동년 8월부터 2년간 실시한다고 발표했다. 이것은 1963년에 실시되어 65년 국회에서 문제가 된 '미쓰야 연구(三矢硏究)'의 재현이었으나, 지난번에는 연구를 하는 것 자체가 비밀로 되어 있었던 것에 비해서, 이번에는 공공연하게 발표된 것에 정세의 변화가 나타나 있다.

▎구리스 발언과 유사입법

78년 7월 19일 구리스 히로오미(栗栖弘臣) 통합막료회의 의장의 "긴급시에는 자위대의 초법규적 행동도 있을 수 있다."는 발언이 문제가 되었다.[27] 구리스는 구육해군 출신이 아니면서 현역의 최고지위에 오른 이색적인 인물이었는데, 전부터 강경파적인 언동이 두드러져, 항공잡지『윙

---

27 구리스 발언이란『주간 포스터(週刊ポスト)』1978년 7월 28일과 8월 4일 합병호에 게재된 구리스 통합막료회의의장과의 인터뷰 기사이다. 거기서 구리스는 "자위대는 자위대법 제76조에 의한 수상의 방위출동명령이 없으면 무력행사가 불가능하기 때문에, 긴급한 경우에는 초법규적 행동을 취하지 않을 수 없다."는 등의 발언을 했다. 이것이 이 잡지가 발매되기 전에 누설되었기 때문에, 7월 19일 기자회견에서 추궁을 받아 보도됨으로써 문제가 되었다.

(Wing)』78년 1월호에 전수방위론을 비판하는 기사를 게재하여 국회에서 문제가 된 적도 있었다. 가네마루(金丸) 장관은 이 발언은 '문민통제'에 반하는 것이며, 자위대가 법을 무시할 가능성이 있다는 오해를 주기 때문에 부적당하다고 하여 7월 28일 구리스를 해임했다.

그러나 구리스의 해임은 자민당 내 우파의 '유사입법' 필요론을 분출시키는 계기가 되었다. 원래 방위청에서는 77년 8월부터 미하라 아사오(三原朝雄) 장관의 지시로 유사입법 연구를 하고 있었다. 후쿠다 수상은 구리스 문제가 발생하자 7월 27일의 국방회의 의원간담회에서 방위청에 대해 새삼 유사입법 연구를 추진할 것을 지시하고, 7월 28일 각의에서도 그것을 반복했다. 구리스 해임을 계기로 유사입법의 필요성이 강조되어, 국민들에게도 그것을 선전하는 캠페인이 전개되는 결과가 되었던 것이다.

또한 이 문제는 이른바 '기습대처'에 대해서 방위청 내국(內局)과 현역군인의 의견대립을 표면화시켰다. 자위대법 제76조에 의하면 수상의 출동명령이 발령되기 전까지는 자위대의 무력행사가 불가능하기 때문에, 기습공격을 받았을 경우에는 어떻게 할 것인가 하는 것이 문제였다. 이에 대해 국회에서 사나다(眞田) 법제국장관과 이토(伊藤) 방위청 방위국장은, 대원 개인에게 인정되어 있는 형법 제36조의 '정당방위'나 동법 제37조의 '긴급피난'을 적용하여 무기 사용이 가능하다고 답변했다. 이것이 정부와 방위청 내국의 견해였다.

이에 대해 현역군인은 개인의 권리로 무기사용을 인정하는 것은 사리에 어긋나는 것으로, 자위대는 개인으로 행동하는 것이 아니라 부대로서 행동하는 것이므로, 부대행동이 가능하도록 즉시 자위대법을 개정해야 한다고 반발했다.

방위청 내부에서 내국과 현역군인의 대립이 심화되었기 때문에, 방위청은 이에 대해 78년 9월 21일 '견해'를 발표했다. 이 견해는 양자 타협의 산물로서, 76조의 "특히 긴급을 요할 경우" 및 "무력공격의 우려가 있을 경우" 등을 적용하여, 기습을 받지 않도록 노력함과 더불어 차후 더욱 "신중하게 검토한다."는 것이었다. 이 문제는 유사입법 필요론에 박차를 가하는 결과가 되었다.

▌「미일방위협력을 위한 지침」 결정

76년 7월 8일의 미일안전보장협의위원회에서 설치가 결정되어, 동년 8월 발족된 방위협력소위원회는 미일공동작전체제의 정비에 관해 적극적으로 협의를 추진해 왔다. 그리고 2년간의 검토 결과로서 「미일방위협력을 위한 지침」(가이드라인)을 정리하여, 78년 11월 27일 미일안전보장협의위원회에서 정식으로 결정했다.

지침이 결정된 11월 27일은, 전체 당원 투표가 행해진 이래 최초로 이루어진 자민당 총재 예비선거에서 오히라 마사요시(大平正芳)와 후쿠다 다케오(福田赳夫)가 각각 1위와 2위를 차지하여, 후쿠다 수상이 본선에서 사퇴하고 수상 퇴진을 발표한 날이었다. 11월 28일 국방회의와 각의가 각각 가이드라인을 승인하여,[28] 이것이 후쿠다 내각의 마지막 선물이 되었다. 다음날인 29일 각 신문은 「미일방위협력을 위한 지침」(가이드라인) 전문을 게재했다.

---

28 이 각의 승인에 관한 정식 각의서가 작성되지 않은 것이 후에 문제가 되었다. 이에 대해 1987년 5월 19일 참의원 예산위원회에서 고토다 마사하루(後藤田正晴) 내각 관방장관이 정부의 통일견해를 분명히 했다. 즉 1978년 11월 28일의 각의에 보고된 것으로 되어 있는 「미일방위협력 지침」(가이드라인)의 각의 처리에 대해서, "각의에 자료가 배부되어 외상과 방위청장관이 보고하여 승인되었으나, 행정처리가 뒤따르지 않았기 때문에 각의서를 작성하지 않았다.", "각의 안건은 사안의 성격에 따라 적절하게 처리되어야 한다."라고 하여, 절차상의 미비점이 있었음을 인정했다(『赤旗』1987년 5월 20일). 아무튼 이 지침이 일본정부의 각의 승인 사항임에는 변함이 없다.

미일공동작전의 강령적인 문서라 할 수 있는 '지침=가이드라인'의 책정은 베트남전쟁 이후의 미 극동전략의 변화 속에서 자위대가 분담할 역할의 중대함을 반영한 것이었다. 또한 중일평화조약의 체결과 북방영토 문제 대립에 의한 일소관계의 악화도, 대소작전에 있어서의 공동행동을 정면으로 거론하고 있는 이 지침의 공표 이유였다. 방위청장관은 가이드라인을 각의에 보고하면서 "이 지침에 입각하여 자위대가 미군과 함께 실시 예정인 공동작전계획의 연구 및 기타 작업에 대해서는 방위청장관이 책임을 지고 임하려고 한다."라고 발언하여 이것도 승인되었다.

무엇보다도 이 지침은 미일안보조약 제5조의 "각 체약국은 일본의 시정(施政)하에 있는 영역에 있어서 어느 한쪽에 대한 무력공격을 자국의 평화 및 안전을 위태롭게 하는 것으로 간주하고, 자국 헌법상의 규정 및 절차에 따라 공동의 위기에 대처하도록 행동할 것을 선언한다."라고 하는, 미일안보체제의 근간이 되는 조문의 구체적인 발동에 대한 결정을 처음으로 문서화하여 공표했다는 의미를 갖고 있다.

▌지침의 내용

'지침=가이드라인'은 Ⅰ. 침략을 미연에 방지하기 위한 체제, Ⅱ. 일본에 대한 무력공격에 즈음한 대처행동, Ⅲ. 일본 이외의 극동에 있어서의 사태로서 일본의 안전에 중대한 영향을 줄 경우의 미일 간 협력, 이 3개의 장으로 구성되어 있다. 그리고 Ⅰ장은 1. 미일 간 역할분담, 2. 유사시 공동대처행동을 위한 공동작전계획 연구, 정보협력태세 충실, 후방지원에 대한 협력 등에 대한 연구로 이루어져 있다. Ⅱ장은 1. 일본에 대한 무력공격의 우려가 있을 경우, 2. 일본에 대한 무력공격이 행해졌을 경우, 이 2개 절로 이루어져 있다. 그리고 2절은 ① 작전구상, ② 지휘 및 조정,

③ 조정기관, ④ 정보활동, ⑤ 후방지원활동으로 나누어져 있다.

Ⅰ장 1절 '미일 간 역할분담'에서는, 일본은 적절한 규모의 방위력을 보유함과 더불어 미군을 위한 시설 및 구역을 확보하고, 미국은 핵억지력을 보유함과 더불어 즉응부대를 전방에 전개하는 것으로 되어 있다. Ⅱ장 1절 '무력공격의 우려가 있을 경우'에서는, 지휘조정기관의 설치 및 작전준비의 공동기준을 설정하도록 하고 있다. Ⅱ장 2절 '무력공격이 행해졌을 경우'에서는, 자위대는 일본 영역과 주변 해공역의 방위작전을 담당하고, 미군은 자위대를 지원함과 더불어 자위대의 능력이 미치지 않는 기능을 보완한다는 작전 구상하에 육해공 각 작전의 역할분담을 정하고 있다.

그 주된 내용은 다음과 같다. 육상에서는 육상자위대가 저지·지구·반격작전을 실시하고, 미 육군은 필요에 따라 지원 및 반격작전을 실시한다. 해상에서는 해상자위대가 주요 항만 및 해협의 방위와 주변해역의 대잠작전 그리고 선박보호작전을 실시하고, 미 해군은 해상자위대를 지원하여 기동타격력으로 침공을 격퇴하는 작전을 실시한다. 그리고 공중에서는 항공자위대가 방공·상륙침공저지·대지지원(對地支援)·항공정찰·항공수송 등을 실시하고, 미 공군은 항공자위대를 지원하여 침공해 오는 병력을 항공타격력으로 격퇴한다. Ⅲ장에서는 미일 간의 수시협의와 기지의 공동사용 그리고 편의제공 등을 연구하는 것으로 되어 있다.

모두 각각의 경우에 있어서의 미일 상호분담과 이에 입각하여 준비 및 연구해야 할 내용을 구체적으로 기술한 것으로, 나아가 이를 근거로 보다 면밀하고 구체적인 실시계획을 작성해 둘 것을 명백히 하고 있다. 말 그대로 공동작전을 위한 가이드라인이다. 외국군대와의 이러한 공동작전 지침이 성문화된 것 자체가 전쟁포기와 전력을 보유하지 않는다는 헌법 제9조에 저촉되는 것임은 명백하다고 해야 할 것이다.

▎지침의 문제점

이 '지침=가이드라인'은 많은 문제점을 안고 있다.

첫째, 미일공동작전계획의 수립이 명기되어 있다는 것이다. I장 2절에서 미일 양군은 공동작전계획에 대해 연구하고 필요한 공동연습 및 공동훈련을 실시하며, 나아가 "작전을 원활하게 공동으로 실시하기 위해 작전상 필요하다고 인정되는 공통의 실시요령을 미리 연구하여 준비해 둔다."는 것을 정하고 있다. 미일의 현역군인 차원에서 면밀하고 구체적인 공동작전계획을 평시부터 작성하여 훈련해 둘 것을 분명히 한 것으로, 자위대가 미 전략체제로 완전히 편입됨을 명기한 것과 다름이 없다. 자위대가 미군에 종속되어 일체화된다는 것을 이 조항은 스스로 밝히고 있다고 할 수 있다.

둘째, 안보조약 제5조의 발동 조건인 "일본의 시정하에 있는 영역에 있어서 어느 한쪽에 대한 무력공격"이 행해졌을 경우만이 아니라, "일본에 대한 무력공격이 행해질 우려가 있는 경우"(II장 1절)까지 그 범위를 확대시키고 있다는 것이다. 직접공격이 없어도 그 우려가 있는 것으로 인정될 경우에는 "각각 필요한 조치를 취함"과 더불어, 공동작전 지휘기관인 조정기관의 개설을 포함한 준비를 하는 것으로 하여, 이를 위한 공통의 기준을 미리 정해 둘 것을 제시하고 있다.

이 공통의 기준은 "부대 전투준비태세의 최대한의 강화에 이르기까지"(II장 1절) 각 단계에 맞게 제시하는 것으로 되어 있어서, 일본이 직접공격을 받지 않아도 주변지역 예를 들면 미쓰야 연구(三矢硏究)에 있어서의 한반도의 긴장 격화를 공격을 받을 우려가 있는 경우로 해석하여, 최대한의 강화를 포함한 준비태세로의 전환을 가능하게 하는 것으로, 이것은 안보조약의 확대적용으로 연결되는 것이다.

셋째, 이 지침은 일본이 핵전략체제로 완전히 편입됨을 명기한 것이다. 평시에 있어서 일본의 분담을 미군의 핵억지력 보유를 기초로 하여 정하고 있을 뿐만 아니라, 유사시에 있어서는, 미 해군은 "기동타격력을 보유한 임무부대를 수반하는 작전"을, 미 공군은 "항공타격력을 보유한 항공부대의 사용을 수반하는 작전"(II장 2절-①)을 포함한 작전을 실시한다고 명기되어 있다.

말할 것도 없이 제7함대와 태평양공군 등에 편입되어 있는 핵공격력을 보유한 항공모함, 잠수함, 전략폭격기, 미사일부대 등의 미 전력이 기초가 된 공동작전이다. 이러한 핵공격력을 가진 미군과의 공동작전을 지침으로 명기하여 이를 일본정부가 인정한 것은, 전후 정부의 핵무기에 대한 여러 번의 언명 즉 핵무기를 생산도 보유도 반입도 하지 않는다는 비핵 3원칙을 파기하는 방침으로 전환한 것을 의미한다.

넷째, 육해공 3자위대와 미 3군의 분담을 정한 작전구상에 있어서, 자위대의 임무분담을 "주변해역에 있어서의 대잠작전, 선박의 보호를 위한 작전 및 기타 작전"(II장 2절-①)으로까지 확대하고 있다는 것이다. 즉 자위대의 작전행동 범위를 일본 본토뿐만 아니라 주변해역으로까지 확장하여 한국 및 기타 인근지역의 분쟁에 개입할 여지를 남김으로써, 주변의 전쟁에 일본이 휘말려들 위험을 한층 증가시켰다는 것이다.

다섯째, 미일공동작전 실시를 위한 조정기관을 지침에 명기하고 있는 것도 의미가 크다. 이것은 "효과적인 작전을 공동으로 실시하기 위한"(II장 2절-③) 조정기관이라고 되어 있으나, 이러한 기관을 설치하는 것은 실질적으로는 공동작전을 위한 지휘기관을 설치하는 것으로, 여기서 말하는 조정기관은 미일공동작전 사령부를 가리키는 것이다. 자위대가 미군의 지휘하에 편입된 종속적인 군대라는 것은 이전부터 지적되어 온 바이지만, 공동작전을 위한 조정기관을 상설하는 것은 이것을 형식적으로도 분명히 한 것이다.

여섯째, 미일 정보활동 협력과 관련하여, "자위대 및 미군은 보안에 관해 각각 책임을 진다."(Ⅱ장 2절-④)라고 정하고 있다. 이것은 비밀보호의 책임을 각각이 질 것을 분명히 한 것이다. 현재도 일본에서 미군의 비밀보호에 관한 법률이 시행되고 있다. 즉 「안보조약 제6조의 미군에 대한 시설 및 구역의 공여, 미군의 지위에 관한 협정의 실시에 따른 형사특별법」(1952년 5월 7일)에 의해, 미군의 기밀을 탐지 및 수집했을 경우 10년 이하의 징역에 처하는 것으로 되어 있다.

또한 「MSA협정에 따른 비밀보호법」(1954년 6월 9일)에 의해, 미국으로부터 공여된 장비품 등에 대한 '방위비밀'을 탐지·수집·누설하는 죄를 설정하여 마찬가지로 10년 이하의 징역에 처하는 것으로 하고 있다. 이 형사특별법과 MSA비밀보호법은 미군의 비밀 또는 미군으로부터 공여된 장비에 대한 비밀을 보호하는 것이지만, 이것을 더욱 확대하여 자위대 자체의 군사기밀을 보호하는 법률을 만들 것을 이 지침은 의무화하고 있다. 유사입법 필요론의 근거 중 하나도 이 비밀보호에 대한 요청이었다. '지침'에서 보안 즉 비밀보호에 관해 각각 책임을 진다고 하고 있는 것은, 유사입법의 하나인 비밀보호법을 조금씩 우선적으로 실현시키는 것을 노린 것이라고 할 수 있다.

일곱째, 후방지원활동의 긴밀한 협력을 도모함으로써 병기, 탄약, 자재 등의 규격화 및 획일화를 통해 지원체제의 보완 및 협력을 추진할 것을 분명히 하고 있다는 것이다(Ⅱ장 2절-⑤). 밀접한 공동작전 실시와 보급 및 정비의 보완관계를 확립하기 위해서는 무기 및 장비의 규격화가 필요하며, 이것을 추진함으로써 자위대와 미군의 일체화가 한층 명확해진다고 할 수 있다. 또한 이 '후방지원활동의 협력' 항목에서는 자위대기지와 미군기지의 공동사용을 분명히 하고 있다. 뿐만 아니라 미군에 새로운 시설이나 구역을 제공할 것을 명기하여, 일본에 있어서의 미군 지위의 향상과 미일의 군사적 일체화를 기도하고 있는 것이다.

이처럼 '지침=가이드라인'에도 안보조약의 재개정이라고 할 수 있는 중대한 내용이 담겨 있다. 더욱이 이 지침이 일본정부에 의해 공식적으로 승인되었다는 것(정부가 이 지침을 승인하는 절차를 밟은 것은 일본뿐이기 때문에 일본만이 의무를 갖는 편무적인 약속이라는 것)으로 인해, 이후 일본의 진로에 큰 영향을 미치는 문제가 발생하고 있다.

▌공동작전의 구체화

미일안전보장협의위원회가 지침을 결정한 78년 11월 27일, 도쿄의 미 대사관에서 미 고관들이 늘어서서 기자회견을 했다. "이 「지침」의 평가를 들은 미국 측은 '정치적 이유 때문에 불가능했던 미일의 군과 군 협의가 가능하게 되었다'고 하면서, 일본 측 현역군인의 '복권(復權)'을 환영했다."(「裸の自衛隊20」『朝日新聞』1978년 12월 20일). 이 기사에 의하면 방위협력소위원회의 '작전', '정보', '후방지원'의 이 세 분과위원회는 미일 현역 간의 협의가 대세를 이루어, 중요한 이야기는 시빌리언(civilian)을 제외하고 현역 사이에서 진행되었다고 한다.

그리하여 현역 주도로 '푸레프콘(Prepared Condition=작전준비단계)'이라는 신개념이 등장하여, 공동작전을 위한 통일사령부의 설치 움직임이 있었다고 한다. 이 방위협력지침이 공동작전체제 강화를 목적으로 미일의 현역군인 사이에서 추진된 것은 분명하며, 이것이 정식으로 채택됨으로써 현역군인의 '복권'과 발언권 강화가 초래되었다고 할 수 있다. 그리고 미일군사협력과 현역군인의 주도에 의한 군사체제의 일체화가 이후 급속하게 진행된다.

지침의 결정에 의해 미일공동작전의 구체적인 연구가 양국의 현역 사이에서 처음으로 공공연하게 시작되었다. 나아가 양국의 공동훈련과 공동연습도 본격적으로 전개되었다. 해상자위대와 미 해군의 공동연습은 1955년 이래 종종 반복되고 있었으나, 78년 11월부터는 항공자위대와 미 공군의 공동훈련도 개시되었다. 또한 육상자위대도 미군과의 공동훈련에 돌입했다.

제9장

군비증강으로의 길

1. 미일공동작전체제의 긴밀화

2. 56중업과 군비확장

3. 핵전략체제의 강화

1. 미일공동작전체제의 긴밀화

▍소련의 위협 강조

1978년 12월 오히라 마사요시(大平正芳) 내각이 성립했으나, 국회의 의석이 보수와 혁신 백중지세인 데다가, 자민당 내에서의 총선거 후유증으로 주류와 반주류의 대립이 심하여 내각의 기반이 불안정했다. 이 때문에 오히라 내각의 79년도 정부 예산안은 79년 3월의 중의원 예산위원회에서 부결되고, 본회의에서 겨우 역전 가결되는 형국이었다. 더구나 내각 성립 직후인 79년 1월 더글라스 그루먼사 전 부사장의 발언으로 군용기 도입에 있어서 정계와 재계에 부정이 있었다는 것이 폭로되어 정계에 충격을 주었다. 이것은 제2차 주력전투기인 F4E 팬텀을 도입하면서 종합상사인 닛쇼이와이(日商岩井)에서 마쓰노 라이조(松野賴三) 전 방위청장관에게 5억 엔을 주었다는 것을 비롯한 부정 판매에 대한 의혹이었다. 그러나 이 사건은 닛쇼이와이의 가이후(海部) 부사장 등 4명이 기소되었을 뿐, 마쓰노 전 장관은 시효와 직무권한을 이유로 기소되지 않아, 정계로는 파급되지 않았다. 그리고 이 내각하에서도 미일공동작전체제의 강화와 군비증강은 착실하게 추진되었다.

1979년에 들어 특히 강조된 것은 소련의 군사적 위협이었다. 79년 1월 29일 방위청은 일본이 북방영토라고 주장하고 있는 에토로프(Etorof)와 쿠나시리(Kunashiri) 이 두 섬에 소련군이 지상부대를 배치하여 기지를 건설하고 있다고 공표했다. 또한 방위청은 6월 6일 두 섬에 화포와 장갑차를 운반하는 소련 수송선의 사진을 공표하고, 10월 2일에는 야마시타 간리(山下元利) 방위청장관이 「북방영토에 있어서의 소련군의 동향」이라는 보고서를 각의에 제출하여 북방영토에 주둔하는 소련군 병력은 사단 규모라고 발표했다.

79년 7월 방위청은 79년판 『방위백서』를 각의에 보고하고 이를 발표했다. 이 백서는 예년보다 소련의 군사력 증강을 강조하여, 그 위협에 대한 위기감을 부각시키고 있다는 데 특징이 있었다. 즉 국제군사정세를 분석하여, 종래는 미국의 군사력 우위하에서 서방 제국의 안전과 번영이 확보되어 왔으나, 지금은 소련의 군사력 증강 때문에 그 균형이 붕괴되는 위기에 직면하고 있다는 것을 강조하고 있었다. 다시 말해서 핵전력 및 유럽·극동의 군사태세에 있어서 소련이 미국과 대등한 상태가 되고, 소련의 해공군력 증강으로 미국의 교통로 확보가 곤란하게 되었으므로, 서방 측에서도 군사적 균형에 관해서 진지하게 재검토해야 한다고 하여 강한 위기감을 표명했다.

이어서 '일본 주변의 군사정세'에 관한 항에서는 특히 소련의 군사력과 그 즉응태세의 향상을 부각시켜, 신형 항공모함 민스크(Minsk) 등 신예함의 회항, 신형 폭격기 백파이어(Backfire)의 극동 배치, 쿠나시리와 에토로프 이 두 섬에 사단규모의 지상부대 배치 및 기지건설, 인도차이나의 공항 및 항만의 항구적 사용 등을 열거하면서 강한 우려를 표명하고 있다. 그러나 여기서 거론하고 있는 것은 민스크의 경우를 제외하고는 당시 어느 것도 미확인 정보에 지나지 않은 것으로, "백파이어의 극동배치도 예상된다.", "기지를 건설하고 있는 것 같다.", "인도차이나의 공항 및 항만을 항구적으로 사용할 경우" 등과 같은 표현으로 가정의 사실을 늘어놓으면서 위기감을 부채질하고 있었다.

▌군비확충 캠페인

이러한 실제 이상의 '소련의 위협' 강조는 군비확충을 위한 선전의 의미가 있었다. 방위백서가 발표되었을 때, "방위에 대한 '여론조성'을 위한 정치적 배려가 있는 것으로 의심을 받아도 어쩔 수 없다."(『朝日新聞』 1979년 7월 25일), "긴박한 위기감을 강하게 부각시키려는 의도가 느껴지는 백서라고 할 수 있다."(『読売新聞』 1979년 7월 25일)라고 신문이 논평한 것도 당연했다.

백서 발표 직후인 79년 8월 야마시타(山下) 방위청장관이 방미하여 브라운 미 국방장관과 회담했다. 야마시타 장관은 귀국 후인 8월 22일 기자회견에서 "소련의 군사적 위협이 증대되고 있다."라는 인식에 양자의 의견이 일치했음을 밝혔다. 현직 각료가 소련을 지명하여 '위협'이라고 한 것은 처음으로, 외무성이 "브라운 장관은 위협이라는 표현을 사용하지 않았다."는 반론을 제기해 문제가 되었다. 결국 야마시타 장관은 "우리나라에 대한 위협은 표면화되어 있지 않다."라고 해명했다. 방위청의 지나친 위협 강조에 대해 외무성이 외교적 배려 차원에서 우려를 표명한 것이었다.

이와 같은 위협의 강조로 국민의 위기감을 선동한 것은 자위대의 전력향상을 위한 것이었다. 1970년대 후반 일본경제는 순조롭게 회복되었으나, 75년 이래 적자국채에 의존하는 재정이 계속되어 세입의 40%까지 국채에 의존하게 되었다. 오히라(大平) 수상은 재정 재건을 위해 국채의 감액, 일반소비세 도입, 행정개혁을 도입했다. 이 중에는 방위예산 증액을 위한 방위청의 캠페인으로 보이는 것도 있었다.

79년 1월 밝혀진 더글라스 그루먼사의 부정판매 사건과 관련하여, 79년도 예산안에 편성되어 있던 조기경계기 E2C 구입에 대한 의혹도 폭로되었다. 이 때문에 예산심의에서 야당이 E2C 예산의 삭제를 요구하여 논란이 있었으나, 2월 말 이 예산의 집행을 보류(동결)하는 것으로 합의를 보았다. 그러나 5월 도쿄지검이 이 사건의 수사종결을 선언했으므로, 조기발주를 바라는 방위청이 동결 해제를 요구하여 7월 해제가 결정되고 8월 발주되었다.

1980년도 예산의 방위비에 대해서도 격렬한 공방이 있었다. 재정재건을 목표로 한 80년도 예산안은 전년도보다 국채를 1조 엔 줄여, 일반세출이 전년 대비 5.1% 증가되어 21년 만에 성장률이 낮아지게 되었다. 이 중에서 방위비는 미국의 강한 요청을 이유로 이례적인 정치적 절충에 의해 부활되어 GNP 대비 0.9% 수준을 유지했다.

▌「중기업무견적」의 책정

1979년 7월 17일 방위청은 1980년도부터 84년도까지의 5개년 방위력정비계획에 해당하는 「중기업무견적(中期業務見積り)」을 결정했다. 이것은 1978년(쇼와[昭和] 53년)에 검토가 시작된 것이라 하여 후에 「53중업(中業)」이라 약칭되고 있다.

1차방에서 4차방에 이르는 장기계획이 끝난 후에는, 평시 방위력의 상한선을 정한 「방위계획의 대강」이 있었을 뿐, 이후에는 연도마다 예산이 결정되어 적어도 표면적으로는 장기증강계획이 없었다. 이 「중기업무견적」은 각의 결정을 거치지 않아 재정적 뒷받침이 없는 방위청 자체의 계획이기는 하지만, 내용은 5차방이라고도 할 수 있는 방위력증강 5개년계획이었다. 이러한 계획이 국방회의와 각의의 심의를 거치지 않고 방위청 결정만으로 공표된 것 자체에 가이드라인 제정 후 군부 우위의 상황이 나타나 있다고 할 수 있다.

이 「중기업무견적」의 장비측면, 곧 방위력정비 5개년 계획이라고도 할 수 있는 그 주된 내용은 ① 홋카이도에 기갑사단을 새로 편성한다. ②

자동경계관제장치(BADGE System)를 갱신한다. ③ 경계항공대를 새로 편성한다. ④ 대잠능력을 갖춘 호위함 16척, 대잠초계기 P3C 37대, 대잠헬기 HSS2B 51대 등의 획득에 의한 대잠수함 장비의 충실화. ⑤ 지대공유도탄 호크와 나이키J의 후속에 대한 방침을 결정하는 것 등으로 되어 있으며, 이것을 장비하는 데 필요한 경비는 5년간 2조 7,000~8,000억 엔(79년도 기준)이었다(『朝日新聞』 1979년 7월 18일).

이 중에서 종래의 기계화사단인 제7사단과 제1전차단을 통합하여 강력한 기갑사단을 홋카이도에 편성하려는 것은 극동 소련군의 기갑화에 내항하려고 하는 것이며, 배지(BADGE)와 연동된 조기경계기 E2C의 획득 및 경계항공대의 신편은 소련 공군을, 대잠전력의 향상은 소련 잠수함을 목표로 한 것임은 말할 것도 없다. 미국의 극동 대소전략과 결합되어, 가이드라인의 임무분담에 따라 그 책임을 다하기 위한 군사능력 증강을 의도한 것이다.

▌중업의 문제성

이 계획이 방위청 내부에서 책정된 것에 대한 의미를 생각해 보아야 할 것이다. 외교정책이나 경제정책과 관계없이 가이드라인에 기초한 군사당국자의 작전상의 배려로 계획이 세워져, 그것이 기정사실로서 실현되어 가는 사태가 발생한 것이다. 가이드라인의 책정은 안보체제에 새로운 단계를 획정했을 뿐만 아니라, 일본 국내문제로서도 매우 중요한 의의가 있음을 나타낸다고 할 수 있다.

또한 이 「중기업무견적」의 책정이 각의와 국방회의 심의도 없이 방위청 내부에서 행해졌다는 것은 군부의 독주를 의미하는 것이다. 전전의 일본에서는 육해군의 통수부에서 제국국방방침·소요병력·용병강령을 책정하여, 천황의 재가를 받아 국가의 기본적인 군사방침과 계획이 정해졌다. 통수권 독립을 이유로, 이 방침이나 계획에는 내각이 관여할 수 없었다. 더구나 국가재정을 무시한 방대한 소요병력이 항상 정부를 압박하여 전쟁으로 끌어들이는 원인이 되었던 것이다. 전전과 같은 군부 독주에 대한 반성으로 전후에는 문민통제가 채택되었으나, 정부가 모르는 사이에 방위청 내부에서 미일 군인 간 협의로 장기방위계획이 수립되었다는 것은 전전으로의 역행이라고 할 수 있을 것이다.

▌림팩 참가

미일공동작전체제의 강화에 의해 미일 공동훈련과 공동연습이 실시된 것은 당연했다. 그중에서 큰 의미가 있는 것은 해상자위대가 림팩(Rimpac=Rim of the Pacific Exercise, 환태평양 합동연습)에 참가한 것이었다. 림팩은 미 해군을 중심으로 1971년 이래 실시되고 있었다. 79년 10월 해상자위대는 80년 2월부터 3월에 걸쳐 실시되는 제7차 림팩에 참가한다고 발표했다. 여기에는 미국과 일본을 비롯하여 캐나다, 호주, 뉴질랜드, 이 5개국 해군이 참가했다. 이것은 헌법 및 방위2법을 위반하는 집단적 자위권 행사로 연결되는 것이며, 또한 미일안보조약의 범위를 넘어서는 것이라 하여 야당을 비롯하여 국내에 반대론이 일어났다.

정부는 방위청설치법 제5조 21항의 "소관사무의 수행을 위해 필요한 교육훈련"의 범위라면 "어떤 나라와의 공동훈련도 법적으로는 가능하다."는 견해를 표명했다. 이런 논리라면 미국 외의 국가와도 합동연습이 가능하며, 예를 들면 한미합동연습(팀스피리트[Team Spirit])에 참가하는 것도 가능하다는 비판이 강했으나, 림팩 참가는 강행되었다.

림팩은 80년 2월 말부터 3주간에 걸쳐 하와이 주변의 해역에서 5개국의 함정 43척, 항공기 200대, 인원 2만 명이 참가하여 실시되었다. 해상자위대에서는 헬리콥터 탑재 호위함(DDH) 히에이(比叡), 미사일 탑재

호위함(DDG) 아마쓰카제(あまつかぜ) 및 **P2J** 8대가 참가했다(1980년판 『防衛白書』).

해상자위대에 앞서 항공자위대는 이미 1978년 11월 이래 미 공군과의 공동훈련을 실시하여, 78년부터는 미사와(三沢) 기지에서, 80년 2월부터는 미야자키현(宮崎県)의 뉴타바루(新田原) 기지에서 공동훈련을 실시했다.

육상자위대도 미일공동연습에 참가할 움직임이 일어났다. 79년 8월 워싱턴에서 행해진 브라운·야마시타(山下) 간의 미일 방위수뇌 정기협의에서 해군과 공군에 이어 육군도 미일 공동연습을 실시하기로 합의했다. 이에 따라 79년 8월 나가노 시게토(永野茂門) 육상막료장이 "빠르면 81년도에 후지(富士) 훈련장에서 오키나와 주둔 미 해병대와 육상자위대가 공동연습을 실시할 수 있도록 준비하고 있다."라고 발표했다.

이렇게 하여 미일 공동작전체제가 착착 정비되어 가는데, 이와 더불어 일본에 대한 미국의 군비확충 요구도 강해지게 되었다.

2. 56중업과 군비확장

▌카터·오히라 회담

1979년 12월 발생한 소련의 아프가니스탄에 대한 군사개입은 즉각 미국을 비롯한 서방 제국의 과민한 반응을 불러일으켰다. 11월 이래 이란 대사관 인질문제로 고민하고 있던 미국은 1980년 1월 4일 대소 보복 조치를 발표하여 동맹국의 동조를 요청했다. 오히라(大平) 수상도 1월 5일 불쾌감을 표시하면서 베트남에 대한 경제협력 동결을 계속할 것 등을 결정했다. 이 사건을 계기로 1980년에는 일본에 대한 미국의 군비확충 요구가 특히 강해졌다.

80년 1월 14일 중국으로부터의 귀국길에 방일한 브라운 미 국방장관이 오히라 수상 등 정부수뇌와의 회담에서 '일본의 방위노력'을 요청했다. 이어서 오키타 사부로(大来佐武郎) 외상이 방미하여, 3월 20일 브라운 장관과 회담한 자리에서 미국 측으로부터 「중기업무견적」을 1년 앞당겨 달성해 줄 것을 제의받았다.

80년 4월 말 방미한 오히라 수상이 5월 1일 카터 대통령과 회담했다. 여기서 오히라 수상은 미국과 '공존공고(共存共苦)'의 자세로 협력할 것이라고 표명했다. 카터 대통령은 일본에 방위노력을 요구하여, "일본정부 내에 이미 수립되어 있는 계획을 조속히 달성할 수 있도록 노력해 주기 바란다."라고 요청했다. '이미 수립되어 있는 계획'이란 「중기업무견적」을 일컫는 것으로, 오히라 수상은 "일본에 대한 미국의 기대를 충분히 고려하여 동맹국으로서 진지하게 노력하겠다."라고 약속했다.

앞에서 기술했듯이, 이 「중기업무견적」의 책정은 각의나 국방회의 어디와도 상의하지 않은 것이었다. 그러나 그 내용이 미국에는 그대로 누설되어 있었다. 미일공동작전체제하에서 밀접한 협력관계에 있는 양국의 군부 사이에서 검토되어 책정된 계획이라고 하는 것이 더 정확한 표현일 것이다. 그리고 그것을 조기에 실시하기 위해 브라운·오히라, 카터·오히라 회담이라는 정상급 교섭을 통해 미국이 압력을 가한 것이다.

▌「중업」 조기실현 요구의 의미

카터 대통령으로부터 '일본정부 내에 이미 수립되어 있는 계획'을 조속히 실현시킬 것을 요구받았을 때, 오히라 수상은 그 내용을 알고 있었을까.

「중업」은 그 일부인 '장비면의 대요(大要)'가 공표되어 있었을 뿐, 구체적인 내용은 국내에서는 비밀로 되어 있었다. 수뇌회담에서 미국이 일본에 요구한 것은 그것을 앞당겨 실현하라는 것으로, 도대체 일본의 방위계획은 누가 결정하는가라는 의문이 생기는 것은 당연하다. 일본 국민이 모르고 정부수뇌도 공식적으로는 인정하지 않은 계획을, 미국정부는 알고 있을 뿐만 아니라 그 조기실현을 강요한 것이다.

수뇌회담 직후인 5월 8일자 아사히신문(朝日新聞)은 「중기업무견적 설명자료」를 특종 기사화했다. 다음날인 9일자 칼럼 「덴세이진고(天声人語)」에서 "만약 일본국민에게 알릴 수 없는 군사기밀을 누군가가 미국 측에 누설한 것이 사실이라고 한다면 이것이야말로 너무나 기괴한 일이다. 설마 표제인 '설명자료'라는 말이 '미국에 대한'이라는 의미는 아닐 것이다. 그것이 아니라면 방위청 간부는 일본의 방위계획을 결정하는 것이 미국이라고 믿고 있는 것일까. 방위청은 이 상세한 설명자료를 국방회의와 상의했어야 했다. 국방회의의 검토와 각의의 토론을 거쳐 국회에서 심의하는 절차를 밟았어야 했다. 그것을 하지 않았다는 것은 이미 문민통제의 기능이 마비된 것을 증명하는 것이 아닐까."라고 비판한 것은 당연했다.

▌스즈키 내각과 군비확충

카터 · 오히라(大平) 회담을 끝낸 오히라 수상은 유고슬라비아의 티토(Tito) 대통령 장례식에 참석하고 귀국했다. 그 직후인 5월 16일 중의원이 내각 불신임안을 가결하고 정부가 중의원을 해산하여, 참의원 정례선거와 동시에 선거가 치러지게 되었다. 오히라 내각은 성립 직후부터 자민당 내의 대립에 고민하고 있었다. 79년 10월의 중의원선거에서는 수상의 일반소비세 도입론이 화근이 되어 자민당 의석이 과반수 이하로 떨어졌다. 이 때문에 자민당은 오히라 퇴진을 주장하는 반주류파와 주류파가 대립하게 됨으로써 이른바 '40일 분쟁'이 계속되어, 오히라와 후쿠다(福田) 이 2명의 수상후보를 낸다는 이례적인 사태 끝에 마침내 제2차 오히라 내각이 성립했다. 그 후에도 분쟁이 계속되어, 사회당의 내각 불신임안이 자민당 반주류파의 불참으로 가결되었던 것이다. 자민당은 분열 직전의 상태였다.

그런데 선거전이 한창이던 6월 12일 오히라 수상이 심근경색으로 급사했다. 이 때문에 오히려 자민당이 결속되고 동정표도 증가하여 중의원과 참의원 동시선거의 결과는 자민당이 양원에서 안정 다수를 획득하게 되었다. 후임 총재에는 전혀 예상하지 못했던 오히라파(大平派)의 간부 스즈키 젠코(鈴木善幸)가 선출되었다. 2년 동안이나 계속된 당내 분쟁에 대한 염증이 축적되어, 장기간 당내 조정역할을 맡아 정적이 적은 스즈키가, 다나카 · 오히라 · 후쿠다 이 3대 파벌의 타협에 의해, 정책도 능력도 미지수인 채로 부상했던 것이다.

스즈키 내각은 '화합의 정치'를 내걸고, 파벌 간의 균형에 의해 출현했으나, 강력한 지도력이 결여되어 있었다. 이 때문에 미국의 군비확충 요구에 맞서지 못하고, 당 내에서도 우파의 압력에 차례로 굴복하여 우경화했다. 조각 직후인 8월 15일 수상 이하 21명의 각료가 야스쿠니신사(靖国神社)에 참배한 것이 그 하나의 예이다.

방위문제와 관련해서는, 스즈키 내각은 오히라 수상이 카터 정권으로부터 압력을 받고 있던 「중업」의 조기달성 요구를 넘겨받지 않을 수 없었다. 스즈키 내각 성립 후인 80년 9월 방미한 이토 마사요시(伊東正義) 외상에 대해, 브라운 국방장관은 중업의 1년 조기달성 요구에는 변함이 없다고 표명했다. 그리고 12월에는 브라운 장관 자신이 방일하여, 스즈키 수상 및 오무라 조지(大村襄治) 방위청장관과 회담하여 군비증강과 방위예산 증액을 재촉하는 등, 미국의 대일 군비확충 요구는 강경 일변도였다.

이러한 가운데 스즈키 내각은 오히라 내각의 재정재건 노선을 계승하여, 1981년도 예산에 대해서는 각 성청(省廳)의 개산(槪算) 요구 기준(실링=ceiling)을, 일반행정경비에 대해서는 전년도 수준(신장률 0%)을, 기타 정책경비에 대해서는 7.5% 증액 이내를 원칙으로 하기로 결정했다. 그러나 미국으로부터의 증액 요구가 강한 방위비에 대해서는, 그 특별취급 여부가 큰 문제가 되기는 했으나, 결국 이것을 실링의 범위에서 분리하여, 방위비의 요구액은 전년 대비 9.7% 증액하는 것으로 결정되었다. 이것은 외무성과 방위청의 강한 요구에 의한 것이었으나, 80년 12월 스즈키 수상이 대장성의 요구를 받아들여 9.7%에 구애받지 않는다는 판단을 제시했다. 그리하여 최종적으로는 81년도 방위비 예산을 전년 대비 7.614% 증가시켜 GNP의 0.9%로 결정했다. 이에 대해 미국 측의 불만이 표출되는 등, 예산 액수에까지 미국의 강한 간섭을 받게 되었다.

▌레이건·스즈키 회담

1980년 11월 미 대통령선거에서는 강한 미국의 부활과 대소 강경론을 주장한 공화당의 레이건이 카터를 큰 차이로 누르고 당선되었다. 81년 1월 취임한 레이건 대통령은 2월에 향후 5년간 1조 5,000억 달러의 사상 유례가 없는 군사비를 지출한다는 군비확충계획을 선언했다. 그리고 1월 존스(David C. Johns) 통합참모본부의장은 종래의 미 세계전략을 수정하여, "미국은 중동 등 사활적 이해가 걸려있는 지역에 대한 소련의 공격에 대해, 이 지역에서 군사적으로 대응할 뿐만 아니라, 타 지역에서도 소련의 군사적 약점에 보복공격을 가한다."라고 하는 '동시다발 보복전략'을 발표했다. 또한 레이건 대통령 자신이 81년 10월 「미 핵전력 강화계획」을 발표하여, 차기 대륙간탄도탄(ICBM) MX 미사일 100기 생산 및 카터 정권이 양산을 중단하고 있던 BI 전략폭격기 100대 생산, 그리고 트라이던트형(Trident型) 전략용 원자력잠수함 매년 1척 건조 등의 핵전력 강화책을 밝혔다.

이렇게 하여 군비확충을 강력하게 추진하는 레이건 대통령을 취임 2년째인 스즈키 수상이 처음으로 방문하여, 81년 5월 7일과 8일 이틀간 수뇌회담을 했다. 회담 후의 공동성명에서는, 양국이 비로소 '동맹관계'에 있다는 것을 명기하고, 방위문제에 대해서는 양국이 '적절한 역할분담'을 하는 것이 바람직하다는 것을 강조하여, 일본은 그 영역과 '주변해공역'의 방위력 강화에 더욱 노력할 것을 약속했다. 또한 스즈키 수상은 기자회견에서 처음으로 해상교통로(Sea Lane) 1,000해리 방위를 표명했다. 이러한 것들은 모두 종래 일본의 정책을 일보 진전시킨 것으로, 온건파인 스즈키가 레이건에 압도되었다는 인상을 갖게 하는 것이었다.

이에 스즈키 수상이 성명은 회담의 내용을 반영하고 있지 않다고 하면서 공동성명의 작성 경위에 불만을 표명하여, 이토(伊東) 외상이 사임하는 사건이 일어났다. 그러나 스즈키의 진의와는 무관하게 성명의 내용은 그대로 남아있어, 그 후의 일본을 규제하게 되었다. 이 사건은 일본의 외교에 대한 신뢰성을 저하시킴과 더불어, 스즈키 수상의 지도력에도 의문을 품게 하는 결과를 초래했다.

▌「중업」과 「대강」의 재검토

미국의 중업 조기달성 요구를 받아들여 군비확충을 서두르는 방위청 내에서는, 당연히 53중업 그 자체에 대한 재검토가 필요했다. 53중업의 재검토 작업은 이미 80년 4월부터 착수되었으나, 81년 4월 국방회의에서 방위청이 56중업(1983년~87년도 방위력정비계획)의 작성 작업을 개시할 것을 인정하고, 그 작업에 있어서 "「방위계획의 대강」에서 정한 방위력 수준을 달성하는 것"을 기본으로 할 것을 승인했다. 다시 말해서 1987년도까지 대강(大綱)에서 정한 방위력의 상한을 달성한다고 하는, 기한을 정한 기본방침을 인정했던 것이다.

53중업 도중에 이를 수정하여 56중업의 책정을 개시한 것만이 아니었다. 방위력의 상한을 정한 「방위계획의 대강」 그 자체를 수정하려는 움직임도 일어났다. 원래 「대강」을 결정할 때부터 이러한 한도를 정해서는 곤란하다는 불만이 방위청 내부 특히 현역군인들 사이에 있었다. 미국의 군비확충 요구에 호응하여 「대강」의 틀 자체를 제거하자는 요구가 있었던 것이다.

81년 6월 하와이에서 미일안보 실무레벨협의가 열렸다. 여기서 미국 측은 일본의 방위력 증강에 대해 구체적인 요청안을 제시했다. 그것은 유사 즉응성·계전능력(繼戰能力)·CI(지휘통제통신시스템)·장비의 근대화 이 4가지에 우선순위를 둘 것과, 장비는 미사일호위함 70척·잠수함 25척·P3C 등 대잠초계기 125대·F15 등 요격전투기 6개 비행대·E2C

등 조기경계기 2개 비행대 · C130 등 수송기 5개 비행대 · 지대공미사일 '패트리어트'의 도입 등이 필요하므로, 이것들을 즉시 실행하라는 것이었다. 이 미국 측의 요구 내용도 「대강」의 수준을 크게 상회하는 것이었다.

이어서 6월 말 워싱턴에서 열린 오무라(大村) 방위청장관과 와인버거 (Caspar Willard Weinberger) 국방장관과의 수뇌회담에서도, 현재는 「대강」 책정 때와는 정세가 다르므로, 일본은 가능한 한 조속히 강력한 방위력을 가져야 한다고 추궁했다. 이러한 미국의 요청에 호응하여 자민당 내에서도 「대강」 재검토론이 대두되었다. 81년 10월 자민당 안전보장조사회는 방위력정비소위원회를 설치하여 「대강」의 수정 및 방위비 1% 범위에 대한 재검토 등을 시작했다. 다음 해인 82년 7월에는 안보조사회 등 관련 3부회(部會)가 1% 범위의 철폐와 「대강」을 대신하는 새로운 구상책정에 착수할 것을 제언했다.

▌56중업의 책정

이러한 압력 속에서 「방위계획의 대강」의 수준 달성을 목표로 한 56중업(1983년도부터 87년도까지의 5개년 계획)이 82년 7월 23일 국방회의에 보고되어 승인되었다. 53중업이 방위청 내부의 계획이면서도 카터 · 오히라 회담에서 미국 측 요구의 기초가 되었다는 비판을 받았기 때문에 이 계획은 국방회의에 회부되기는 했으나 결국은 방위청의 계획일 뿐 정부의 계획은 아니라는 것에는 변함이 없었다.

56중업의 내용은 정비방침으로서, 「대강」에 따라 질과 양을 모두 갖춘 방위력을 구비하는 것을 기본적인 목표로 하여, ① 방공능력, 대잠능력, 연안방어능력 등의 근대화, ② 전자전능력, 계전능력, 즉응태세 및 항감성(抗堪性 : 적의 공격에도 기능을 유지할 수 있는 능력) 향상 중시, ③ 지휘통신, 후방지원, 교육훈련태세의 충실화 및 근대화에도 배려하는 것으로

되어 있다. 주요 정비내용으로는 미사일의 교체와 **F15** 및 **P3C**의 대량 획득 등, 그 완성 때까지 대강의 수준을 달성함과 더불어 질적 향상을 도모하는 것으로 되어있다.[29] 예를 들면 82년 가격으로 1대당 115억 엔이나 하는 최신의 대잠초계기 P3C는 개발한 미국조차도 200대밖에 보유하고 있지 않은데도 50대를 구입하여 이미 발주가 끝난 25대를 합해 75대를 보유하게 되며, 1대에 110억 엔이나 하는 요격전투기 F15를 또다시 75대 더 구입하고, 1세트에 200억 엔으로 추정되는 지대공미시일 패트리어트를 1개 군(群) 5, 6세트의 2개 군을 고려하는 등, 매우 고가의 구매가 예정되어 있다.[30]

이 계획에 계상되어 있는 정면장비(正面裝備 : 전차, 전투기, 호위함 등 전투

---

29 56중업에 의한 「방위계획의 대강」의 달성도(발주 기준) (『朝日新聞』 1982년 7월 15일)

구분	장비	현재	대강 수준	56중업 완성시
육상자위대	전차	1,040대	—	1,310대
	자주포	220문	—	300문
	작전용 항공기	370대	—	360대
해상자위대	대잠수상함정(호위함)	53척	약 60척	60척
	잠수함	14척	16척	15척
	작전용 항공기	160대	약 220대	약 190대
	대잠고정익기	90대	약 100대	80대
	기타	70대	약 120대	110대
항공자위대	작전용 항공기	310대	약 430대	약 420대
	요격전투기	190대	약 250대	250대
	지원전투기	60대	약 100대	100대
	기타	60대	약 80대	70대

30 53중업과 56중업의 주요 구매 비교 (『朝日新聞』 1982년 7월 15일)

구분	53중업	56중업
P3C	37대	50대
F15	77대	75대
E2C	4척	2척
호위함	16척	15척
잠수함	5척	6척
74식 전차	301대	373대
구매경비 총액	2조 7천억~2조 8천억 엔 (1979년도 가격)	4조 3천억~4조 6천억 엔 (1982년도 가격)

에 직접 사용되는 병기 및 장비의 총칭) 경비만으로도 82년도 가격으로 4조 3,000억~6,000억 엔이 된다. 인건비 등을 포함한 기간 중의 방위비 총액은 15조 6,000억~16조 4,000억 엔에 달하는 것으로 예상되고 있다. 기간 중에 GNP 대비 1%의 범위를 돌파할 것이 예상되는 고액이다.

스즈키 수상은 취임 당초부터 "스즈키 내각은 1% 범위의 정부방침은 바꾸지 않는다."라고 표명해 왔다. 그러나 82년 7월 6일 참의원 내각위원회에서의 답변에서, "GNP는 변동하기 때문에 56중업 기간 중에 1%를 초과하지 않을지 어떨지는 알 수 없다."라고 궤도수정을 했다. 56중업이 실시되면 1% 범위의 정부 결정은 공염불이 되어버릴 사태에 이르게 되었던 것이다.

3. 핵전략체제의 강화

▌레이건의 핵전략과 일본

1981년 1월 취임 이래 강경한 대소 대결태세를 취하여 대대적인 군비 확장에 나선 레이건 정권은 핵전력 강화에 특히 힘을 쏟았다. MX 미사일과 B1 폭격기 그리고 트라이던트 원자력잠수함 등의 전략핵 강화계획을 81년 10월 대통령이 직접 발표한 것은 앞에서 언급한 바와 같다. 더욱이 레이건 정권은 중거리 전역(戰域) 핵전력에 대해서도 획기적인 강화책 마련에 착수했다.

81년 9월 와인버거 미 국방장관이 「소련의 군사력」이라는 제목의 보고서를 발표하여, 소련의 중거리 핵미사일 SS20의 배치가 진전되고 있다고 그 위협을 강조했다. 사정거리가 5,000㎞인 SS20은 150킬로톤(kt)의 핵탄두 3발을 장착하여 명중률도 매우 높은 것으로 알려져 있다. 이 보고서에 의하면, 소련은 SS20 250기(基)를 작전배치하고 있는데, 그중 75기를 시베리아에 배치하여 중국과 일본을 겨냥하고 있다고 한다. 이렇게 되면 일본 전체는 물론 괌까지도 그 사정권에 들어가게 되는데, 이에 대해 미국 측은 대항할 수 있는 전역핵(戰域核: 전략핵과 전술핵 중간의 핵무기. 중거리 핵미사일 등)을 갖고 있지 않다. 전략핵인 폴라리스형 원자력잠수함은 트라이던트형으로 교체 중에 있으며, 괌의 B52 폭격기도 노후화되었다.

미국은 SS20 외에 폭격기 백파이어도 전역핵으로서 중시하여, 극동에 있어서의 소련의 전역핵 전력에 의한 위협을 강조하고 있다. 이에 대해서 미국은 전역핵으로서는 군함이나 잠수함으로부터 발사 가능한 순항미사일로 대항하려고 했다. 미국이 개발하고 있는 함정적재용 순항미사일 토마호크(Tomahawk missile)는 사정거리 2,800㎞, 200kt급의 핵탄두를 장착하게 된다. 극동에 있어서 미국 전역핵의 중심이 함정에 적재하는 토마호크라고 한다면, 이들 함정의 기지이며 기항지인 일본 항만의 중요성은 획기적으로 증대될 것이 분명하다.

유럽에서는 소련의 전역핵에 대해 미국의 중거리미사일을 83년부터 NATO 제국에 배치할 것을 이미 79년 12월에 결정했다. 이탈리아·영국·서독·네덜란드·벨기에 이 5개국에 이동형의 지상발사식 순항미사일 464기, 서독에 중거리미사일 퍼싱Ⅱ(PershingⅡ) 108기, 합계 572기를 배치할 계획이었다. 81년 4월 서독의 본(Bonn)에서 개최된 NATO 국방장관회의도 83년부터 미국의 중거리미사일을 서유럽에 배치한다는 계획을 예정대로 실시하기로 결정했다.

서유럽에서는 이러한 미국의 전역핵 배치에 대해 전례 없는 대규모 반대운동이 일어났다. 81년 4월 18일 벨기에의 수도 브뤼셀(Brussels)에 있는 NATO 본부를 13개국에서 모여든 시위대가 포위한 것을 비롯하여, 10월의 본 평화집회에 30만 명, 런던 평화집회에 20~25만 명, 로마 평화대행진에 15~20만 명이 참가하는 등, 핵전쟁에 반대하는 평화집회가 반복적으로 전개되어 정부의 정책에도 영향을 미칠 정도가 되었다. 이렇게 하여 1981년은 세계적인 반핵운동의 해가 되었으나, 마찬가지로 핵 위협에 노출되어 있는 일본의 반응은 그다지 크지 않았다.

▌ 라이샤워 발언

1960년대 주일 미 대사를 역임한 하버드대학 교수 라이샤워가 81년 5

월 18일자 마이니치신문(每日新聞) 조간에 게재된 인터뷰에서, "핵무기를 적재한 미 항공모함과 순양함이 일본에 기항한 적이 있다. 이것은 미일이 이미 양해한 것이다."라고 언명했다. 그때까지 일본정부는 일본의 비핵 3원칙과 미일 간의 사전협의제를 이유로 핵 반입은 일절 없다는 입장을 취해왔기 때문에, 이 라이샤워의 발언에 큰 충격을 받았다. 일본정부는 즉각 라이샤워의 발언 내용을 부정했으나, 라이샤워는 그 후 일본의 다른 매스컴과의 인터뷰에서, 일본정부가 '상식'으로 되어 있는 핵 반입을 인정하지 않는 것은 정치적인 이유 때문이며, 미일 간의 반입에 관한 구두 양해는 지금도 유효하다는 견해를 분명히 했다.

핵 적재 함정의 기항과 핵무기의 반입에 대해서는 미국 측의 증언에 의해 문제가 된 적이 이미 몇 번이나 있었다. 1974년 9월 미 상원 원자력 합동위원회 군사이용분과회에서 라록(Gene R. La Rocque) 예비역 해군소장(미사일유도순양함 프로비던스[Providence] 전 함장)이 "대부분의 경우 핵무기는 항공모함뿐만이 아니라 프리깃(Frigate)이나 구축함 및 기타 각종 함정에 장착되어 있으며, 일본 외의 항에 기항할 때에도 핵무기를 제거하지는 않는다."라고 증언했다.[31] 이 증언으로 난처해진 일본정부의 요

---

31 라록 소장은 퇴역 후 국방정보센터라는 미국의 민간연구조직의 소장이 되어 미국의 핵정책에 비판적인 입장을 취한 인물이다. 이 증언은 74년 10월 초 공표되어 큰 문제가 되었다. 라록이 함장이던 프로비던스는 미 제7함대의 기함(旗艦)으로, 요코스카(橫須賀)를 모항으로 하고 있다. 그런데 바로 그 전 함장(라록)이 일본에의 핵 반입을 시사하는 발언을 했기 때문이다.
이 문제와 관련하여 『뉴욕타임즈』는 1974년 10월 8일자에서 "미 함대가 핵무장 상태로 일본을 포함한 외국의 항에 기항하는 것은 비밀이 아니고, 일본정부에도 통고된 사실이다."라고 국방총성 당국자가 말한 것을 분명히 하고, 또한 10월 13일자에서는 핵의 '비밀협정'에 대해 보도하여 "72년의 오키나와 반환에 관한 미일교섭에서 재확인되었다."라고 했다. 이어서 10월 27일자에서 "핵을 장비한 미 군함 및 항공기가 일본에 들어가는 것을 허락하는 핵 '통과협정'이 59년부터 60년에 걸쳐 후지야마 아이이치로(藤山愛一郎) 외상과 맥아더 주일대사 사이에 비밀리에 협의되어 구두약속이 되었으나, 그 내용은 미국이 기록으로 남겼을 뿐, 일본에는 문서로 남아 있지 않다."라고 보도했다(『朝日年鑑』 1975년판). 이 보도는 '일본의 권위 있는 관련자(복수)'가 그것을 분명히 밝히고 있다고 하고 있으나, 후지야마 외상은 부정했다.

청으로, 미 정부는 동년 10월 "군사협의에 있어서 미국은 일본정부의 의지에 반하는 행동을 하지 않는 등 서약을 준수한다."라고 답하고, 라록의 증언에 대해서는 "개인적 발언"이라고 하면서 논평을 회피했다.

이어서 78년 8월에는 펜타곤 보고서(Pentagon Papers)를 폭로한 엘스버그(Daniel Ellsberg) 박사가 "50년대 말부터 60년대 초까지 이와쿠니(岩国)의 해병대 기지에 전술핵무기가 저장되어 있었다. 이 핵은 해군의 LST에 적재되어 이와쿠니 앞바다에 머물러 있었다."라고 증언하고, 기자회견에서는 "이 사실은 일본정부도 알고 있었던 것으로 안다."라고 했다. 그는 또한 라이샤워의 발언 직후인 81년 5월 23일 기자회견에서, 59~61년에는 일본의 많은 기지가 핵공격 기지로 사용하도록 되어 있었다는 등의 자극적인 발언을 했다. 다만 이런 것들은 과거의 일이었기 때문에 그다지 큰 문제가 되지는 않았다.

이 라이샤워의 발언은 레이건 전략에 의해 일본이 새롭게 전략적 역할을 떠맡으려고 할 때, 특히 전역핵무기로서 함정에 탑재하는 순항미사일의 역할이 중요해지는 시기였던 만큼, 매우 중요한 의미를 갖는 것이었다.

비핵 3원칙의 동요

유일한 핵폭탄 피해국인 일본 국민의 핵무기에 대한 감정은 특별하다. 일본정부도 일본은 핵무장을 할 의사가 없음을 일관되게 표명해 왔다.

미국의 핵무기 반입에 대해서는 1955년 5월 시게미쓰 마모루(重光葵) 외상과 엘리슨(John Moore Allison) 주일 미 대사 사이에서, "미군은 일본

핵 반입에 관한 비밀협정의 존재는 해금된 미 공문서를 근거로 1987년 5월 공산당이 이를 거론하여 다시 문제가 된다.

국내에서 원폭을 보유하지 않는다. 장차 반입해야 할 경우에도 일본의 승인 없이는 반입하지 않는다."는 구두양해가 있었다. 1960년의 개정 안 보조약에서는, 제6조(기지 공여)에 관한 교환공문에서 장비의 중요한 변경에 대한 사전협의제를 정하여, 핵의 반입을 규제하고 있는 것으로 간주되고 있었다.

일본의 비핵정책을 '비핵 3원칙'이라는 형태로 표현한 것은 1967년 12월 11일의 중의원 예산위원회에서 오키나와 반환문제와 관련해 사토(佐藤) 수상이 답변한 내용에서 비롯되었다. 즉 핵무기를 "보유도, 생산도, 반입도 하지 않는다."는 3원칙을 말하고, 다음 해인 68년 1월 27일의 시정방침 연설에서도 이를 강조했다. 또한 비핵 3원칙이 국회에서 결의된 것은 오키나와 반환협정이 가결된 1971년 11월 24일의 중의원 본회의에서였다. 이것은 특별위원회에서 자민당의 강행채결로 발생한 중의원의 혼란 가운데, 사태 수습을 위한 후나다 나카(船田中) 의장의 알선으로 협정 승인과 비핵 3원칙 결의를 일괄 처리한 것이었다.

라이샤워, 라록, 엘스버그의 발언은 모두가 3원칙 중의 '반입하지 않는다'는 것이 허구임을 지적한 것이었다. 라이샤워의 발언을 계기로 국회에서는 공산당의 후와 데쓰조(不破哲三)와 사민련(社民連)의 나라자키 야노스케(楢崎弥之助) 등 야당의원이 차례로 핵반입 의혹 사실을 폭로했다.

오키나와를 포함하여 일본에 전개되는 미군과 그 시설은 모두 핵전쟁에 대비한 것이었다. 1981년 단계에서 주일미군은 총 4만 5,000명으로, 제5공군과 오키나와의 제3해병사단 외에는 초계부대나 보급부대를 위주로 한 것이었지만, 미 핵전략체제의 일환으로서 모두 핵 장비가 가능한 부대이다. 요코스카(橫須賀)와 사세보(佐世保)를 모항으로 하는 제7함대는 항공모함 '미드웨이'를 비롯하여 공격형 원자력잠수함, 순양함, 구축함 등 모두가 핵을 장비하고 있다는 것은 '상식'으로 되어 있다. 제5공군은 요코타(橫田)에 사령부와 제316전술공수군(戰術空輸軍)을, 가데나(嘉

手納)에 제313항공사단을 두고, 핵 장비가 가능한 기종을 갖추고 있다. 오키나와 주둔 제3수륙양용전부대(水陸両用戰部隊) 직속 중포대(重砲隊)의 203㎜포, 그 예하의 제3해병사단 제12포병연대의 155㎜포는 모두가 핵 포탄 발사가 가능하다. 또한 주일미군의 핵 관련 시설도 미사일원자력잠 수함의 항법용 로란C국을 비롯하여 다수가 있다. 비핵 3원칙은 사문화 된 것이다.

또한 레이건 정권의 핵전력 강화책에 따라 81년 신형 핵미사일 원자 력잠수함 트라이던트의 태평양 배치, 이어서 공중발사미사일 장비인 B52H 전략폭격기의 실전부대 배치, 83년에는 순항미사일을 적재한 전 함 '뉴저지'의 취역을 추진하려 하고 있다. 자위대의 「56중업」은 이러한 핵장비를 보유한 미군과의 공동작전 및 이를 위한 임무분담 의무를 지 고 추진되는 것이었다.

▌스즈키 정권의 동요

미국으로부터의 강한 방위비 증액 요구 속에서 스즈키(鈴木) 내각은 혼미를 거듭했다. 스즈키 수상은 재정재건과 행정개혁을 최대의 의제로 하여, 81년 3월 제2차 임시행정조사회(제2차 임조)를 발족시켰다. 그리고 "행정개혁과 재정개혁을 내각의 가장 중요한 의제로 하여, 여기에 정치 생명을 건다."라고 언명했다. 그러나 예산이 감축되는 가운데서도 유독 방위비만은 증액이 불가피했다. 81년도 예산에 이어 제로실링을 방침으 로 한 82년도 예산에서도 방위비만은 전년 대비 7.754% 증가하여 GNP 의 0.933%가 되었다. 56중업이 추진되면 1% 범위 돌파도 피할 수 없게 되어, 수상이 공약을 이행하지 못할 것은 분명했다.

82년 3월 와인버그 미 국방장관이 방일하여 이토(伊藤) 방위청장관과 방위수뇌 정기협의를 했다. 미국 측은 스즈키 수상이 81년 5월 워싱턴에서 언명한 1,000해리 해상교통로(Sea Lane) 방위를 새삼 평가하고, 이를 위해서도 「방위계획의 대강」 수준으로는 충분하지 않기 때문에, 매년 12% 정도의 방위비 증액이 필요하다고 지적했다. 또한 8월 말부터 하와이에서 미일안보사무레벨협의가 개최되어, 미일 현역군인 간 해상교통로 방위에 관한 공동연구 실시가 합의되었다. 주변 1,000해리의 해상교통로 방위라는 것은, 종래의 전수방위 개념을 훨씬 뛰어넘는, 주변 해역의 제해권을 확보하려는 적극적인 대책이다. 이를 위해서는 강력한 해공전력이 필요하다. 스즈키 수상은 해상교통로 방위라는 언질에 사로잡혀 방위비 증액에 제동을 걸 수 없게 되었던 것이다.

82년 10월 스즈키 수상이 갑자기 퇴진을 표명했다. 재정재건을 내걸어 84년까지 적자국채 의존에서 탈피한다고 한 공약을 지킬 수 없음이 분명해진 것, 원래 평화주의를 표방하면서도 미국의 압력에 저항하지 못하고 본의 아니게 군비확장으로 돌진한 것, 그리고 국민의 지지가 떨어지고 당 내의 비판도 높아진 것 등이 이유였을 것이다.

자민당의 후임 총재를 결정하는 당원 예비선거에서는 다나카파(田中派)와 스즈키파(鈴木派)의 지지를 얻은 나카소네 야스히로(中曽根康弘)가 과반수를 획득하여, 본선을 거치지 않고 총재로 선출되어 82년 11월 26일 나카소네 내각을 성립시켰다. 이때가 실로 일본 방위의 큰 전환점이었다.

경제대국에서 군사대국으로

1. 일본열도의 불침 항공모함화

2. 59중업과 신방위계획

3. 자위대는 무엇을 지키는가

1. 일본열도의 불침 항공모함화

나카소네 정권의 등장

1982년 10월 스즈키 수상의 삽작스런 사의표명은 자민당 내외를 놀라게 하여, 11월 총재 선출에 후보를 낸 나가소네파(中曽根派), 가와모토파(河本派), 후쿠다파(福田派)(후보는 아베[安倍]), 나카가와파(中川派)는 술렁거렸다. 그러나 당내 제1세력인 다나카파(田中派)는 다나카 자신이 형사 피고인이기 때문에 출마할 수 없었고, 제2세력인 스즈키파(鈴木派)는 파벌 내에서 후보를 단일화할 수 없어, 이용하기 쉬운 나카소네를 지지했다. 이 때문에 나카소네가 예비선거에서 절대적 지지를 얻어, 선거 결과 57.6%를 득표했다. 그리하여 다른 세 후보는 사퇴하고, 나카소네가 총재가 되어, 82년 11월 27일 나카소네 내각이 정식으로 발족되었다. 이 내각은 군사사(軍事史)에 있어서 획기적인 의미를 갖게 된다.

나카소네 내각을 출현시킨 것은 무엇보다도 다나카의 강한 지지에 의한 것이었다. 록히드 재판을 앞두고 당과 내각을 계속 지배하려고 한 다나카는, 자신의 분신인 니카이도 스스무(二階堂進)를 당 간사장으로 유임시키고, 내각 관방장관에도 심복인 고토다 마사하루(後藤田正晴)를 내세웠다. 다나카파에서 7명이나 입각하는 등 당과 내각의 인사에도 다나카의 입김이 농후하여, 나카소네 내각은 '가쿠에이(角影 : 다나카 가쿠에이[田中角栄]의 그늘에 있다는 의미) 내각'이라 일컬어졌다.

나카소네 수상은 경찰관료 출신으로, 전후 곧바로 정계에 입문하여 개진당과 민주당을 거쳐 자민당에 들어와 고노 이치로(河野─郎) 파벌의 절반을 계승한 당내 방계 소파벌의 리더였다. 젊었을 때부터 국가주의자로서 우익적 강경 언동이 두드러져 헌법개정과 자주적 군비를 주장했었다. 11월 27일의 수상 취임 기자회견에서도 "자민당의 강령에 '헌법개정'이 있으므로 당으로서는 그렇게 하는 것이 당연하다."라고 하고, 12월 13일의 중의원 예산위원회에서는 "나는 위원으로서는 개헌론자"라고 단언했다. 방위에 관해서도 1970년의 제3차 사토 내각 방위청장관 때부터 「국방의 기본방침」의 재검토를 주장했으며, 12월 14일의 중의원 예산위원회에서는 방위비의 GNP 1% 범위도 "한계가 오면 돌파할 수밖에 없다."라고 단언했다.

미국으로부터 일본의 군비증강 압력이 가해지고, 레이건 정권의 등장으로 그것이 더욱 가속화되어 '일본의 방위'가 큰 전환점에 이르렀을 때, 때마침 등장한 것이 이전부터 개헌과 군비확충을 주장해 온 다나카 수상이었던 것이다.

▌수상의 방한과 방미

나카소네 수상은 취임 후 얼마 지나지 않은 1983년 1월 12, 13일 갑자기 한국을 방문하여 국내외를 놀라게 했다. 이것은 1주 후로 예정되어 있던 미국 방문을 앞두고 한일관계를 수복해 두기 위한 것이었다. 당시 한일관계는 81년 한국이 60억 달러의 경제원조를 요구한 것을 일본이 거부하여 대립하고 있었고, 82년 여름 교과서문제로 일본에 대한 비난이 폭발해 있었다. 나카소네는 일본 수상으로서는 처음으로 한국을 방문하여 전두환 대통령과의 회담에서 40억 달러의 원조를 약속하고, "한반도의 평화와 안정 유지는 일본을 포함한 동아시아의 평화와 안정에 긴요"하다는 관점에서 한국의 방위노력을 평가한다고 표명했다. 한미일이 긴밀한 관계를 유지하는 것이 군사적으로도 중요하다는 인식에 입각하여, 방미 전에 꼬여 있던 한국과의 관계를 회복했던 것이다.

나카소네 수상은 한국 방문에 이어 1월 17일부터 21일까지 워싱턴을 방문하여, 18일과 19일 이틀간 레이건 대통령과의 회담에서 '동맹관계'를 재확인하고 양국 간의 협력을 추진하는 데 동의했다. 그때 나카소네 수상은 "양국은 운명공동체"라는 인식을 표명했다. 방위문제에 대해 미 대통령은 일본의 적극적인 노력을 요망하고, 나카소네 수상은 "국정(國情)에 따라 스스로의 판단으로 일본의 책임을 종래 이상으로 다하려 한다."라고 대답했다. 또한 대통령은 미일 경제마찰에 대한 미 의회와 재계의 압력을 거론하며 "미일 동맹관계는 세계의 평화와 번영에 있어 사활이 걸린 중요한 것"이라고 하여, 일본이 농산물의 시장개방에 노력해 줄 것을 요망했다.

두 번의 회담 후 양국 수뇌가 각각 구두성명을 발표하여, 대통령은 "일본이 평화와 안전을 위해 책임분담을 적극적으로 수행하는 자세에 용기를 얻었다."라고 평가하고, 수상도 "세계에 있어서의 책임을 분담할 것이다."라는 결의를 표명했다. 또한 회담 후인 1월 19일 일본인 기자와의 회견에서 수상은, 미일 동맹관계가 군사를 포함한 안전보장 측면을 갖는 것은 "물론이다."라고 표명했다(『読売新聞』 1983년 1월 20일). 이것은 나중에 국내에서 문제가 되었으나, 전체적으로 나카소네 수상의 군사적인 측면에 대한 적극적인 자세가 명확하게 드러난 회담이었다고 할 수 있을 것이다.

▌불침 항공모함 발언

회담 중이던 1월 18일 나카소네 수상은 워싱턴포스트지와의 회견에서, 방위에 대한 수상의 입장을 묻는 질문에 다음과 같이 답했다. "일본열도 전체 혹은 일본본토가 불침 항공모함처럼, (소련의) 백파이어 폭격기의 침입에 대항하는 거대한 방위 보루를 갖추어야 한다. 백파이어의 침입을 저지하는 것이 제1의 목표다. 제2의 목표는 일본열도 주변의 네 해협을 완전하고 충분하게 관리함으로써 소련의 잠수함 및 기타 해군함정을 통과시키지 않는 것이다. 제3의 목표는 해상교통로의 완전한 확보와 유지이다. 해양 방위망을 수백 해리까지 연장해야 한다. 해상교통로를 확립하는 것이기 때문에 괌-도쿄, 대만해협-오사카 간의 해상교통로 방위가 우리의 희망이 될 것이다."(『読売新聞』 1983년 1월 20일)

'불침 항공모함', '네 해협 봉쇄' 발언이 국내외에서 큰 문제가 되자, 수상은 19일 일본인 기자와의 회견에서 "불침 항공모함이라는 발언은 하지 않았다."라고 전면적으로 부정했다. 이에 대해 포스트지는 "수상의 발언은 녹음되어 있으며, 보도 내용은 진실이다."라고 주장하여, 이번에는 수상의 '부정'이 거짓말이라는 것이 문제가 되었다. 이 때문에 귀국 도중인 21일에 수상은 "불침 항공모함이라는 발언은 분명히 내가 말했다."라고 인정하고, "네 해협"은 "세 해협"으로 정정했다.(『読売新聞』 1983년 1월 22일)

이 나카소네의 발언은 즉흥적인 생각에서 나온 것이 아니었다. 일본열도를 불침 항공모함에 비유하여 F15 등의 강력한 전투기를 배치함으로써 백파이어 폭격기에 대항한다는 것, 소련의 잠수함과 함정에 대해 즈시마(対馬), 즈가루(津軽), 소야(宗谷) 이 세 해협을 봉쇄하는 것, 도쿄-괌, 오사카-대만해협의 해상교통로를 방위한다는 것, 모두가 종래 일본 정부가 취해온 입장을 크게 수정하는 것이었다. 지금까지 방위의 기본적 입장이었던 「국방의 기본방침」도 「방위계획의 대강」도 일단은 전수방위의 입장을 취하여, 공격적이고 적극적인 군비는 갖지 않는다는 방침이었다. 나카소네 발언의 세 가지 목표는 모두가 이 범위를 벗어나는 것이었다. 미국의 대소전략에 적극적으로 협력하여 종래의 방침을 크게 전환시키려고 한 발언이었던 것이다.

▌전후의 총결산

불침 항공모함 발언으로 국내외에 큰 반향을 불러일으킨 나카소네 수상은, 귀국 직후인 83년 1월 24일 제98차 통상국회 본회의에서 한 시정방침 연설에서 또다시 충격적인 발언을 했다. "나는 일본이 전후사의 큰 전환점에 직면해 있다는 것을 뼈저리게 느끼고 있다."라고 하면서, "종래의 기본직인 제약이나 구조에 대해 성역 없는 재검토를 해야 한다."라고 강조했다. 헌법을 포함한 전후사의 기본적인 틀을 재검토해야 한다는 전후 '총결산론'을 주창했던 것이다.

종래 노선의 재검토 즉 총결산 노선은 방위문제에서도 분명히 나타났다. 방미를 앞둔 83년 1월 14일 고토다(後藤田) 관방장관의 담화로 종래의 무기금수(武器禁輸) 3원칙을 수정하여, 미국에 대한 무기기술 공여를 해금할 것을 발표했다.[32] 또한 2월 4일 중의원 예산위원회에서는 유사시 자위대가 미 함정을 호위할 수 있다는 새로운 견해를 표명하는 등 미일 공동작전체제를 한층 구체화시켰다.

---

32 무기금수 3원칙은 1967년 4월 21일 중의원 결산위원회에서 사토(佐藤) 수상이 언명한 것으로, 1. 공산권 제국, 2. 유엔 결의로 금지된 나라(남아프리카연방), 3. 분쟁 당사국 또는 그 우려가 있는 나라에 대한 무기 수출을 인정하지 않는다는 원칙이었다. 1976년 미키(三木) 내각은 3원칙 대상 이외의 나라에 대해서도 무기수출은 신중을 기한다는 방침을 결정했다. 무기 중에는 무기에 관한 기술도 포함된다는 것이 정부 견해이다. 1981년 스즈키 내각 때 한국에 대한 무기수출 문제로 국회가 분규를 일으킨 후, 3월 20일 중의원 본회의에서 새삼 금수 3원칙 재확인을 결의했던 것이다.
나카소네 수상은 미국으로의 무기기술 공여를 요구받아, 3원칙의 수정을 단행했다. 즉 83년 1월 14일 고토다(後藤田) 내각관방장관 담화 형식으로 "1. 미국에 대한 무기기술의 공여를 해금한다, 2. 공여는 미일상호방위원조협정(MDA)의 틀에 따라서 실시한다, 3. 단, 기본적으로 무기금수 3원칙은 견지한다."라고 발표하여 3원칙을 수정했다. 그리고 83년 11월 8일에는 미일 간 무기기술 공여에 관한 교환공문을 교환했다.

전후정치의 총결산이란 정치의 우경화를 의미하는 것이었다. 83년 4월 21일 야스쿠니신사(靖国神社)의 춘계대제(春季大祭)에 참배한 나카소네 수상은, 8월 15일 종전기념일에도 참배했다. 그리고 '내각총리대신 나카소네 야스히로'가 참배했다고 주장하여 공식적인 참배를 향해 한걸음 더 내디뎠다. 자민당 내에 설치한 야스쿠니문제 소위원회는, 11월 수상과 각료의 참배가 합헌이라는 견해를 발표했다.

1975년 미키(三木) 수상이 처음으로 참배한 것은 당내 우파에 대한 배려 때문이었으며 그 스스로 개인 자격이라고 했고, 82년 스즈키(鈴木) 수상은 "공인인지 개인인지는 답하지 않겠다."라고 하면서 참배했다. '내각총리대신 나카소네 야스히로'로서의 참배는 그 자체가 전후 재검토의 일환이라 할 수 있다.

취임하자마자 "나는 개헌론자다."라고 언명한 나카소네 수상은 헌법개정을 전후정치 결산의 목표로 하고 있었다. 1월 28일 중의원 본회의에서는 개헌과 관련하여, "민주정치에 터부는 없다. 어떠한 제약에 대해서도 연구하고 재검토할 수 있다. 헌법도 예외는 아니다. 국민과 정당의 헌법논의는 민주주의 원칙에 입각하여 장려해야 한다."라고 단언했다.

2. 59중업과 신방위계획

▌59중업의 책정

「방위계획의 대강」의 기간 내 달성을 목표로 한 「56중업」(1983~87년도) 2차 연도인 84년도 예산은 2년 연속 마이너스 실링하에서도 유독 방위비가 두드러져 GNP 1% 범위의 돌파가 문제시되었다. 나카소네 수상은 83년 2월 중의원 예산위원회에서, "스즈키 내각은 1% 범위를 지킬 수 있다고 했는지 모르지만, 재정과 제반 정세가 변하고 있다. 1% 범위를 유지하겠다는 약속을 하지 못하는 것을 양해 바란다."라고 언명했다. 「56중업」은 기간 내 방위비를 GNP 대비 0.98~1.02%로 예상했으나, 실질적으로 그 돌파가 확실시되고 있었던 것이다.

더욱이 정부는 1984년 5월 8일 국방회의에서 「56중업」을 수정하여, 방위청이 1986년도부터 90년도까지의 「59중업」 책정 작업을 시작하는 것을 승낙했다. 「방위계획의 대강」의 수준 달성을 「56중업」이 끝나는 1987년도에서 「59중업」이 끝나는 1990년으로 3년간 연기하게 된 것이다.

하지만 「59중업」 책정 작업이 추진되자 1% 범위가 문제시되지 않을 수 없게 되었다. 나카소네 수상도 가토 고이치(加藤紘一) 방위청장관도 1% 범위 철폐를 겨냥한 발언을 반복했으나, 이에 대한 자민당 내의 반발도 강했다.

85년 7월 27일 가루이자와(軽井沢)에서 실시된 자민당 세미나에서 강연한 나카소네 수상은, "「59중업」 문제를 국민의 방위의식을 새롭게 하는 기회로 삼고 싶다. 피하지 말고 왕도(王道)를 걸어야 한다."라고 하며, 자신의 손으로 1% 범위를 돌파하겠다는 의욕을 표명했다. 그러나 이에 대해서는 그 업적이 부정된 역대 수상들이 강하게 반대했다. 미키(三木)・후쿠다(福田)・스즈키(鈴木) 이들 전 수상들은 자민당 최고고문회의에서 1% 범위 견지를 주장했다.

나카소네 내각은 83년 11월 중의원을 해산하고 12월 18일 총선거를 실시했다. 록히드 재판 판결 후의 선거였기 때문에 정치윤리가 문제되어, 자민당은 250석을 얻어 중의원 511석의 과반 획득에 실패했다. 그 결과 자민당은 의원수 8석의 신자유그룹을 끌어들여, 제2차 나카소네 내각은 연립내각으로 성립되었다. 이후 여당이 된 신자유그룹도 1% 범위 돌파에 반대하여, 85년 9월 1% 범위를 철폐하면 연립을 탈퇴한다는 방침을 정했다. 이것도 1% 문제로 분규를 불러일으킨 원인이 되었다.

▌정부계획으로 격상

1% 범위 문제가 발생함으로써, 나카소네 수상의 강한 의욕에도 불구하고, 자민당 내 원로들의 신중론 때문에 범위 철폐를 조기에 결정하는 것이 어렵게 되었다. 그리하여 정부는 「59중업」을 방위청 계획에서 정부계획으로 격상시켜 1% 범위 문제와 분리하는 방침을 취했다. 정부계획으로 함으로써 실질적인 돌파를 기도한다는 작전을 취한 것이다.

1985년 9월 18일 국방회의와 각의는 1986년도부터 1990년도까지 5년간의 중기방위력정비계획을 결정했다. 이것은 실질적으로는 「59중업」이었다. 방위청 계획을 권위 있는 정부 계획으로 격상시킨 것이다. 그리고 이 계획은 다음에 기술하는 것처럼 총경비 18조 4,000억 엔의 방대한 내용을 포함하고 있었다. 이 액수는 기간 중 GNP의 1.038%에 해당한

다. 하지만 각의 결정이 있은 9월 18일, 후지나미(藤波) 관방장관이 "1%
범위를 정한 미키(三木) 내각의 각의 결정 취지는 앞으로도 존중한다."라
는 담화를 발표했다. 형식적으로는 범위를 철폐하지 않지만, 실질적으로
는 범위를 무너뜨리는 결정을 한 것이다.

　미키 내각이 1976년에 한 선택은 끝없는 방위력 증강에 제동을 걸려
는 것이었다. 1차방에서 4차방으로 연차방 방식이 계속되면 방위력이
끝없이 증강되기 때문에 5차방은 수립하지 않는다, 그리고 「방위계획의
대강」에서 방위력의 상한을 정한다, 또한 방위비는 매년도의 예산으로
처리하고, 그 범위로서 GNP 1% 이내라는 제도를 정한다는 것이 1976
년부터의 방식이었다. 방위력의 상한과 경비의 범위라고 하는 양면에서
방위력에 제동을 걸려고 한 것이었다.

　나카소네 내각은 이 미키 내각 이래의 기본방침인 1% 범위를 철폐하
려고 했으나, 당 원로들의 반대로 이를 즉시 실행하지 못하고 뒤로 미루
었다. 그러나 신방위계획을 결정함으로써 실질적으로는 1% 범위를 돌
파하는 포석으로 삼았던 것이다. 그해 12월의 각의에서 결정한 86년도
예산안은 다른 부처가 마이너스 실링임에도 불구하고, 방위비는 3조
3,435억 엔으로서 전년도 당초 예산보다 6.58%가 증가하여 GNP 대비
0.993%가 되었다.

▌신방위계획의 내용

　85년 9월 18일 결정된 중기방위력정비계획은 1976년 미키 내각이 상
한으로 정한 「방위계획의 대강」의 수준을 기간 내에 양적으로도 질적으
로도 달성하는 것을 목표로 하고 있다. 또한 국제통화의 변동에 따라 3
년 후에는 재검토를 한다는 방식을 취하고 있다. 그 주요 정비 내용은 다
음과 같다.

① 방공 능력의 충실화와 근대화를 도모한다. 즉 요격전투기 F15 및 조기경계기 E2C의 정비, 지대공미사일 나이키J를 패트리어트로 전환, 지대공미사일 호크의 개량 등을 실시한다.

② 해상교통로(Sea Lane) 방위능력의 향상을 도모한다. 함정에 의한 방위능력 강화를 위해 호위함·잠수함·소해정·미사일정(艇)을 건조하고, 대잠초계기 P3C·대잠헬기·소해헬기의 정비를 실시한다.

③ 해상과 연안 그리고 육상의 전투력을 강화한다. 지대함미사일의 정비와 차기 지원전투기(F1의 후속기)의 검토, 전차·화포·장갑차 등의 정비와 사단 편성의 다양화를 도모하고, 대전차헬기(AHIS)의 정비를 도모한다.

④ 수송 및 기동력을 강화한다. 수송기(C130H), 수송헬기(CH47) 수송함정의 정비를 도모한다.

⑤ 정보, 정찰, 지휘통신 능력의 향상 및 강화를 도모한다.

그 외 즉응태세·계전능력(継戰能力)·항감성(抗堪性) 향상을 도모함과 더불어, 교육훈련체제·구난체제·대원확보·시설의 정비 등을 실시한다는 계획으로 되어 있다. 이 계획의 소요 경비는 1985년 가격으로 18조 4,000억 엔이며, 그중 정면장비(正面裝備)는 4조 7,500억 엔이다.

정면장비로서 정비를 계획하고 있는 것은 다음 표에서 보는 바와 같다.

구분	종류	수량
육상자위대	전차(신형 포함)	246대
	화포	277문
	장갑차	310대
	지대함유도탄	54기
	대전차헬기(AH-1S)	43대
	수송헬기(CH47)	24대
	지대공유도탄 호크 개선용 장비품	4개군(群) 및 교육대
해상자위대	호위함	9척
	잠수함	5척
	기타	21척
	자위함 건조 합계	35척(약 6.9만 톤)
	작전용 항공기	128척
	고징익 내잠초계기(P3C)	50대
	대잠헬기(신형 '함재형' 포함)	66대
	소해헬기(MH53E)	12대
항공자위대	작전항공기	87대
	요격전투기(F15)	63대
	수송기(C130H)	7대
	수송헬기(CH47)	12대
	조기경계기(E2C)	5대
	중등연습기(T4)	93대
	지대공유도탄(패트리어트)	5개군(群)

* 『방위백서』 86년도판 참고.

그리고 85년 9월 18일 국방회의와 각의에서는 이 중기방위력정비계획(中期防) 결정과 더불어, 전투기 F15와 대잠초계기 P3C의 총획득 수를 각각 187대와 100대로 할 것도 승인되었다.

▌신계획의 문제점

이 중기방위력정비계획의 결정은 76년 미키 내각이 폐지한 연차방 방식의 부활을 의미한다. 1차방에서 4차방으로 연차방이 진전됨과 더불어 방위력이 끝없이 증강되는 것에 대해 취해진 것이 포스트 4차방의 폐지라는 조치였다. 연차방 방식을 중지하고 「대강」에서 상한을 정해 GNP

1% 이내라는 범위를 정해서 방위력 증강에 제동을 건 것이다. 연차방을 부활시킨 것은 또다시 증강노선으로 돌아왔다는 것을 의미하는 것이었다.

그 이상으로 이 새로운 중기방위력정비계획(中期防)에 나타나 있는 큰 의의는 그 장비의 공격성이다. 전수방위를 표방하고 있던 자위대가 공격작전, 그것도 미 핵전략과의 공동작전체제로 전환되고 있음을 의미하고 있는 것이다.

신형 요격전투기 F15를 187대나 획득하고, 조기경계기 E2C와 레이더를 장비하는 것은 모두가 주변해역의 해상방공능력을 강화하기 위한 것이다. 미일공동작전체제하에서, 연해주로부터 태평양으로 진출하는 소련의 백파이어 폭격기 등을 포착하여 불침 항공모함인 일본 본토로부터 요격전투기를 출격시킨다는 것으로, 전수방위는커녕 해상 멀리까지의 작전을 구상한 것이다.

또한 최신 대잠공격기 P3C를 100대나 획득하고, 미사일 탑재함과 헬기 탑재함을 건조하여, 해협봉쇄에 머물지 않고 먼 해상의 잠수함을 찾아 공격한다는 대잠작전도 전수방위와는 거리가 먼 것이다. 더구나 해협봉쇄와 잠수함 공격의 목표는 소련 잠수함이다. 이 소련 잠수함을 공격하는 것은 미 제7함대의 주 전력인 ICBM 탑재 원자력잠수함과 원자력항공모함을 지키기 위한 것이다. 이러한 공동작전은 일본 본토를 지키는 것이 아니라, 미국의 반격력을 지키는 것이 방위라고 하는 생각이 일관되게 깔려 있다. 공공연하게 공격작전에 발을 내디딘 것에 자위대 편성 장비의 명분이 크게 변한 것이 나타나 있다고 할 수 있다.

▌방위비 1% 범위의 돌파

나카소네 수상은 당내의 지도권 확립과, 86년 10월 말로 끝나는 제2

기 총재 임기 이후의 재연장을 겨냥하여, 86년 6월 중의원과 참의원 동시 선거를 강행했다. 이 정치적 도박이 성공하여 자민당은 중의원에서는 511석 중 300석, 참의원에서는 252석 중 140석을 차지, 양원의 절대다수를 장악하게 되었다. 당내 최대 파벌을 거느리고 나카소네의 후견인 역할을 하던 다나카 가쿠에이(田中角栄)가 85년 2월 뇌경색으로 쓰러져 재기불능 상태가 되면서, 동시 선거의 대승으로 나카소네의 지도력은 한층 강화되어, 총재 임기는 2기 이내로 한다는 당 규정의 예외로서 9월에 1년 연장이 결정되었다.

85년 여름 당내 원로의 저항으로 실현할 수 없었던 방위비의 GNP 1% 범위 철폐는, 나카소네 수상의 임기연장으로 실현이 가능해지게 되었다. 87년도 예산도 방위비 증액의 폭이 최대의 문제가 되었다. 86년 12월 29일부터 30일까지 행해진 자민당 3역과 관계 각료의 정치적 절충 끝에, 87년도 예산에서 방위비는 전년 대비 5.2% 증가한 3조 5174억 엔으로 GNP 대비 1.004%가 되어, 10년간 지켜지고 있던 1% 범위를 결국 돌파하게 되었다.

예산안 결정 후인 12월 30일 오후, 정부는 안전보장회의와 각의를 열어 1% 범위 문제에 대해 다음과 같은 각의결정을 했다. 즉 ① 87년도 방위관계비에는 76년의 각의결정을 적용하지 않는다. ② 1% 범위를 대신하는 새로운 제동장치의 기준을 이후 신중하게 검토한다는 것이었다.

이어서 1987년 1월 24일, 나카소네 내각은 안전보장회의와 각의에서 「이후의 방위력 정비에 관해서」라는 4개 항목을 결정했다. 그것은 ① 군사대국이 되지 않는다. ② 중기방위력정비계획(1986~90년)의 3년 후 재검토는 하지 않는다. ③ 동 계획 종료 후의 방위비에 대해서는 다시 결정한다. ④ 이번의 결정은 76년의 각의결정을 대신하는 것으로 한다는 것이었다.

이렇게 하여 10년에 걸쳐 지켜져 온 방위비에 대한 제동이 철폐되었다. 여기에 이르기까지는 와인버그 국방장관을 비롯한 미 당국으로부터의 일본에 대한 압력이 장기간에 걸쳐 반복되고 있었다. 앞의 각의결정에서 나카소네 내각은 새삼 '전수방위와 비핵 3원칙' 준수를 약속했으나, 이 결정의 "중요성은 이것이 전후 일본의 구조 자체의 변질로 연결된다는 데 있다."고 지적되는 것이었다(『朝日新聞』 1987년 1월 25일).

▌안전보장회의와 안전보장실

나카소네 수상은 일본을 경제대국에서 더 나아가 정치대국·군사대국으로 만들 것을 목표로 하고 있었다. 이를 위해 국민들에게 국가의식을 심어주고, 국가기구를 일원적으로 재편성하기 위한 각종 대책을 강구했다. 국가의식과 관련해서는 85년 2월 11일 '건국기념일을 축하하는 모임'이 주최하는 식전에 수상으로서는 처음으로 출석했다. 그리고 야스쿠니신사 공식 참배와 관련해서는 후지나미 다카오(藤波孝生) 관방장관의 사적 자문기관으로서 '각료의 야스쿠니신사 참배 문제에 관한 간담회'를 제멋대로 설치하여, 85년 9월 9일 '국민감정과 유족의 심정'을 헤아려 참배를 하는 것이 옳다는 보고서를 내게 했다. 그리하여 8월 15일 정부가 주최하는 전몰자 추도식 후 수상이 야스쿠니신사로 향했는데, 이것도 전후 수상으로서는 최초의 공식참배였다. 그것은 국가주의 및 군국주의로의 급속한 우경화로 주목을 받은 사건이었다. 야스쿠니신사 참배에 대해서는 중국으로부터 강한 항의를 받아, 이를 고려하여 86년에는 참배를 하지 않았으나, 기본노선에는 변함이 없었다.

국가기구의 개편과 관련해서는 수상의 권한을 강화하고 내각관방을 확충했다. 86년 7월 10일부터 내각심의실을 내정심의실과 외교심의실로 분리하여 수상 직속의 참모기능을 강화했다.

안전보장회의도 그 일환으로 설치된 것이라 할 수 있다. 군사적 측면과 비군사적 측면을 포함한 종합적인 안전보장정책을 위한 기관이 필요하다고 하여, 1980년 12월 스즈키 내각 당시 내각에 종합안전보장 관계각료회의가 설치되었다. 이것은 그다지 유효하게 활동하지는 못했었다. 이 때문에 보다 효과적이고 종합적인 기구를 만들어 안전보장대책을 종합적으로 해야 한다고 하여, 안전보장회의법이 제104차 통상국회에서 성립되어 86년 7월 10일부터 시행되었다. 그것은 국방회의를 폐지하는 대신에 안전보장회의를 설치하고, 국방회의 사무국 대신에 내각에 안전보장실을 두는 것이었다.

안전보장회의는 수상, 내각법 제9조에 지정된 국무대신(부총리), 외상, 장상, 내각관방장관, 국가공안위원회위원장, 방위청장관, 경제기획청장관을 위원으로 하여 구성된다. ① 국방의 기본방침, ② 방위계획의 대강, ③ 방위계획의 대강과 관련된 산업 등의 조정계획, ④ 방위출동의 가부, ⑤ 기타 내각총리대신이 필요하다고 인정하는 국방에 관한 중요사항은 안전보장회의의 의결을 거치도록 되어 있다.

국방회의사무국은 폐지되어 새롭게 내각관방에 설치된 안전보장실이 이를 대신했다. 이 점에서도 수상과 내각관방의 위상이 강화되었던 것이다.

▌SDI 참가

레이건 미 대통령은 1983년 3월 '스타워즈 계획'이라는 이름으로 전략방위구상(SDI)을 제창하고, 서구 동맹국들에 대해서도 SDI 연구에 참가할 것을 호소해 왔다. 일본에 대해서도 85년 나카소네 수상의 방미 이래 연구 참가를 요구해 왔다. 이에 대해 나카소네 수상도 공감을 표명하여, 85년 9월과 86년 1월 그리고 3월, 관계 기관과 민간기업의 대표가 차례로 조사단을 미국에 파견했다. 그리하여 86년 9월 9일 일본정부는

SDI 연구 참가를 정식으로 발표했다.

83년 3월 발표된 레이건 대통령의 SDI 구상이라는 것은, "소련의 전략핵미사일이 미국이나 동맹국에 도달하기 전에 요격하여 파괴한다."는 것이었다. 미사일이 소련으로부터 미국에 도달하는 30분 동안에 이를 각 단계별로 그에 맞는 각각의 무기를 사용하여 파괴한다는 것으로, ① 조기경계위성이나 적외선센서 등 핵미사일을 감시·포착·추적·격파할 수 있는 시스템 개발, ② 핵미사일을 파괴하는 고출력 레이저 및 X선 레이저무기 등의 개발, ③ 작은 탄환을 전자력으로 쏘아 핵미사일을 파괴하는 운동에너지 무기의 개발, ④ 이상의 시스템을 관리하기 위한 지휘·관제·통신용 컴퓨터의 개발 등을 내용으로 하고 있다.

전략핵미사일을 격파하는 이 신무기는, 그것이 핵무기를 근본적으로 없애는 최후의 무기라 할 수 있으므로, 핵무기 폐기에 관련된 연구라고 미국은 말하고 있다. 그러나 이것은 핵무기 개발경쟁을 우주공간으로 확대시키는 매우 위험한 구상임이 분명하다. 특히 SDI 구상의 주요 무기인 X선 레이저무기는 핵폭발에 의해 발생하는 레이저를 이용하는 무기이므로 '제3세대 핵무기'로 불리고 있다.

미국의 SDI 구상에 대해, 그것이 핵전쟁을 우주공간으로 확대시키는 것이라는 이유로 반대한 나라는 소련만이 아니다. 서구 각국의 과학자와 지식인이 강하게 반대하고 있으며, 미국 내에서도 3,000명의 물리학자가 반대 서명을 하는 등 지식인과 학자의 반대가 강하다. 일본에서도 물리학자와 수학자 등의 반대 서명이 이어졌다. 일본에는 평화헌법하에서의 우주 개발은 평화 목적에 한정한다고 한 국회의 결의, 비핵 3원칙, 무기금수 3원칙이 존재하고 있기 때문에, SDI 참가가 이들 원리원칙에 반하는 행위임은 명백했다.

나카소네 내각은 수상 자신이 적극적으로 SDI 참가를 강행했다. 정부와 학계 그리고 산업계 일부의 신중론을 무릅쓰고 밀고 나갔다. 비핵 3

원칙과 전수방위에 저촉된다는 논의를 무시한 채 '평화적 목적', '기초연구', '첨단기술의 수준향상'을 강조하면서 연구 참가를 강행했다. 산업계 일부에서 참가가 늦어지면 기술향상에 있어 뒤떨어질지도 모른다는 우려가 있었던 것도 정부의 참가 결정에 영향을 주었다.

3. 자위대는 무엇을 지키는가

▌끝없는 군비확장

역대 자민당 정부가 '헌법의 범위 내에서'라고 강변하면서 표면상의 원칙으로 고수해 온 '전수방위'라는 개념도, 미국의 압력하에서도 10년 간에 걸쳐 군사비의 상한선으로 지켜온 GNP 대비 1% 이내의 범위도, 나카소네 내각은 간단히 돌파했다. 경제대국에서 군사대국으로 일본은 급속하게 변신하기 시작했던 것이다.

1987년 3월 6일 북경방송은 「불안을 안겨주는 일본의 방위비 문제」라는 해설을 통해, 1%라는 제동장치가 없어짐으로써 일본은 사실상 군사대국으로의 길을 열었다고 하면서, 아시아와 태평양 지역의 나라들은 일본의 방위문제를 지켜보지 않으면 안 될 것이라고 했다. 78년에는 중일평화조약 비준서 교환을 위해 방일한 등소평 중국 부총리가 후쿠다 수상과의 회담에서, 미일안보조약에 찬성하고 자위대의 증강은 당연하다고 발언하여 주위를 놀라게 했다. 그러한 중국에 경계심을 안겨줄 정도로 자위대의 증강은 급속도로 진행되었던 것이다.

87년 5월 7일 참의원 예산위원회에서 공산당의 우에다 고이치로(上田耕一郎)가 일본의 방위비를 NATO 방식(군인연금과 해상보안청 예산을 군사비에 포함)으로 다시 계산하여, 현재의 엔화 비율로 환산하면 일본의 군사비는 미국과 소련 다음인 3위라고 추궁했다(『朝日新聞』 1987년 5월 8일). 이것은 달러의 하락과 엔화 상승이 초래한 현상이었으나, 적어도 일본의 군사력이 장비의 근대화와 균형 잡힌 육해공 3군이라는 점에서 영국, 프랑스, 서독에 필적하는 지위에까지 성장한 것은 분명하다. 한국전쟁 당시 칼빈소총만으로 무장한 7만 5천 명의 경찰예비대로 출발하여, 헌법의 범위 내에서 군대가 아니라고 주장해 온 시대에 비하면 완전히 이질적인 근대화된 군대이다.

1960년대에서 70년대에 걸쳐 연차방을 반복하여 병력과 장비가 끝없이 증강되는 것에 대해서 어떻게든 제동을 걸려고 한 것이 미키 내각에 의한 연차방 폐지, 상한으로서의 「방위계획의 대강」 결정, GNP 1% 이내라는 방위비의 범위 설정이었다. 헌법이 허락하는 범위라고 하여 전수방위 원칙을 정하여 군비확장에 제동을 걸려고 했던 것이다. 그러나 이 제동장치는 겨우 10년 만에 나카소네 내각에 의해 깨끗이 제거되어, 1987년에는 끝없는 군비확장에 돌입했다.

1% 범위 철폐 결정을 전후하여, 1,000해리의 해상교통로 방위를 위한 신장비 체계로서 '해상방공시스템' 검토가 미일 군사당국에 의해 추진되었다. 방위청에서는 86년 4월 '방위개혁위원회'를 발족시켜, 그 하부기관으로서 '해상방공체제연구회'를 만들어 연구를 추진했다. 81년 스즈키 수상이 방미하여 해상교통로 방위를 공약함으로써, 그 후 미일 간 공동연구가 진행되었다. 미국이 초수평선레이더(OTH=Over the Horizon Radar) · 공중급유기 · 이지스함(유도능력을 가진 미사일함)의 판매에 적극적이어서, 나카소네 수상은 87년 5월 12일 참의원 예산위원회에서 이들 무기의 도입에 전향적으로 대응할 것이라고 언명했다(『朝日新聞』 1987년 5월 12일 석간).

3,000~4,000km까지 감시가 가능한 OTH레이더, 공중 레이더기지, 지휘기지라고도 할 수 있는 공중경계관제기 AWACS, 동시에 10여 개의 목표에 미사일 유도가 가능한 이지스함, 전투기의 항속거리를 연장시키는 공중급유기, 이러한 것들은 모두가 '해상방공'이라는 이름으로 해상

멀리까지 작전범위를 확대시키는 것이다. 전수방위의 범위를 초월하고 「방위계획의 대강」의 범위도 일탈하는 것이라는 비판이 일어나는 것은 당연했다. 1% 범위의 철폐가 무엇을 위한 것이었던가는 명백하며, 제동 장치가 없는 군비확충이 시작되고 있었던 것이다.

▌ 미일공동작전의 진전

제동장치가 없는 거대한 군비확충은 무엇을 위한 것일까. 방위의 기 본은 '무엇으로부터 무엇을 지킬 것인가'라는 것을 분명히 하는 것이다. 1957년 결정된 「국방의 기본방침」에서는 "자위를 위해 필요한 한도에 있어서", "효율적인 방위력을 점진적으로 정비"하여, "외부로부터의 침 략에 대해서는", "미국과의 안전보장체제를 기조로 하여 이에 대처한 다."라고 하고 있다. 1976년 결정된 「방위계획의 대강」에서는 "한정적 이고 소규모적인 침략에 대해서는 자력으로 배제하는 것을 원칙으로 하 고, 침략의 규모와 양태 등에 따라 자력 배제가 곤란한 경우에도 모든 방 법에 의한 강인한 저항을 계속하면서, 미국으로부터의 협력을 기다려 이 를 배재하는 것으로 한다."라고 하고 있다. 모두가 미일안보체제에 의한 미국과의 협력을 전제로 하고 있다.

하지만 일본만이 단독으로 외국으로부터의 침략을 받아, 미국이 지원 하러 온다는 사태가 현실적으로 발생할 수 있을 것인가. 일본만이 '무력 공격을 받는다'는 것은 생각할 수 없으며, 그러한 상황이 발생했을 때에 는 세계 어딘가도 '무력공격'을 받고 있다는 것이 일반적인 생각이다. 즉 소련, 중국, 북한, 한국 중의 어딘가가 단독으로 일본만을 공격한다는 사 태는 거의 생각할 수 없는 것이다.

80년대에 들어서면서 군비확장의 복선으로 소련 협위론이 퍼지면서 85년 위기설까지 주장되었다. 그러나 소련이 단독으로 일본만을 침략할 가능성이 있다고는 소련은 물론, 미국과 일본의 지도자도 생각하고 있지 않다.

'유사시'는 일본에만 찾아오는 것이 아니라 미소 대결에 의해 발생하는 것임은 명백하다. 중동이나 한반도 그리고 그 외 지역의 분쟁이 미소의 전면적 대결로 확대되었을 때, 일본도 거기에 휘말려드는 형태로 일본의 '유사시'가 발생하게 될 것이다. 즉 미국의 유사시가 일본의 유사시가 되는 것이지, 일본만이 유사시가 되는 사태는 거의 생각할 수 없는 것이다.

그렇디면 일본의 군비는 미일공농작전체제가 긴밀하면 할수록 공동작전을 위한, 즉 미군에 협력하기 위한 군비라는 성격이 강할 수밖에 없게 된다. 4해협 봉쇄나 해상교통로 방위와 같은 개념은 소련의 잠수함을 태평양으로 나가지 못하게 하고, 나가버린 잠수함은 그 활동을 봉쇄하는 것이 목적으로, 미국의 제7함대 특히 원자력잠수함 방위를 위한 것이다. 그리고 이지스함의 도입은 미 항공모함의 호위를 위한 것이라는 성격이 매우 강하다.

미일공동작전은 미국의 전략핵 전력을 공격력의 중심으로 하는 것으로, 자위대는 이 미국의 공격력 방위를 주된 임무로 하는 것이다. 미국의 최강 최후의 보복력을 지키는 것이 일본을 지키는 것으로 연결된다는 것이 그 명분이다. 그러나 과연 그럴까. 그것은 일본을 지키기는커녕 미소 핵전쟁에 일본을 끌어들이는 위험한 것이 아닐까. 그리고 트라이던트 원자력잠수함 등 미국의 최종 공격력을 끝까지 지켜서 소련을 궤멸시켰다고 해도, 그 전장이 된 일본열도는 어떻게 될 것인가. 그것이야말로 또다시 국토를 초토화시키는 길이 아닐까.

미소 대결에 의한 제3차 대전이 발발했을 때, 자위대가 미군에 협력하여 일본열도를 불침 항공모함으로 함으로써 연해주 기지의 백파이어 폭격기를 공격하고 3해협을 봉쇄하여 소련 함정을 동해(일본해)에 가두고,

나아가 1,000해리의 해상교통로, 괌, 필리핀까지의 서태평양에서 소련 잠수함을 공격한다는 시나리오는 무엇을 지키기 위한 것인가. 미 제7함대와 그 공격력의 근간인 원자력잠수함 및 항공모함을 소련의 공격으로부터 지키기 위한 것이다.

군비확충의 제동장치를 제거하여 미국과의 공동작전체제를 강화하는 자위대는, 미국을 위해 싸우고, 미국의 군사력과 일체화하는 방향을 한층 강화하고 있는 것이다.

▮ 자위대는 무엇을 지키는가

자위대는 도대체 무엇으로부터 무엇을 지키기 위한 것인가. 미국을 위해 싸우는 자위대라는 양상이 한층 강해지고 있는 1980년대 후반에는 그것이 새삼 문제가 되고 있다. 1986년판『방위백서』는 "국가의 평화와 안전을 확보"하는 것이 필요하며, 이를 위해 "만일 침략을 받았을 경우 이를 배제할 수 있는 자위수단을 강구해 두는 것"과 "부족한 부분을 미국과의 안전보장체제에 의존"하는 것이 필요하다고 명기하고 있다. 동시에 "방위력 향상에 힘쓰는 것은 우리나라의 안전이 한층 확보될 뿐만 아니라, 미일안전보장체제의 신뢰성 유지 강화와도 연관되어, 결과적으로 동서 양 진영의 군사적 균형에 있어서 자유주의 국가들의 안전보장 유지에 기여하며, 아시아 나아가서는 세계의 평화와 안전에 공헌하는 것이다."라고 하여, 자위대의 증강이 동서의 군사적 균형에 기여하여 세계의 평화로 이어진다는 논리를 전개하고 있다.

이것은 미일공동작전체제하에서의 자위대 증강이 서방 진영 전체의 군사력 강화로 연결된다는 논리이며, 실제로 세계적인 미국 측 진영의 대소 전략체제 강화의 일환으로서 일본의 군비확충이 행해지고 있는 것이다. 동서 군사블럭의 대항에 휘말려 핵전략 체제에 깊이 관여하고 있는 자위대는 과연 일본 국민을 지키기 위한 것이라고 할 수 있을까.

자위대가 미국의 반격력과 서방 진영을 지키기 위해 핵전략 체제 속으로 점점 깊이 빠져드는 것이 일본국민에게 무엇을 가져다 줄 것인가. 원래 독립국의 군대는 국가의 주권과 국민의 생명 및 재산을 지키는 것이어야 한다. 그러나 이 공동작전체제에는 일본국민의 생명과 재산을 지킨다고 하는 배려는 어디에도 보이지 않는다.

1986년 10월 27일부터 3자위대와 미 3군의 최초의 미일공동통합연습이 홋카이도를 중심으로 양군 합계 1만 3,000명, 항공기 약 100대, 함정 약 20척이 참가하여 실시되었다. 이 연습은 홋카이도의 이시카리평야(石狩平野)에 상륙한 적(소련군)을 육상자위대를 중심으로 한 자위대가 맞아 싸우고, 하와이의 미 육군 제25보병사단의 지원을 받아 반격한다는 상정하에서 실시되었다(『朝日新聞』 1986년 10월 28일).

미군이 '킨 엣지(Keen Edge)'라 이름붙인 이 연습은 미국이 세계에서 전개하고 있는 일련의 대연습 중 하나로서, 자위대가 세계적 규모의 미 전략 가운데 강력한 일부라는 인상을 세계에 심어주었다. 또한 연습에는 주한미군 A10과 OV10 등의 대지공격기(對地攻擊機)도 참가하여 한미일이 일체라는 것을 분명히 했다. 소련과의 전쟁을 상정한 이 대규모 연습은, 소련에서 보면 미일의 대소 시위로 받아들여져, 일소관계를 긴장시키는 요인이 될 것이 분명하다.

그 이상으로 문제가 되는 것은 이 연습의 상정이다. 자위대 3군이 전력을 집중하여 소련군과 싸우고, 하와이로부터 오는 미군의 지원을 기다려 반격으로 전환하여 승리를 거둔다고 하지만, 전장인 이시카리평야는 삿포로(札幌), 오타루(小樽), 무로란(室蘭), 도마코마이(苫小牧) 등의 대도시를 끼고 있는 홋카이도 제1의 인구밀집지대이다. 하와이 미군의 지원으로 반격으로 전환한다고 해도, 150만의 삿포로 시민을 비롯한 이 지역 300만 주민의 운명은 어떻게 될 것인가. 처음부터 국민의 생명과 재산을 지킨다는 생각은 없었다는 것이 중대한 의미를 갖는다고 할 수 있을 것이다.

국토가 전장이 되었을 때 국민의 운명은 어떻게 될 것인가. 1945년의 오키나와전투는 실로 그 실례를 보여주었다. 일본군이 일본국민을 지키지 않을 뿐만 아니라, 주민의 식량을 약탈하고 부녀자를 범하고 생명까지도 빼앗은 예가 보고되고 있다. 국토가 전장이 되지 않도록 정치, 경제, 사회, 문화 등 모든 면에서 평화를 추구해 가야 할 것이다. 국토를 전장화하고 더구나 주민의 보호를 고려하지 않는 전투가 상정되어 있다고 한다면 이것만큼 무서운 일은 없을 것이다.

▌ 전쟁에 휘말릴 위험

1,000해리 해상교통로 방위라는 명목으로 일본 영해를 훨씬 초과하는 해역까지 자위대가 진출하여 미 제7함대를 지키기 위해 대잠작전 및 대공작전을 전개하려고 하는 것은 일본이 전쟁에 휘말려들 위험을 한층 크게 하는 것이다. 86년 2월의 중의원 예산위원회에서 가토 고이치(加藤紘一) 방위청장관이 '해상교통로 유사시'라는 개념을 처음으로 제기하여, 일본의 영토가 공격을 받는다는 '일본 유사시'와는 별개로, 해상교통로(씨레인)에서의 '유사시'를 문제화했다. 해상교통로 유사시에는 해상자위대의 호위함이 미 함대 호위에 나서는 등의 미일공동작전을 실시한다는 것으로, 나가소네 수상도 이 견해를 추인했다.

즉 일본 유사시가 아닌 해상교통로 유사시에도 즉각 공동작전에 착수한다는 것이다. 그렇다면 일본 본토가 위협을 받지 않아도, 미 함대 등이 위협을 받으면 일본은 전쟁에 참가하게 된다. 미국의 핵전쟁에 자동적으로 일본이 휘말릴 위험이 있는 것이다.

나카소네 내각은 85년 11월 정부 답변서에서, 해상교통로 방위를 위한 "주변 해역 수백 해리"라는 것은 "태평양, 동지나해, 동해(일본해), 오호츠크해를 그 대상으로 생각하고 있다."라고 하여, 오호츠크해를 처음으로 대상으로 하여 거기에서의 군사행동을 상정하고 있다는 것을 분명히 했다. 그리고 86년 2월 미 의회에서 증언된 미국의 해양전략에 의하면 소련과의 통상전쟁(通常戰爭=Conventional War)에서도 적의 핵미사일 원자력잠수함을 선제공격하는 것으로 되어 있다. 즉 미 전략은 핵전쟁 위험을 항상 내포하고 있기 때문에, 해상에서 공동작전을 실시한다는 해상교통로 방위전략은 일본 본토에 대한 위협과는 무관하게 일본이 핵전생에 휘말릴 위험을 항상 수반하고 있는 것이 된다.

또한 87년 8월에는, 방위청이 일본의 방위구상 중점을 '해상교통로 방위'에서 '본토 방위, 특히 북방 중시'로 전환하고 있다고 보도되었다(『朝日新聞』 1987년 8월 25일). 그것은 최근의 미소 전략상 오호츠크해가 초점이 되어, 소련이 이 수역에 미사일 탑재 원자력잠수함 SSBM을 다수 배치하고 있는 것에 대해, 미국은 항공모함 등으로 대항하는 '해양전략'을 취하여, 이 해역의 입구를 확보하고 있는 일본의 전략적 중요성이 높아지고 있다는 것을 말해주는 것이다. 방위청의 신구상은 이러한 정세에 대응하는 것으로, 혼슈(本州) 서쪽의 본토 방위에 대해서는 요격전투기를 중심으로 하는 방공체제의 강화를, 홋카이도에 대해서는 적의 상륙이 불가피하므로 지상전을 상정하여 중장비로 무장한 육상자위대를 중심으로 독자적인 방위력 구축을 추진하려는 것이다.

이러한 자위대의 강화 및 홋카이도의 중장비화가 미국의 대소 전방전개전략과 연동하고 있음은 분명하다. 그리고 이 신방위구상이 소련을 자극하여 극동의 긴장을 심화시키게 될 것도 당연하다. 또한 이 신구상이 일본의 방위비를 더욱 끌어올리게 될 것도 예상된다.

이러한 구상이 나온 것도 자위대가 미국의 전략에 전면적으로 편입되어 있는 공동작전체제 때문이다. 여기서 가장 우선적으로 고려되는 것은 미군의 최종적인 공격력의 온존과 방위이지, 일본 국민의 생명과 생활이 아니다. 홋카이도를 혼슈 서쪽과 분리하여 거기에서의 지상전이 불가피하다고 생각하는 이 구상에서는, 570만 홋카이도 주민을 어떻게 하려고 하는 것일까.

군사력 증강과 미일공동작전 강화는 일본국민이 전쟁에 휘말릴 위험을 더욱 심화시킬 뿐이다.

참고문헌

1. 문헌은 편의상 제1부 전전 간행 도서, 제2부 전전을 대상으로 전후에 간행된 도서, 제3부 전후를 대상으로 전후에 간행된 도서로 나누었다.

2. 제1부 전전 간행 도서는 구판(旧版)『군사사』에 있던 참고문헌의 전전 부분을 그대로 기재했다. 이것은 구판 간행 당시 국립국회도서관 우에노(上野) 분관에서 열람이 가능했던 것으로, 현재도 색인으로서의 의미가 있는 것으로 판단했기 때문이다. 발행처는 생략했다.

3. 제2부 전후 간행 도서로서 전전을 대상으로 한 것은 분량이 방대하기 때문에 부대사(部隊史), 전기(戰記), 개인의 회고록이나 체험담 중 상당수를 생략했다.

4. 제3부 전후 간행 도서로서 전후를 대상으로 한 것도 분량이 방대하기 때문에 시사평론이나 기술적인 것은 상당수를 생략했다.

제1부 전전 간행 도서

1. 총기(叢記) (국방·군제·외국사정 포함)

内田正雄『海軍沿革論』1871

墺国政府 日本陸軍参謀局訳『欧州各国海陸軍制一覧』1876

蘭彪傑 坂井直常訳『撰兵論』1877

陸軍文庫『普国軍制服知書』1878

陸軍文庫『亜欧兵制報告書』1878

古賀煜『海防臆測』1879

陸軍文庫 福島安正『隣邦兵備略』1880

フォン・スタイン 木下周一・山脇玄訳『兵制学』1882

福沢諭吉『兵論』1882

天野為之『徴兵論』1884

プロンデル 桐山為一訳『軍人精神論』1884

チャンバー 高橋達郎訳『海陸軍制』1884

小林栄智秒訳『萬國兵制』1884

トーマス・カーター 柴田六郎訳『軍役奇談』1886

西原喜一訳『強兵経済論』1887

バルラン 古屋肇訳『軍制提要』1887

コルスル・フォン・デル・ゴルツ 桜井精重訳『軍国新論』1887

山本忠輔『日本軍備論』1888

柴田源三郎発行『兵語字彙草案』1888

小島好間『兵事概説』1888, 9

本所三次編『兵事提要』1890

小林又七訳『軍制綱領』1890

野島凡蔵訳『欧州六大陸軍制現況独逸国之部』1890

曽我祐準『軍備要論』1890

伴正利『海軍振興論』1890

山崎清直『海軍論』1890

荻原久太郎『日本海軍制規』1890

栗原亮一『軍備論』1892

海軍省『海防費下賜金献納金報告』1893

陸軍省『児玉陸軍少将欧州巡廻報告書』1893

チャーレス・ジルク 清野勉訳『英国兵制論』1893

学習院『軍制学』1893

岡崎茂三郎『海防新論』1894

井上円了『戦争哲学一斑』1894

加藤弘之『日本之十大勝算』1894

水交社『日活戦争ニ二就テノ意見』1895

糟谷武衛編『軍事要覧』1895

西村利之編『軍事類聚』1895

志賀覺治『軍隊』1896

木村浩吉『海軍図説』1896

フォン・デル・ゴルツ 桜井精重訳『国民皆兵論』1896

格倫水交社訳『海戦論』1896

福沢諭吉『全国徴兵諭』1898

石井忠利『戦後の日本将校』1898

ミッシェル・ルボン 町児玉錦平・市野良雄訳『戦争哲学』1898

兵事雑誌社『戦争と外交』1899

藤井秀編『軍人の本領』1899

久留島武彦『国民必携陸軍一斑』1899

教育総監部『軍制提要』1900

ダンリン 肝付兼行訳『将来の海軍と商業』1900

玉鴻年『日本陸軍々制提要』1901

的場鐘之助『陸軍と海軍』1901

吉田一保『軍事要覧』1901

水上梅彦『日露海軍之将来』1901

関西写真製版印刷合資会社『日本海軍』1901

シュモルラー・ワグネル 阿部秀助訳『海軍拡張と財政』1902

朱津逸三『国民ト兵事ノ関係』1902

フェルゼンブルン 坂田虎之助訳『青年将校の職責』1902

東洋経済新報社『二年兵役論』1902

浅野正泰『最近世界海軍力一斑』1902

匝瑳胤次『海軍』1903

平田勝馬『帝国海軍之危機』1903

鈴得巌『軍事解説』1904

軍人講学会『軍人叢書』1904

山口順三『軍事思想』1905

兵書出版会『軍制一斑』1905

杉本文太郎『海軍一斑』1905

厚生堂『軍制摘要』1906

窪田重一『少年必携最近海軍』1906

藤村守美『国軍と国家』1907

小林又七『改正陸軍々制要領』1908

小島棟吉『軍制一斑』1908

寺野精一『海事叢話』1909

軍事教育会『軍国一覧圖』1910

康坊生『吾人の難務』1910

佐藤鉄太郎『帝国国防史論』1910

田中義一『地方と軍隊との関係に就て』1911

川島清治郎『国防海軍論』1911

大日本兵書刊行会『軍制提要』1911

盛田暁『帝国海軍の危機』1912

鷺城学人『薩の海軍長の陸軍』1912

西本国之輔『軍制改革論』1912

稲田周之助『軍制及軍備』1912

沢来太郎『軍政整理論』1912

三宅覚太郎『国民と軍備との関係』1912

牛尾敬二『軍人論』1913

竹内平太郎『帝国軍備の標準』1913

辻村楠造『財政と軍備』1913

舛田憲元『最新兵役税論』1913

半澤王城『国防時論』1913

三宅覚太郎『威力ある国防と精鋭なる国軍』1914

マックス・イユンス 軍事攻究全訳『国防と国民』1914

犬養木堂『国防及外交』1914

川島清治郎『海上の日本』1914

盛田暁『艦隊法制定之急務』1914

盛田暁『現下之海軍問題』1914

原田政右衛門『日本軍の暗黒面』1914

杉原呉山『帝国軍人の修養』1914

本多日生『軍人精神』1914

木村小舟『海上の威力』1914

教育研究会『軍制学教程』1914

杉魄洋『対外国是と軍備充実案』1915

伊達一郎『帝国の国防』1915
三宅覚太郎『国防と軍制』1915
藤田定市『現代海上の兵備』1915
谷信近『日支対訳軍事用語集』1915
青森連隊区司令部『在郷軍人の心得書』1915
帝国在郷軍人会豊橋支部『在郷軍人訓』1915
オーエンウキスター『呪はれたる軍国主義』1916
川口治左衛門『国民須知軍事要綱』1916
楠瀬幸彦『国民皆兵主義』1916
吉野作造『独逸軍国主義』1916
一二三館『新編軍制提要』1916
山田久太郎『近時の戦争』1917
成沢茂馬『我軍国主義』1917
軍需局『軍需関係法規』1918
日本青年教育会『陸軍海軍』1918
ハインリッヒ・フォン・トライチケ『軍国主義政治学』1918
大庭久吉『佐藤中将松波博士国防争議評論』1918
帝国在郷軍人会麻布支部『在郷軍人全事業実施提要』1919
日高謹爾『独逸敗戦の教訓と我国防の将来』1919
石井淳『将校の士気及思想問題』1920
武藤山治『軍人優遇論』1920
尾崎行雄『新日本建設の基点』1921
尾崎行雄『軍備制限に就いて』1921
高橋律人『現代ノ国防ト海軍』1921
粟屋関一『将来の海軍』1921
井田盤楠『実験心理学的軍事研究』1921
帝国在郷軍人会岡山支部『在郷軍人全事業実施法案』1921
橋本勝太郎『文武協調平和の友へ』1922
武揚堂『軍制学教程』1922
鰕沢久治『軍事要綱』1922
一二三館軍事攻究会『軍制学』1922
国際問題研究全編『醒める』1923
板倉季『徴兵より兵役を終る迄』1923
中尾竜夫『呪はれたる陸軍』1923
高野清八郎『軍費大整理論』1923
筑紫熊七『国民必携軍縮の第一歩へ』1923

元早稲由大学生軍事研究団『我等も国防へ』1924

下村宏『国防と外交』1924

佐藤重男『国難來と新国防』1924

石藤市勝『どうして陸軍を改革すべきか』1924

小林順一郎『陸軍の根本改造』1924

板倉季『軍部覚醒論』1924

小島棟言『軍制学教程』1924

松井庫之助『護国要論国民軍事学』1925

赤松寛美『現在及将来の戦争』1925

筑紫熊七『颱風直面して』1925

石丸藤太『是れでも世界平和か』1925

岩橋次郎『国防』1925

清水盛明『国防』1925

伊藤正徳『仮想敵国』1925

鴻毛会『国防読本』1926

沢本孟虎『国家総動員の意義』1926

渡辺錠太郎『近代の戦争に於ける軍事と政策との関係』1926

海軍研究社『わが海軍』1921, 1932

連合国軍事補給会議 高屋三郎訳『欧州戦に於ける連合軍需補給の実験』1927

平賀譲・石丸藤太『補助艦問題と最近の我軍』1927

教育総監部『軍制学教程』1928

織田書店『国防叢書』1928

帝国在郷軍人会本部『帝国在郷軍人全業務指針』1928

西野雄治『次の極東戦争』1930

リープクネヒト『軍国主義論』1930

委文健郎『軍紀は囁く』1930

三越大阪支店『われらの海軍』1930

佐藤鉄太郎『国防新論』1930

蜷川新『統帥権問題』1930

偕行社『陸軍々備に関する講話案懸賞当選者論文集』1931

松下芳男『国家総動員の話』1931

陸軍省『皇軍の倫理的研究』1932

三枝茂智『国際軍備縮小問題』1932

文芸春秋社『軍事科学講座』1932

海防史料刊行会『日本海防史料叢書』1932

新日本書房発行『日本少年国防協会叢書』1932

宇山熊太郎『空中襲撃に対する国民の準備』1932

桜井忠温『国防大辞典』1932

平田晋策『われらの陸海軍』1932

帝国々防協会『国防叢書』1932

保科貞次『国民防空訓練』1932

樋口季一郎『東京の防空に就て』1932

皇道振興会『皇国の軍備と国勢』1933

十勝新聞社『日支大事変と帝国の国防』1933

大日本国防会『我等の大陸空軍』1933

桜井忠温『国防大辞典』1933

田中鉄太郎『国家総動員の準備に就て』1933

陸軍省軍事調査部『時局兵備充実の急務』1933

関根郡平『将来の海軍問題』1934

猪俣津南雄『軍備公債増税』1934

東亜政治経済調査所『国際危機と列国軍需産業の現況及び其の将来』1934

慶応義塾大学日本経済事情研究会『日本戦争経済論』1934

武富邦茂『海の生命線』1934

池田純久『軍事行政』1934

国防科学研究会『陸海軍の知識』1934

多賀宗之『国防の根本自覚』1934

陸軍省新聞班『国防と本義と其強化の提唱』1934

陸軍省軍事調査部『空の国防』1934

中央公論『非常時国民全集』1934

三輪寛・海軍有終会『國防と海軍々費』1935

柳沼七郎『軍人と政治』1935

海軍省海軍々事普及部『観艦式の盛儀を機として帝国海軍を語る』1936

伊藤政之助『現代の陸軍』1936

安藤徳器『軍部総観物語』1936

海軍省海軍々事普及部『日露戦役の実績に鑑みて国際現勢と帝国海軍』1936

宇山熊太郎『国防論』1936

有馬寛『新興日本の国防』1936

中紫末純『新興日本の国防』1936

渡辺幾治郎『明治天皇と軍事』1936

峰整造『綜合的国防と南方経営の急務』1936

武藤貞一『戦争』1936

栂井義雄『戦争・財閥・軍需工業』1937

伊東岱吉『我国に於ける軍需工業の成立過程』1937

社会局臨時軍事援護部『傷痍軍人及軍人遺族の保護制度概要』1937

神田孝一『「思想戦」と宣伝』1937

伊豆公夫・松下芳男『軍事(日本叢書)』1937

東京朝日新聞東亜問題調査会『国防と国備』1937

常田力『世界の動きと国防』1937

連合情報社『戦時体制と日本』1937

海軍省海軍々事普及部『予算上より見たる帝国海軍』1937

社会教育協会『動員と召集』1937

タイムス出版社『欧州大戦に於ける経験を基礎とした戦時に於ける工業動員』1937

育生社『現代国防研究叢書』1937, 8

山本勝市『思想国防』1938

太田公秀『軍事行政』1938

ジェフーリン・デヴィス『怖るべし日本空軍』1938

早川成治『艦隊の編成の話』1938

協調会時局対策委員会『傷痍軍人対策』1938

本荘可宗『戦争と思想変革』1938

科学主義工業社『最新国防叢書』1938

西垣新七『世界国防の現勢』1938

佐々木重蔵『日本軍事法制要綱』1939

伊元富爾『軍需工業の展望』1939

日本工業協会『戦争と工業』1939

日本工業協会『工業動員叢書』1939

海軍々事普及部『戦線より銃後へ帰郷者のために』1940

足立粟園『近世日本国防論』1940

松平道夫『近代科学戦』1940

松下芳男『我等の国防と軍備』1940

寺沢音一『国防保安法関係法令逐条便覧並釈義』1941

中外商業政治部『スパイ戦と国防保安法』1941

大竹武七郎『国防保安法』1941

八重樫運吉『国防国家の理論と政策』1941

国策研究会『改正国家総動員法国防保安法解説』1941

木嶋一光『国防国家と臣道実践』1941

帝国大学新聞『戦争と科学』1941

長野朗『現代戦争読本』1941

布川静淵『戦争の科学的研究』1941

寺田弥吉『総力戦教書』1941

塚田政之助『総力戦の性格』1941

茂野幽考『皇国海防秘史』1942

松原晃『日本国防思想史』1942

津下正章『童心記』1942

日高己雄『戒厳令解説』1942

柴田武福『国際謀略の話』1942

北条清一『思想戦と国際秘密結社』1942

大山敷太郎『農兵論』1942

企画院研究会『国家総動員法勅令解説』1943

正兼菊太『防諜の生態』1943

西沢幹雄『国防防諜と其の指導』1943

水野正次『思想決戦記』1943

緒形玉喜『大東亜戦争と宗教』1943

野村重臣『現代思想戦史論』1943

東京市政調査全編『英国の防衛計画と地方自治体』1943

岩田孝三『国防地政学』1943

大日本言論報告会『思想戦の根基』1943

小林知治『思想戦略論』1943

花見達二『戦争政記』1943

中野正剛『戦争に勝つ政治』1943

奈良靖規『総力決戦論』1943

寺田弥吉『総力戦思想戦教育戦』1943

木村増次郎『大東亜建設の諸問題』1943

企画院研究会『大東亜建設の基本綱領』1943

常盤嘉治『大東亜建設の原理』1943

竹田光次『大東亜戦争と思想戦』1943

長谷川正道『近代戦と機械化国防』1943

松元末吉『形而上戦』1943

中島誠・名取義一『決戦下の列国海軍』1943

土屋喬雄『国家総力戦論』1943

M・ジモナイト 望月衛訳『国防心理学要論』1943

河村幹雄『国防の将来』1943

斉藤市平『国民兵の心得』1943

ジンメル 阿閉吉男訳『戦争の哲学』1943

高鍋日統『水城国防史論』1943

竹田光次『世界戦局の概観と戦力の増強』1943
細川進一『世界大戦の責任者』1943
佐藤喜一郎『世界の空軍』1943
尼崎商工会議所『世界の決戦態勢』1943
伊東千代蔵『日独伊必ず勝つ』1943
岸田真『国防と人口政策』1943
開末代策『戦時下の経済』1943
和田善太郎『戦争経済』1943
沖中恒幸『戦争経済学』1943
松岡孝児訳『戦争経済学』1943
岩井良太郎『戦争と経済』1943
日本経済政策学会編『戦争と経済政策』1943
延兼数之助『戦争と資源』1943
難波田春夫『戦力増強の理論』1943
坂ノ上信夫『幕末の海防思想』1943
平出禾『増補戦時下の言論統制』1944
帝国在郷軍人会『帝国在郷軍人会三十年史』1944
戸宮武夫『皇国必勝の体制』1944
帝国地方行政学会『現行防衛関係法規類集』1944
野村重臣『改訂戦争と思想』1944
寺田弥吉『日本総力戦の体系』1944
梅津勝夫『各国機甲化の展望とその周辺』1944
植松尊慶『国民海軍読本』1944
加田哲二『総力戦』1944
寺田弥吉『総力戦』1944
浜田常二良『独逸軍部論』1944
植松尊慶『日本海軍航空隊』1944
中村新太郎『日本の陸軍』1944
五十嵐農作『国防政治の研究』1945

2. 전략, 전술

コハン 提董真訳『兵学提要』1870
ヘルドルフ 岡本兵四郎等訳『撤兵戦法』1878
ブリセル 田島応親訳『兵略戦術実施学』1879
ウィルラン 海軍々務局訳『海軍兵法要略』1879

大島貞恭『西洋戦法沿革誌』1879

ウィルラン 海軍々務局訳『艦隊運動軌範』1879, 1882

陸軍文庫『蘇拉戦事報告』1880

酒井精訳『仏国歩兵陣中要務実地演習軌典』1881

ウィルラン 海軍々務局訳『艦隊運動指引』1881

セルレンドルフ 陸軍文庫訳『参謀要務』1881

小川広等『策府』1882

比以論 稲垣才三郎訳『要兵偵察軌範』1882

ウキレム 矢島玄四郎訳『慮氏将略論』1883

シュル 陸軍文庫訳『野砲兵戦法』1883

戸沢光徳訳『仏国歩兵旅団艇員済習軌典』1883

ベッセル 川本清一訳『二艦対操法』1883

ワンドウェルト 加藤泰久訳『応地戦術』1884

陸軍文庫『歩兵射撃論』1884

丁韙良 吉田賢輔訓点『陸地戦例新選』1884

ベルトー 陸軍大学校訳『戦略原理』1885

シュレンドルフ 大島貞恭訳『参謀服務要領』1885

海軍省『連合演習地』1885

陸軍文庫訳『伊国騎兵隊戦術教則』1885

陸軍文庫『遠距離射撃説』1885

ミュールレル 村井瀬成訳『野砲兵戦術論』1885

参謀本部『参謀旅行記事』1885

ホルマノワール 荒井宗道訳『騎兵戦法要訣』1886

デレカゲー 荒井宗道訳『軍術新論』1887

ウキヤール 陸軍大学訳『軍事教程』1887

佐藤正雄訳『伊太利国師団戦闘法』1887

陸軍参謀本部『ヴキルデンブルヒ氏帥兵術』1888

藤井茂太『九州参謀旅行記事』1888

陸軍省『戦況概路上陸軍之部』1888

プランケンブルヒ 落合豊三郎訳『参謀服務実施』1888

メッケル講 木越安綱等編『実施師兵術筆記』1888

イワニン 参謀本部訳『鉄木真帖木児田兵論』1889

浜島波江『海岸防禦』1889

メッケル 原胤親等訳『戦事師兵術』1889

大島貞恭『師兵術』1889

ベルトー 生田清範訳『戦術講義中軍位之部』1889

神尾光臣等編『参謀旅行記事』1890

神尾光臣等編『参謀旅行記事、国防軍及上陸軍之部』1890

ズウホリル 陸軍監軍部訳『戦略戦術問題集』1890

参謀本部『陸海軍連合大演習記事』1890

ホーヘンローヘ 陸軍乗馬学校訳『騎兵論説書牘集』1890

ドローザンヘル 陸軍乗馬学校訳『騎兵勤務実用論』1890

クラフト 陸軍士官学校訳『歩兵論』1890

古尾肇訳『独逸野外要務』1890

野島内蔵訳『夜間作戦論』1890

パルーツキ 米山倉太訳『戦術三百題集』1890

歩兵第一六連隊編『戦術捷径』1890

設爾 陸軍砲兵射的学校訳『野砲兵戦法論』1891

クラフト 陸士訳『砲兵論』1891

インゲルフヒンゲン 陸士訳『騎兵論』1891

菊池主殿『兵某新論』1891

ホフバウエル『野砲兵実験戦術論』1891

シュライベル 高松徹好訳『応用師兵術講義』1892

上野雄図馬『南北戦記』1892

偕行社『特別大演習ニ赴ク第一師団ノ準備』1892

クラフト 陸軍砲兵射撃学校訳『砲兵論補置』1892

フォーバルト 陸軍乗馬学校訳『追撃法』1892

バストゥル 陸軍乗馬学校訳『騎兵行軍』1892

ホーヘンローヘ 陸軍乗馬学校訳『騎兵談』1892

長浦ノ住人『現今砲術上の進歩』1892

ジョン・イングルス 吉田直温訳『海軍戦術講義録』1892

陸軍省『師兵術』1893

ギチツォー 戸山学校訳『戦略術問答』1893

参謀本部『特別大演習記事』1893

陸軍砲工学校『千八百九十二年欧州諸国現用野山砲兵』1893

ヨーレショ 陸乗馬校訳『仏国及外国軍隊ノ騎兵』1893

監軍部『各将校団冬季作業問題』1893

フリッツ・ヘーニヒ 河野春庵訳『未来戦術論』1893

陸軍戸山学校『戦術学』1894

鈴木光長訳『仏国海軍大尉シー・ルフェー氏ガ黄海ノ海戦ニ対シ下シタル評論』1895

内田胤彦『兵学初歩』1895

ビヤンサン 陸軍乗馬校訳『接敵騎兵中隊用法秘訣』1895

福田刀之助『歩兵軍事摘要』1896

コハン 水交社訳『海上権力史論』1896

ウィルリン 田辺道雄訳『明日之海戦』1896

松石安治『戦術講授書』1897

陸軍大学校編『基本戦術講授録』1897

軍事教育會発行『枝隊ノ戦術実施』1897

ウェルーワー 陸乗馬校訳『師兵術第二部』1897

佐藤栄政発行『応用戦術講義録』1898

ヴィッデルン 参謀本部訳『野戦及要塞戦ニ於ケル夜間戦闘』1898

小川一眞編『明治三〇年秋季大機動演習写真帖』1898

教育総監部『師団対抗演習記事』1898

鴻究学会『戦術綱要』1898

軍事教育社発行『戦術講究録』1898

ヴェルノワー 陸軍騎兵実施学校訳『騎兵師兵術』1898

クラフト 陸士訳『騎兵論』1898

メルレン 陸士訳『歩兵戦闘』1899

軍事新報杜『歩兵戦術 小隊中隊之部』1899

デルゴルツ 河野春庵訳『独立斥候論』1899

ホンベルヂー 陸士訳『独逸改正野外勤務諭』1899

メッケル 陸軍戸山学校訳『独逸基本戦術』1899

石井忠利『戦法学』1899

ブヂッケ 陸士訳『戦術上の決心及命令』1899

コハン 水上梅彦訳『太平洋海権論』1899

カルヂナール 参謀本部訳『野戦及要塞戟ニ於ケル夜間戦闘』1899

ゲルヴィエン 教育総監部訳『要塞戦』1899

コカロフ 海軍省訳『海軍戦術論』1899

高橋静虎編『戦術講究録』1899

ウィッデルン 陸軍省訳『小戦及兵姑勤務』1899

リーツマン 河林正彦訳『将校の戦術教育』1899

ジョンリン 露参謀本部訳 日参謀本部重訳『軍隊夜間動作論』1899

雲外居士『基本戦術摘要解義』1899

軍事鴻究学会『基本戦術応用講義』1899

クラフト 陸士訳『戦略論』1899

ランゲロワ 陸軍砲兵射撃学校『野戦砲兵』1899

コハン 水交社訳『仏国革命時代 海上権力史論』1900

瓢海庵『兵棋対策』1900

河林秀一『騎兵戦術論』1900

富田月舟記『戦術参考第三師団機動演習従軍記』1901

斉藤武男『第八師団小機動演習』1901

三沢好吉等『東北特別大演習記事』1901

小笠原長生『日本帝国海上権力史講義』1902

木村重行『作戦給養論』1902

木村重行『監督演習旅行記事』1902

三沢好吉『機動演習記事』1902

尚武道人『第三師団機動演習記事』1902

陸軍省『明治三四年十一月特別大演習外賓ニ関スル記事』1902

オーブラー 寶山熊太郎訳『野戦砲兵野外勤務演習』1902

小山修『歩兵下士戦術書』1902

フォントローベル 北嶺散史訳『歩兵操典応用編』1902

ブリーセン 野沢悌吾訳『歩兵戦闘展開』1902

兵林館『軍隊の宿営』1903

清良弼『参謀要略』1903

参謀本部『明治三五年一月特別大演習記事』1903

小林又七『戦闘間砲兵の使用法』1903

隠岳『砲兵斥候論』1903

兵事雑誌社『戦場に於ける歩兵の隊形及運動』1903

大原武慶『歩兵ノ攻撃』1903

吉田平太郎講『騎兵戦術の研究 中隊之部』1903

小笠原長生『日本帝国海上権力史講義』1904

兵林館『歩兵の森林通過及同戦闘ノ標準』1904

兵林館『現時及将来の騎兵戦術』1909

城西居士『歩丘岸候勤務論』1913

軍事講究会『模範的将校斥候』1915

干城堂『斥候勤務ノ研究』1915

佐々木吉良『輜重勤務講授録』1922

阿部城雄『日本海軍艦隊論』1934

本郷弘作『近代兵学』1938

柴田賢一『近代海軍と海戦(世界大戦叢書)』1940

七田今朝一『海戦の変貌』1943

第六陸軍技術研究所訳『化学戦』1943

丹橋茂『寒地作戦』1943

富永謙吾『近代海戦論』1943

赤城千代司『軍隊補給及給養ノ研究』1943
赤城千代司『軍隊輸送の研究』1943
兵学研究会『決心問題の研究』1943
ボートウェイ 鷹司駿訳『現代の軍事科学』1943
酒井鎬次『現代用兵論』1943
坂部護郎『山岳戰』1943
小島棟言『実兵指揮系図』1943
国防研究會編 石原莞爾監修『戦術学要綱』1943
原田二郎『戦術の常識』1943
陸軍機甲本部訳『戦車戦(今次大戦)』1943
平櫛孝『戦略戦術』1943
小笠原淳隆『東郷元帥の戦略・戦術』1943
匝瑳胤次『日米決戦の海軍戦略(総力戦叢書)』1943
川崎音吉『歩兵小部隊戦闘教練陣中勤務実戦指導計画』1943
荘司武夫『歩兵の真髄』1943
本多助太郎『北阿の新戦術』1943
リッデル・ハート 神吉三郎『近代軍の再建』1944
東京文理大国民教育教材研究會編『戦車と戦車戦』1944
大江賢次『尖兵中隊』1944
佐藤堅司『ナポレオンの政戦両略研究』1944
ボールドウキン 佐藤剛訳『米国反攻の戦略』1944
ドイツ参謀本部 外山卯三郎訳『モルトケ作戦の準備と遂行』1944
森正光『航空戦術の話』1945
デブネ 岡野馨訳『戦争と人』1945

3. 군사사, 전사 (자료 포함)

陸軍文庫『仏国海軍遠征日記』1877
陸軍文庫『日本兵制沿革誌』1879
アニツニーフ 高橋維利訳『歌里米戦記』1880
陸軍省『明治十年征討軍団紀事』1880
参謀本部『参謀沿革誌』1882
フィート 海軍軍事部文庫訳『歴山太利壁塁砲撃顛末』1883
旧別働隊第三旅団参謀部編『西南戦闘日註井附録』1883
海軍省『西南征討誌』1883
クリーシー 古郁軌一等訳『万国有名戦記』1884

ヴィアル 辻本一貫訳『近世戦史略』1885

曽根俊虎『法越交戦記』1886

陸軍省『皇朝兵史』1886

鳴朗 秋庭守信訳『曼英兵勢史』1887

参謀本部『征酉戦記稿』1887

ウィットン 岡本宏高訳『独仏騎兵戦史』1887

石原勇五郎『大日本海軍沿革史』1887

生田清範『日本近世戦史』1887

落合豊三郎訳『戦史講授録』1888

ワルフホド 監軍本部訳『歴山府砲撃始末』1889

勝安芳『海軍歴史』1889

勝安芳『陸軍歴史』1889

落合豊三郎『魯土戦争』1890

クリーシー 天野鎮三郎訳『泰西十五大決戦史』1890

吉田直温『赤間関海戦紀事』1890

陸軍省『陸軍沿革要覧』1890

ジョミニー 参謀本部訳『七年戦論』1890

本宿宅命『海軍歴史抄』1891

川住鍠三郎編『桶狭間戦記』1891

北条氏長編 小幡景憲評『大阪夏冬両陣始末慶元記』1891

笠原保久編『第三師管古戦場集』1891

杉田平四郎『欧州古代戦史略』1892

シック・ド・ロンレク 小沢豁郎訳『清仏戦争記拔萃』1892

村田峰次郎『木村益次郎先生伝』1892

川崎柴山『西南戦史』1893

屯田兵司令部『屯田兵沿革』1893

憲兵司令部『仏国憲兵沿革史』1893

普ベルーア 仏エルグランダン訳 金子直寿重訳『応用戦史学』1892

依田広太郎講 偕行社編『戦史講話』1893

グルート・シュライベル 井口五郎訳『戦史講義筆訳』1893

博文館『日清戦争実記』1894, 5

春陽堂『日清交戦録』1894, 5

興文社『日清戦争』1894, 5

水交社『鴨緑江外海戦ニ関スル諸外国新聞評論抄訳』1895

水交社『鴨緑江外之海戦及評論』1895

歩兵第一旅団司令部編『明治廿七八年之役歩兵第一旅団記事』1896

シュマッヘル 宇津木信夫訳『台湾戦役』1896

川崎三郎『日清戦史』1896

渡辺禎十郎『改訂歩兵第五連隊歴史』1897

小笠原長生『帝国海軍史論』1898

ア・フォン・セル 偕行社訳『枝隊之司令』1899

フォン・ローテンハン 陸軍騎兵実施学校訳『近世騎兵戦史』1899

ウォールベック 陸軍士官学校訳『戦史例証』1899

フォン・ミュレル 要塞砲兵監部訳『独国攻守城砲兵沿革史』1899

杉市郎平『大日本帝国軍旗之歴史』1901

足助直次郎『大村兵部大輔』1902

大阪砲兵工廠『大阪砲兵工廠沿革史』1902

参謀本部『明治廿七八年日清戦史』1904

博文館『日露戦争実記』1904, 5

海軍軍令部『廿七八年海戦史』1905

藤波一哉『歩兵第一八連隊戦記』1905

堀内文次郎編『陸軍省沿革史』1905

早稲田大学編輯部『日露戦役史』1905, 6

勝安芳 中島雄等漢訳『大日本創業海軍史』1906

海軍勲功表彰会『日露海戦記』1906

歩兵第廿連隊編『歩兵第二十連隊軍旗歴史』1907

海軍軍令部『明治州七八年海戦史』1909

田辺元二郎・荒川衛次郎『帝国陸軍史』1909

黒竜会『西南紀伝』1911

誉田甚八『日清戦史講究録』1911

陸軍省『明治卅七八年戦没陸軍政史』1911

第七師団司令部『北海道及樺太兵事沿革』1911

参謀本部『明治卅七八年日露戦史』1912

『歩兵第四十連隊史』1912

岡本柳之助『風雲回顧録』1912

岩田信作『近衛歩兵第四連隊歴史』1914

岩田信作『近衛歩兵第一連隊歴史』1914

岩田信作『近衛歩兵第三連隊歴史』1915

藤本薫『歩兵第二十連隊と福知山案内』1915

岩田信作『歩兵第一連隊歴史』1915

大石千里『浜松六十七連隊戦記』1915

岩田信作『歩兵第三連隊歴史』1915

渡辺亮照『歩兵第一六連隊征戦史』1916
安井滄溟『陸海軍人物史論』1916
『近衛歩兵第四連隊歴史』1917
『近衛歩兵第三連隊史』1917
『歩兵第一五連隊史』1917
『歩兵第三連隊史』1917
陸軍大学校『日露戦史例証集』1917
坂本辰之助『公爵桂太郎』1917
『近衛歩兵第四連隊史』1918
『近衛歩兵第一連隊史』1918
『歩兵第八連隊史』1918
『歩兵第二連隊史』1918
『歩兵第六連隊史』1918
『歩兵第十八連隊史』1918
『歩兵第三十八連隊史』1918
『歩兵第三十五連隊史』1918
『歩兵第三十三連隊史』1918
『歩兵第三十七連隊史』1918
『歩兵第三十四連隊史』1918
『歩兵第五連隊史』1918
『歩兵第七連隊史』1918
『歩兵第十九連隊史』1918
『歩兵第一連隊史』一1918
『歩兵第三十六連隊史』1918
『近衛歩兵第二連隊史』1919
『歩兵第六十七連隊史』1919
『歩兵第六十五連隊史』1919
『歩兵第六十連隊史』1919
『歩兵第三十連隊史』1919
『歩兵第五十七連隊史』1919
『歩兵第十六連隊史』1919
『歩兵第十七連隊史』1919
『歩兵第三十一連隊史』1919
『歩兵第五十八連隊史』1919
『歩兵第五十連隊史』1919
『歩兵第三十二連隊史』1919

『歩兵第二十九連隊史』1919

『歩兵第四連隊史』1919

『歩兵第四十九連隊史』1919

中村孝也『子爵中牟田倉之助伝』1919

『歩兵第六十三連隊史』1920

『歩兵第六十一連隊史』1920

『歩兵第六十八連隊史』1920

『歩兵第十連隊史』1920

『歩兵第三十九連隊史』1920

『歩兵第十二連隊史』1920

『歩兵第五十一連隊史』1920

黒田甲子郎『元帥寺内伯爵伝』1920

海軍大臣官房『海軍軍備沿革』1921

『歩兵第二十連隊史』1921

『歩兵第三十一連隊史』1921

『歩兵第六十六連隊史』1922

『歩兵第五十五連隊史』1922

『歩兵第五十三連隊史』1922

『歩兵第五十九連隊史』1922

『歩兵第四十五連隊史』1922

『歩兵第四十八連隊史』1922

『歩兵第六十四連隊史』1922

『歩兵第二十三連隊史』1923

『歩兵第十三連隊史』1923

『歩兵第十四連隊史』1923

『歩兵第五十六連隊史』1923

『歩兵第四十七連隊史』1923

『歩兵連隊史(十九, 五十一, 五十二, 五十五連隊)』1925

『近衛歩兵第三連隊史』1925

『観樹将軍回顧録』1925

海軍軍医会『海軍衛生制度史』1926

栗原勇吉等『日本戦史集』1926

日本歴史地理学会『日本兵制史』1926

軍事討究会『戦陣叢話』1927

小林徳治『明石元二郎』1928

『元帥加藤友三郎』1928

海舟全集刊行会『陸軍歴史』1928
海舟全集刊行会『海軍歴史』1928
『熱血秘史戦記名著集』1929
陸士生徒隊本部『小戦例集』1930
『曽我祐準翁自叙伝』1930
佐藤鉄太郎『大日本海戦史話』1930
『歩兵第二十二連隊歴史』1932
松下芳男『陸海軍事物起原』1932
『鉄道第二連隊歴史』1933
松下芳男『徴兵令制定の前後』1932
田中康夫『戦争史』1932
諸国神社社務所『靖国神社忠魂史』1933
徳富猪一郎『公爵山県有朋伝』1933
雄山閣『日本海軍史』1934
近藤芳樹『防長辺要志』1934
松下芳男『話題の陸海軍史』1935
雄山閣『伝記大日本史陸軍編』1935
雄山閣『日本陸軍史』1935
安藤徳器『陸海軍今昔物語』1935
『伊藤博文秘書類纂兵政関係資料』1935
桜井忠温『伝記大日本史陸軍編』1935
小笠原長生『伝記大日本史海軍編』1936
陸軍軍医学校編『陸軍軍医学校五十年史』1936
小笠原長生『皇国海上権力史三笠物語』1936
小笠原長生『海軍篇』1936
中島武『大日本海軍史海の旗風』1937
渡辺幾治郎『人物近代日本軍事史』1937
荒木貞夫『元帥上原勇作伝』1937
渡辺幾治郎『日清日露戦争史話』1937
海軍有終会『近世帝国海軍史要』1938
松下芳男『陸海軍事史話』1938
伊豆公男・松下芳男『日本軍事発達史』1938
松下芳男『明治軍制史論集』1938
海軍有終会『近世帝国海軍史要』1938
田中惣五郎『近代軍制の創始者 木村益次郎』1938
小野武夫『日本兵農史論』1938

広瀬彦太『郡司大尉』1939
大糸年夫『幕末兵制改革史』1939
バズール『英帝国崩潰の真因』1940
水田信利『黎明期の我が海軍と和蘭』1940
沼田多嫁蔵『日露陸戦新史』1940
伊藤正徳『国防史』1941
菊池寛『日本戦史抄』1941
松下芳男『近代日本軍事史』1941
鈴木艮『現代日本対外戦史』1941
徳富猪一郎『陸軍大将川上操六』1942
舟橋茂『独ソ戦戦線二千粁』1942
佐藤武『九軍神ハワイ大海戦』1942
広野道太郎訳編『米英敗戦記』1942
伊藤政之助『西洋近代戦史』1942
斉藤誠一郎『日露戦塵懐古』1942
広島県『支那事変誌』1942
松下芳男編『山県有朋陸軍省沿革史』1942
沢鑑之丞『海軍七十年史談』1942
三教書院『大日本戦史』1942
伊藤金次郎『山本元帥言行録』1943
『大東亜戦争年史』1943
坂ノ上信夫『幕末の海防思想』1943
竹内運平『箱舘海運戦史話』1943
吉野有武『嗚呼及木将軍』1943
大和杢衛『秋山真之提督』1943
山本英輔『男爵大角苳生法』1943
朝日新聞社『軍神加藤少将正伝』1943
春陽堂編『加藤建夫少将』1943
棟田博『軍神加藤少将』1943
三宅彰喇『軍人宰相論』1943
田中万逸『大西郷終焉悲史』1943
大和杢衛『第二次特別攻撃隊』1943
郡山敦編『第二次特別攻撃隊』1943
桜井忠温『大及木』1943
中村嘉寿『人間山本権兵衛』1943
伊東峻一郎『山本五十六』1943

高幣常市『山本五十六元帥』1943

本間楽寛『山本元帥伝』1943

鈴木安蔵『満州事変前後』1943

欧亜通信社『欧州戦局の推移』1943

佐藤市郎『海軍五十年史』1943

田口利介『海軍作戦史』1943

大本営海軍報道部編『海軍戦記』1943

松本賛吉『輝く日本海軍』1943

佐藤庸也『活機戦』1943

栗木幸次郎『記録』1943

松下芳男『月別近代日本軍事史』1943

吉満末盛『空戦史』1943

伊藤政之助『決戦軍略史話』1943

柴田眞三郎『航空部隊二十年』1943

中井良太郎『将帥論』1943

仲小路彰『世界興廃大戦史』1943

伊藤正徳『世界大海戦史考』1943

四手井綱正『戦争史概観』1943

酒井鋳次『戦争類型史論』1943

平手英夫『ソロモン海上決戦』1943

東洋文化研究全編『大東亜建設日記』1943

村上正雄編『大東亜戦一周年史』1943

堀田吉明・富永謙吾・長谷川了『大東亜戦史』1943

大本営海軍報道部編『大東亜戦争海戦史』1943

仲小路彰『太平洋防衛史』1943

松下芳男『徴兵令制定史』1943

渡辺鉄蔵『七ツの海の戦ひ』1943

坂ノ上信夫『日本海防史』1943

飯島茂『日本選兵史』1943

畑耕一『広島大本営』1943

島野三郎訳『ポーツマス講和会議日誌』1943

国防研究會編『モスクワ攻略戦史』1943

桑木崇明『陸軍五十年史』1943

金子空軒『陸軍史談』1943

山口喜代松『日本海軍陸戦隊史』1943

大本営海軍報道部編『大東亜戦争海軍戦記』1943

京口元吉『第一次世界大戦前後』1944
丹潔編『大村益次郎』1944
井上一次『河井継之助』1944
目黒直澄『元帥山本五十六』1944
山岡荘八『元帥山本五十六』1944
秋本典夫『西郷隆盛』1944
田村栄太郎・川村純義『中牟田倉之助伝』1944
伊藤金次郎『鈴木貫太郎』1944
永島周平・松下芳男『山崎部隊長』1944
渡辺幾治郎『山本元帥』1944
沢田謙『山本元帥伝』1944
小山弘健『近代日本軍事史概説』1944
海軍航空本部監修『海軍航空戦記』1944
渡辺幾治郎『近代皇軍建設史』1944
松村秀逸『近代戦争史略』1944
広瀬彦太『大海軍発展秘史』1944
木暮浪夫『独逸陸軍史』1944
渡辺幾治郎『基礎資料皇軍建設史』1944
岡本美雄編『フィリピンの戦ひ』1944
外山卯三郎『七年戦争史 上』1944

4. 군대교육 (교범 포함)

陸軍文庫『砲兵士官須知』1878
陸軍省『新式歩兵操典徒歩之部』1878
巴爾鉄爾密 荒井宗道訳『兵学教程読本』1879～1884
柴田文三郎編『軍人精神教育譚』1880
陸軍文庫『兵集教範』1881
陸軍文庫『砲兵学読本』1882
陸軍文庫『砲兵教程』1882
ウィルラン 海軍軍務局訳『艦内兵員部署法』1882
陸軍文庫訳『独国野外演習令』1882
フィス 荒井宗道訳『前哨勤務階梯』1882
新妻緑『野外演習軌典試験問答』1883
陸軍省『騎兵操典教練基礎之部』1883
陸軍戸山学校『法国歩兵操典評論』1883

ビローリ 杉謙吉訳『仏国海軍艦船勤務条例』1884
河井源蔵『兵卒教程』1884
デヴォーレー 陸軍文庫訳『歩兵陣中勤務便覧』1885
陸軍文庫訳『仏国陣中軌典』1885
藤井茂太等訳『仏国歩兵操式連隊の部』1885
稲垣才三郎『陸軍兵員必携』1885
陸軍文庫訳『仏国歩兵陣中軌典』1886
佐藤正雄訳『仏国砲兵陣中仮規則』1887
独陸軍省 荒井宗道訳『独国陣中軌典草案』1887
河井源蔵『歩兵操典第二編実施注意』1887
陸軍戸山学校訳『魯国歩兵戦闘教練中隊及大隊之部』1887
陸士訳『仏国騎兵隊鉄道運輸訓令』1888
陸軍軍吏学舎編『陸軍編制学教程』1888
『輜重駄馬各種物品積載教範』1888
陸軍省『砲兵操典』1888
小林又七『仏国要塞軌典』1888
海軍参謀本部訳『露国海軍艦船服務条例』1888
陸軍省訳『輜重重兵操典第二編徒歩第四編駄馬』1888
陸軍軍吏学舎『陸軍経理学教程』1888
『戦闘間砲兵用法教旨』1889
陸軍砲兵射的学校編『仏国砲工実施学校戦術教程三兵連合』1889
フォン・ベルジ 荒井宗道訳『野外勤務論』1889
陸軍省編『工兵操典測地之部』1889
隠岐重節『歩兵小技隊野外演習実施注意』1889
監軍部『騎兵隊戦術実施仮数令』1889
『陸軍看護学修業兵教科書』1890
陸軍省『陸軍看護調剤学教程』1890
砲兵射的校編『砲兵野戦教範草案』1890
偕行社『独逸野砲兵操典』1890
監軍部訳『独逸騎兵野外勤務』1890
大沢弘毅『馬学』1890
横山正令『馬学要略』1890
小林虎吉『歩兵工作問答』1890
河合源蔵『歩兵野外勤務斥候前哨方位』1890
田村久井訳『仏国騎兵戦時勤務教育法』1890
クライスト『将校斥候及騎兵戦略任務』1890

偕行社『武器使用及火戦ニ関スル歩兵中隊教練』1890

陸軍砲兵射的学校『野戦砲兵材料取締法草案』1891

『野戦砲兵下士野戦教程』1891

『野戦砲兵野戦教程』1891

『野戦砲兵輸送教程』1891

要塞砲兵練習所編『要塞砲兵観測教範』1891

川谷致等校『公算学射撃学教程』1891

偕行社記事附録『独国砲兵教練』1891

要塞砲兵練習所『要塞砲兵操典』1891

偕行社記事附録『仏国砲兵卒教程』1891

『野戦砲兵操典附同改正報告』1891

奥山建太郎『野戦砲兵材料保存法草案』1891

大越安納『応用野外要務及戦闘』1891

ボールン 岸本雄一訳『馬学全書』1891

天野惣太郎『歩兵下士野外要務応用』1891

陸乗馬校訳『墺国騎兵操典』1891

フォン・シュミツ 陸乗馬校訳『騎兵教練』1891

監軍部訳『独乙騎兵操典』1891

偕行社記事附録『歩兵操典改正之報告及理由』1891

渡辺祺十郎訳『独逸歩兵野外工作教範』1891

杉村寮簡『戦闘射撃教練』1892

海軍省『海軍諸例則』1892

川谷致秀『野戦砲兵士官手薄』1893

陸乗馬校訳『白耳義国騎兵操典』1893

桜井吉松『武事教育策』1895

山岡光太郎編『軍人教育資料』1895

帝国尚武會編『日本之光陸海軍人心得』1895

和田音五郎『新射撃術問答』1896

南郎辰丙『明治二九年改定 歩兵教育方按』1896

柴田源三郎発行『歩兵教科書後編』1896

大沢勇『軍隊学術』1896

独グープスキー 歩兵五連隊訳『新兵教育法』1896

柴田源三郎『野戦砲兵野戦教程』1896

陸軍乗馬校訳『バン牧場学校教科書馬学』1896

宮沢代太郎『兵卒教範軍隊学』1896, 1898

兵書出版会社編輯部『野戦砲兵教科書』1897

近衛工兵大隊『基本土工術』1897

相沢富蔵発行『歩兵斥候歩哨勤務教練』1897

陸乗馬校訳『独逸騎兵操典』1897

コンドレー 藤田祺一訳『歩兵新兵教育論』1897

中島謙吉編『帝国陸軍軍事学』1897

上野勘次郎編『軍事教育幹部必携』1897

軍事講究学会『軍事学講義』1898

近藤融『陸軍経理要領』1898

丸山正彦『軍人勅諭義金』1898

中村寛『軍人勅諭講義』1898

佐々木利正『軍隊必須軍事学校教程』1898

大日本軍人普通学会『軍人普通講義』1898, 9

軍事鴻究学会『軍事学講義』1898, 9

アオット 陸軍戸山学校訳『歩兵中隊及大隊ノ戦闘教練』1899

秋月小一郎『工兵野外必携』1899

陸軍省『墺国軍隊教則』1899

軍事新報杜『典令問答』1899

陸軍戸山校訳 堀内文次郎校『改正独逸野外要務令』1899

陸軍騎兵実施学校訳『独逸騎兵野外作業教範』1899

陸軍騎兵実施学校訳『露国騎兵操典』1899

ライツェンスタイン 平沢耕平訳『斥候長』1899

教育総監部『輜重兵兵器教程』1900

輜重兵監部『千八百九十七年仏国輜重兵野外要務令草案』1900

熊谷喜一郎『要塞地帯法講義』1900

多賀宗之『軍事読本軍国学校』1900

ヴオンドレー 戸山学校訳『歩兵攻撃に関し墺独露仏操典ノ比較及摘要』1900

教育総監部『砲兵学教程 野戦ノ部』1900

陸軍省『爆砲教範草案』1901

陸軍省『交通教範草案』1901

軍事教育會発行 橘歩兵大尉『歩兵夜間教育』1901

辻村献造『陸軍経理学』1901

多賀宗之『歩兵野操規例』1902

フォン・ヘルフェルト 小島米三郎訳『歩兵斥候教育』1902

歩兵第十五旅団司令部『教育指針』1902

中西副松『軍事教育の本領』1902

斎藤文賢『陸軍会計経理学』1902

名古屋地方幼年学校編『名古屋陸軍地方幼年学校一覧』1902

『陸軍中央幼年学校一覧』1902

舎鉄武夫『歩兵射撃教育』1902

教育総監部『下士教科輜重兵教程』1903

兵林館『千九百年露国歩兵操典』1903

宮本林知『歩兵須知』1903

兵林館『軍隊学科教育方策』1903

石井弥四郎『教育法講話』1903

井上伸次郎『陸軍給養品学』1903

東洋隠士訳『千九百二年英国歩兵操典摘要』1903

陸軍士官学校『陸軍士官学校一覧』1904

日本赤十字社『日本赤十字社輸送人教科書』1904

小林又七『歩兵の教育』1905

山徳貫之助『陸海軍志願者案内』1905

海軍機関学校編『海軍機関学校条例並諸規則』1905

恵藤不二雄『露国工作教範提要』1906

山田耕搾『独逸歩兵換典』1906

東条英教『歩兵教練之栞』1906

陸軍経理学校『糧食経理科参考書』1906

浅田敢『中隊教育』1906

小西乙吉『立身要決官費陸海将校志願者案内』1906

軍需商会編纂部『陸軍大学校入学試験問題集』1907

高木助一『運用術参考書』1907

石井常造『軍人之修養及軍隊教育之神髄』1907

海軍機関学校『海軍機関学校一覧』1908

KT生『軍隊内務書摘要解義』1908

東条英教『独逸野外要務令訳解』1908

亀岡泰辰『軍事学楷梯』1908

小林又七『陸軍軍隊官衙学校所在地一覧』1908

陸軍士官学校『陸軍士官学校一覧』1908

安達堅造『近世に於ける歩兵教育』1909

兵林館『新旧対照歩兵各個試練之研究』1909

軍医学校『軍医学校菜府』1910

兵林館『改正歩兵操典意解』1910

尚剣生『改正歩兵操典研究』1910

北谷生編『束物教育方案』1910

軍需商会出版部『歩兵中隊下士教育方策』1910

参謀本部訳『仏国将校野外必携』1912

三沢活水『陣中勤務詳解』1912

軍事学指針社『白独騎兵操典対照義解』1912

研究会『改正騎兵操典詳解』1912

則本富三郎『最新軍事教程』1913

高松鉄太郎『歩兵須知』1913

陸軍幼年学校編『陸軍幼年学校一覧』1914

雲外居士『高等軍事学之入門』1914

水吉吉蔵『輜重兵須知』1915

海軍大臣官房『海軍諸例則』1915

大高盛哉『騎兵陣中勤務之参考』1915

山田毅一『軍政と国民教育』1917

宮本武林堂『騎兵須知』1917

兵用図書株式会社『軍隊教育令』1917

陸軍省『鍛工教程』1917

奥山辰夫『入営準備壮丁須知』1918

田中義一『壮丁のために』1918

久我正二郎『歩兵教育私観』1918

高松鉄太郎『歩兵教程』1918

今井佐吉『海兵必携』1918

小林川流堂『壮丁読本』1919

陸軍砲兵工科学校編『陸軍砲兵工科学校の神髄』1919

武揚堂『歩兵典範』1920

帝国在郷軍人会本部『陸軍々人志願者の手引き』1922

武揚堂『騎兵操典草案研究』1922

松田哲人『騎兵科下士上等兵必携陣中勤務ノ参考』1922

和田忠興『最新軍事学問答全書』1922

広井家太・栄悌次郎『現代の学校教練』1927

教育総監部『服務教程』1928

直田林太郎『受験体操科の教練参考』1930

内山雄二『戦場心理学』1930

輜重兵第一大隊『輜重兵教程』1930

金子慶太『陸軍々人を志す人のために』1932

本間晴『陸軍々人志願者宝典』1932

偕行社編『赤軍騎兵操典』1932

軍事指針社『歩兵大隊中隊教育計画集』1932

山崎慶一郎『内務教育の参考』1933

陸軍士官学校編『陸軍士官学校要覧』1933

文教科学協会『陸軍志願兵合格案内』1933

山崎慶一郎『歩兵隊第一期初年兵教育の参考』1933

米山梅吉『幕末西洋文化と沼津兵学校』1935

海軍省海軍々事普及部『海軍兵学校・機関学校・經理学校現状』1938

帝国在郷軍人会本部『狙撃兵団連隊工兵教程』1940

陸軍歩兵学校『歩兵教練ノ参考』1940

軍事学指針社『歩兵操典、歩兵操典草案対照研究』1940

鈴木庫三『教育の国防国家』1940

尚兵館『輜重兵操典』1941

陸軍騎兵学校『徒歩小分隊ノ指揮及訓練ノ参考』1941

沢鑑之丞『海軍兵学寮』1942

真継不二夫『海軍兵学校』1943

高戸顧隆『学徒出陣』1943

中沢米太郎『国防体育訓練指針』1943

林進治『国民学校国防教育体制』1943

関根忠『戦争と教育』1943

岡崎吉次郎『総力戦と国民学校経営』1943

白根孝之『大東亜建設と国防教育』1943

松村吉太郎『教練号令命令図例及主要着眼点』1943

平田内蔵吉『軍隊体育の研究』1943

山崎慶一郎『軍隊内務教育』1943

武揚堂編『諸兵典令範抜註全書』1943

佐藤塑太郎『陸軍幼年学校』1944

日比野士朗『陸軍予科士官学校』1944

八代昌一『幼年学校ノ教育技法』1944

陸軍教育叢書『陸軍航空士官学校』1944

大日本射撃協会編『小銃射撃』1944

須賀武雄『新軍教練抄解』1944

海軍省軍務局監修『海軍予科生徒志願指導書』1945

大室貞一郎『学徒勤労の書』1945

学校教育研究會編『国民学校戦力増強の教育』1945

安達尭雄『国民学校の決戦体制』1945

5. 기타 (군사기술, 군사법규 등)

弾舜平『軍事刑法註釈』1882

井上義行『軍事刑法釈義』1882

ベルネード 松田正久訳『憲兵職務提要』1883

香取關平『現行註釈徴発令纂』1884

海軍省『竜驤艦脚気病調査書』1885

諸方俊造編『改正徴兵事務例纂』1885

大江謙吉『徴兵令集成』1885

市岡正一『郡区戸長必携徴兵事務取扱手続』1886

田中知邦編『現行兵事布令要録』1887

河井源蔵『陸軍服制略図』1887

中村有年『海軍刑法註釈』1887

市岡正一『改正補正徴兵事務取扱手続』1887

高橋篤行『改正徴兵令実用』1887

清水太平『陸軍条規類纂』1887

井上義行『陸軍治罪法釈義』1889

瀬川渉『現行陸軍法令彙編』1890

楠敬順『僧侶兵役免除請願理由書』1891

鈴木光長『海軍将校便覧』1891

ガステー 陸乗馬校訳『騎兵用馬之徴発』1892

ベラール 陸乗馬校訳『馬事ニ関スル問題』1892

憲兵司令部訳『改正増補伊大利国憲兵条例』一八九二年

高田喜三郎『徴兵事務便覧』1892

ドヴォー 陸軍乗馬校訳『牧馬及軍馬之補充』1892

陸軍省訳『仏国陸軍徴兵令』1893

陸軍省訳『独逸戦時倉庫経理勤務規則』1893

憲兵司令部訳『改正増補仏国憲兵条例』1893

憲兵司令部編』仏国司憲勤務訓令」1893

監軍部『馬曳二輪車試験行軍実施報告』1893

滝奥治『漁業艦隊論』1894

中沢与一郎『徴発諸条規類集』1894

陸軍経理局『考拠移報』1894

屯田兵司令部『屯田兵司令部例規集』1894

有賀長雄『赤十字条約編』1894

高田喜三郎『一年志願兵条例類集』1894

偕行社記事第三六号附録『第一師団報告』1894

小池正直『日本陸軍衛生上の概況』1897

井上義行『陸軍刑法通解』1897

梅田敬止『軍民必携陸軍便覧』1897

政法協会編『陸軍治罪法刑事訴訟対比』1897

井上義行『陸軍治罪法通解』1897

兵事雑誌社発行『軍隊生活』1898

山田定次郎『陸軍衛生制規』1898

梅田敬止『陸軍服制図解』1898

陸軍省軍務局歩兵課編『陸軍召集条例施行細則ニ関スル伺指令間合回答拔萃』1898

陸軍乗馬学校内村兵蔵論述『日本軍馬改良ノ研究』1898

海軍省経理局『海事会計法規類集』1898

第五師団監督部『第五師団経理事務取扱手続』1898

陸軍経理学校『経理計算簿票様式』1898

田山宗尭『憲兵要規』1898

三宅彦弥『陸海軍人書翰文』1898

太田覚眠『下士制度改革私議』1899

小林又七発行『陸軍武鑑』1899

泉谷氏一『常備艦隊運動写真帖』1899

野島円蔵『武林叢譚』1900

中山愿吾『海軍志願兵要覧』1900

長尾耕作『国民必携海軍一班』1900

教育総監部『軍人衛生学』1900

陸軍省『陸軍徴発物要覧』1901

長尾耕作『海軍出身案内』1901

多賀宗之『家庭軍事談』1901

稲垣盛人『兵営之生活』1901

海軍経理部『海軍会計法親類聚』1901

海軍省『海軍諸例則』1901

西村才介『軍隊の側面』1902

滝本潔『武勇的国民の前途』1902

倉辻明俊『養兵秘訣』1902

青木竜陵『兵営生活』1903

橋亭主人『兵営大気焔』1903

史伝編纂所『日本陸海軍写真帖』1903

今状波『軍人のおもかげ』1903

綾部野圃『陣中の書簡』1903
台湾総督府陸軍幕僚副官部『台湾陸軍処務提要』1903
高橋一雄『海軍問答』1903
兵林館『軍人交際ノ心得』1903
橋周太『経験余録』1903
関根香巌『下士の理想』1903
墨提隠士『陸海将校の書生時代』1904
三島霜川・岡鬼太郎『軍人の家庭』1904
増田智蔵『軍艦詳説』1904
菊池坂城『軍艦生活帝国海軍談』1904
栗本長質『戦時法令全書』1904
杉本文太郎『陸軍諸兵種解説』1905
杉本文太郎『陸軍解説』1905
杉本文太郎『海軍解説』1905
佐藤進述『日露戦役医談』1906
軍需商会編纂部『兵事研究資料』1906
松本香州『兵営観』1906
内務省『戦時紀念事業と自治経営』1906
軍事普及会『徴兵問答』1907
陸軍経理研究会『野外給養必携』1907
笠原保久『軍旗美談』1907
ローリングホーフェン 参謀本部訳『戦争に於ける人格の勢力』1907
杉本巳水『兵学校生活』1908
陸軍会計監督部『陸軍会計監督部里程表』1908
陸軍経理研究会『陸軍経理事務要規』1908
窓月居士『新旧対照陸軍刑法義解』1908
大山文雄『改正陸軍刑法講義』1908
引地虎治郎『改正陸軍刑法講義』1909
軍事警察雑誌社『陸軍法正解』1909
小栗孝三郎『最新海軍通覧』1910
中沢東斎『徴兵並陸海軍志願者必携』1910
陸軍経理学校編『陸軍経理学校沿革略史』1911
陸軍省『陸軍徴発物件表要覧』1911
阿武夫風『海上生活怒濤譚』1912
千城堂『陸軍懲罰令註解』1912
長久保公敏『水戸之干城』1912

山浦隆治『一兵卒の告白』1912

柴田外吉『軍刀の光』1912

引地寅治郎『海軍刑法講義』1912

田家秀樹『陸軍刑法註解』1912

機堂学人『陸軍経理概観』1912

及川垣昌『軍隊大観』1913

軍人雑誌社『軍人所感文集』1913

池田極ほか『現代兵営の裏－新兵生活－』1913

中野紫葉『新兵生活』1913

軍事警察雑誌『陸軍治罪法要義』1913

田崎治久『日本の憲兵』1913

鎌田覺之進『口から耳へ』1914

帝国地方行政学会『改正陸軍召集令及同施行細則釈義』1914

山田松太郎『陸軍経理実務指針』1914

石井淳『若き士官へ』1914

池田極ほか『新兵の生活』1915

木村直幸『輸卒須知』1915

平山多次郎『日露戦ヨリ得タル野戦給養勤務上ノ教訓』1915

軍友協会『工兵須知』1915

山本寅三郎『砲兵須知』1915

安西理三郎『模範の見習士官』1915

小林編集部『陸軍出身案内』1915

たまむし生『若旦那の兵隊さん』1916

平井正道『兵営生活』1916

『田中中将講演集』1916

久保森平『陸軍経理事務提要』1916

大西黙『軍隊経理』1916

二瓶貞夫『陸軍給与令の研究』1916

立川吉太郎『憲兵の本領』1916

大日本帝国壮丁教育会『軍隊生活』1916

中島武『少尉になるまで』1916

陸軍省『陸軍各隊陣営具定数表』1917

第一師団経理部『営外居住者俸給宝科繋畜科日割計算表』1917

軍需商会編纂部『軍隊経理と金銭取扱法』1917

海老塚四郎『兵営の回顧』1917

秋山真之助『軍談』1917

山崎米三郎『軍艦旗の下にて』1917

田川功『軍する身』1917

山崎柴三郎『我国民性としての海軍魂』1917

原田政右衛門『大日本兵語辞典』1918

毛利八十太郎『洋行帰りの輜重輸卒』1918

岡欽一『連隊司令部執務必携』1918

山県有朋『徴兵制度及自治制度確立の沿革』1919

堀玉吉『本科下士経理実務手薄』1919

二瓶一次『兵営事情』1920

米山義兄『兵営須知』1920

目戸光久『艦上之一年』1920

川島堰一郎『鉄凹録』1920

霹靂火『兵営夜話心から心へ』1921

中井良太郎『兵役法要義』1922

迸良社『海軍刑法及軍法会議法』1922

海軍省医務局『大正一〇年海軍ニ於テ発生セル主要疾患ノ調査』1922

迸良社『陸軍刑法及軍法会議法』1922

『陸軍歩兵学校案内』1925

宮本善衛『軍隊生活思出の一年』1926

湯原網『陸軍刑法講義』1926

有沢武貞『軍役古今通解』1928

中井良太郎『兵役法綱要』1928

大久保政徳『兵役法詳解』1928

岡熊臣『兵制新書』1929

海軍兵学校『仰武帖』1929

教育総監部『武人の徳操』1930

有終会『海軍逸話集』1930

日本国防普及会『壮丁必携 営門を眺めて』1930

小林善八『入営者の心得』1930

福永恭助『海軍物語』1930

三浦恵一『戒厳令詳論』1932

日本少年国防協会『少年航空兵』1932

二神真敬『徴兵読本』1932

平田晋策『海軍読本』1932

太田公秀『陸軍法規』1932

有馬成甫『一貫斎国友藤兵衛伝』1932

山田新吾『少年航空兵とは』1933
陸軍省新聞班つはもの編集部『兵営の異聞と秘話』1933
黒木文四郎『海軍とは何ぞや』1933
陸軍糧抹本廠『日本兵食史』1934
皇道興会『輝く皇国の現状』1934
松下芳男『非常時に踊る軍部の人物展望』1934
伊藤金治郎『非常時陸海軍人物展望』1934
海軍省海軍々事普及部『海軍航空の概要』1935
兵学研究社『兵語類解と参考図録』1936
日高己雄『加除自在軍事法令判例特集』1936
末弘厳太郎『兵事篇』1936
読売新聞社『日英米海軍気質』1936
有坂銀蔵『兵器考』1936
伊東岱吉『我国に於ける軍事工業の成立過程』1937
偕行社『偕行拾録』1937
社会局臨時軍事援護部『傷痍軍人及軍人遺家族の保護制度概要』1937
労務管理研究会『支那事変応召者の待遇其他の取扱問題』1937
三井報恩会『支那事変下に於ける銃後の後援に就いて』1937
兵庫県工業会『軍務公用者待遇に関する調査』1937
井上信明『軍事応召者待遇内規集』1937
協調会調査部『応召兵士家族扶助後援の実例』1937
皇道日本調査部『応召者待遇と実例』1937
大阪市社会部庶務課『応召軍人及その実施に対する処遇並に物価騰貴対策に就いて』1937
大沢径『兵卒の征露日記』1937
日高己雄『軍事法規』1938
日本米布協会編輯部『第二世と兵役関係』1938
小沢滋『日本兵食史論』1938
神戸市社会課『銃後援護事業参考資料』1938
島根県支那事変軍事後援会『島根県に於ける軍事後援状況』1938
東京府『東京軍事援護事業概要』1938
帝国農会『農山漁村銃後対策協議会要録』1938
陸軍恤兵部『支那事変恤兵概観』1938
帝国軍人後援会茨城支部『支那事変軍人援護概況』1938
神戸市社会課『市内会社工場商店に於ける出征軍人並遥家族援護状況』1938
髙杉喜八『現行軍事扶助法解義』1938
大阪市役所『軍人遺族援護事務提要』1938

中央社会事業協会社会事業研究所『軍事扶助制度の発生』1938

吉富滋『軍事援護制度の実際』1938

海軍協会『海軍協会要覧』1939

大阪市社会部『出征軍人遺家族精神援護事業実施状況』1939

大阪市社会部庶務課『軍事扶助法による扶助世帯の家計調査』1939

神戸市社会部『軍事援護事業参考資料』1939

全国産業団体連合会調査課『応召者待遇に関する調査』1939

菅野保之『陸軍刑法原論』1940

青木大吾『軍事援護の理論と実際』1940

松島歳『軍事援護事務』1940

高山毅・高垣金三郎『学年短縮と兵役』1942

安田武彦『支那事変忠勇列伝 陸軍之部』1942

軍人援護会編『支那事変忠勇列伝 海軍』1943

佐藤喜一郎『空の御楯』1943

山下康雄『化学戦と国際法』1943

森山五郎『大本営政治を要望す』1943

日本宣伝協会編『戦ふ宣伝』1943

梅沢富三九編『戦時刑事民事特別法義解』1943

信夫淳平『戦時国際法提要』1943

斉藤直一・梶村敏樹・磯部靖『戦時司法特別法』1943

尾山万次郎『戦時統制法全書』1943

佐々木重蔵『日本軍事法制要綱』1943

關口好雄『海兵団』1943

依田述『学生と兵役』1943

村田咬三『機械化器』1943

小泉孝吉『空軍の重大性』1943

久下勝次・鳥居捨蔵『空襲と待避』1943

伊藤千代蔵『空襲と都市』1943

楢崎敏雄『空中戦の法的研究』1943

牛尾平之助『軍艦読本』1943

日本統制地図編『軍機保護法』1943

山本道義『状況ニ応ズル警防団及隣組ノ防空』1943

朝日新聞社編『航空決戦と学生』1943

鍋島昇『国民兵器読本』1943

荘司武夫『火砲の発達』1943

西崎荘『国民防空科学』1943

西沢幹雄『国民防諜と其の指導』1943

永松浅造『水雷戦隊』1943

内田丈一郎『水雷部隊』1943

並河亮『姿なき武器』1943

匝瑳胤次『潜水艦出撃』1943

科学朝日編『潜水艦の知識』1943

前原光雄『戦争法』1943

中島鉦三・平井政夫『宣伝戦』1943

外務省条約局編『世界戦争条約集』1943

清水辰太『毒瓦斯と焼夷弾』1943

古河幸雄『兵器』1943

中井良太郎『兵理より観たる産業戦の指導原理』1943

浅田常三郎『防空科学』1943

館林三善男編『防空総論』1943

菰田康一『防空読本』1943

依田述『司模範在郷軍人新須知』1943

尾山万次郎編『陸海空軍事法』1943

高橋健二『戦争生活と文化』1943

銅金義一『銃器の科学』1943

大井上博『戦車工学』1943

佐々木周雄『兵器工業の指標』1943

松原宏遠『下瀬火薬考』1943

筒井千尋『南方軍政論』1944

柏木千秋『国防保安法』1944

経済刑法研究会『戦時経済刑法研究』1944

立作太郎『改訂増補戦時国際法論』1944

梶田年『改正戦時司法特例法要義』1944

石割平造『工兵の本質』1944

佐藤弘『国防地政論』1944

宮本亭一『これからの防諜』1944

権藤実『兵営の記録』1944

堀木鎌三『総力戦と輸送』1944

藤川洋『日本戦時海運論』1944

村瀬達『焼夷弾』1944

大熊武雄『新兵器』1944

柴芝幸憲『通信兵器』1944

筑紫二郎『航空要塞』1945

제2부 전전을 대상으로 전후에 간행된 도서

1. 총기(叢記)

日本近代史料研究會編『日本陸海軍の制度·組織·人事』東京大学出版会, 1971

日本兵器工業会編『陸戦兵器総覧』図書出版社, 1977

桜井忠温編『国防大辞典』(復刻) 国書刊行会, 1978

原田政右衛門『大日本兵語辞典』(復刻) 国書刊行会, 1980

外山操編『陸海軍将官人事総覧』全二巻、芙蓉書房, 1981

大濱徹也·小沢郁郎編『帝国陸海軍辞典』同成社, 1984

現代法制資料編纂会編『戦時·軍事法令集』国書刊行会, 1984

西村正守編『戦史·戦記総目録 (陸軍篇)』地久館出版, 1987

2. 자료

種村佐孝『大本営機密日誌』ダイヤモンド社, 1952

________『現代史資料』第四、五、七～一三、二三、三四～三九、四三、四四巻(国家主義運動·
　　　　満州事変·日中戦争·太平洋戦争·大本営·国家総動員) みすず書房, 1963～1975

谷寿夫『機密日露戦史』(復刻) 原書房, 1966

海軍大臣官房篇『山本権兵衛と海軍』原書房, 1966

陸軍省編『明治天皇御伝記史料 明治軍事史』全二巻, 原書房, 1966

伊藤博文『機密日清戦争』(復刻) 原書房, 1967

参謀本部編『杉山メモ』全二巻, 原書房, 1967

参謀本部編『敗戦の記録』原書房, 1967

本庄繁『本庄日記』原書房, 1967

宇垣纏『戦藻録』原書房, 1968

宇垣一成『宇垣一成日記』全三巻, みすず書房, 1967～1971

憲兵司令部編『日本憲兵昭和史』(復刻) 極東研究所出版会, 1969

陸軍省編『自明治三十七年至大正十五年 陸軍省沿革史』全三巻(復刻) 巌南堂書店, 1969

稲葉正夫編『岡村寧次大将資料(上)』原書房, 1970

海軍大臣官房編『海軍軍備沿革』全二巻(復刻), 巌南堂書店, 1970

参謀本部編『昭和三年 支那事変出兵史』(復刻) 巌南堂書店, 1971

角田順編『石原莞爾資料－国防論策－』原書房, 1971

海軍大臣官房編『海軍制度沿革』全二六巻(復刻) 原書房, 1971～1972

林茂編『二・二六事件秘録』全四巻, 小学館, 1971~1972
河野司編『二・二六事件－獄中手記・遺書』河出書房新社, 1972
参謀本部編『大正七年乃至十一年 西伯利出兵史』全三巻(復刻) 新時代社, 1972
参謀本部編『満州事変作戦経過ノ概要』(復刻) 巌南堂書店, 1972
石川準吉『国家総動員史』資料篇全九巻・本篇全二巻、国家総動員史刊行会, 1975~1984
上原勇作関係文書研究會編『上原勇作関係文書』東京大学出版会, 1976
憲兵司令部編『西伯利出兵憲兵史』全二巻(復刻) 国書刊行会, 1976
新名丈夫編『海軍戦争検討会議記録』毎日新聞社, 1976
参謀本部編『明治三十七八年秘密日露戦史』(復刻) 巌南堂書店, 1977
大濱徹也編『近代民衆の記録8兵士』新人物往来社, 1978
高木惣吉『高木海軍少将覚え所』毎日新聞社, 1979
藤原彰編『資料日本現代史1 軍隊内の反戦運動』大月書店, 1980
山本四郎編『寺内正毅日記 － 一九〇〇~一九一八－』京都女子大学, 1980
小林躋造『海軍大将小林躋造覚書』山川出版社, 1981
真崎甚三郎『真崎甚三郎日記』全六巻, 山川出版社, 1981~1987
城英一郎『侍従武官城英一郎日記』山川出版社, 1982
『続・現代史資料』第四, 六巻(陸軍・軍事警察) みすず書房, 1981~1983
海軍教育本部編『帝国海軍教育史』全九巻・別巻一(復刻) 原書房, 1983
財部彪『財部彪日記』全二巻, 山川出版社, 1983
陸軍省編『明治卅七八年戦役陸軍政史』全一〇巻・解説一巻(復刻) 湘南堂書店, 1983
山本四郎編『寺内正毅関係文書(首相以前)』京都女子大学, 1984
山本四郎編『寺内正毅内閣関係史料』京都女子大学, 1985

3. 연구서

高木惣吉『太平洋海戦史』岩波書店, 1949
アメリカ合衆国戦略爆撃調査団著 正木千冬訳『日本戦争経済の崩壊』日本評論社, 1950
飯塚浩二『日本の軍隊』東京大学協同組合出版部, 1950
青木得三『太平洋戦争前史』全六巻, 財団法人学術文献普及会, 1950~1952
林三郎『太平洋戦争陸戦概史』岩波新書, 1951
服部卓四郎『大東亜戦争全史』全四巻, 鱒書房, 1953
藤田嗣雄『軍隊と自由』河出書房, 1953
歴史学研究会編『太平洋戦争史』全五巻, 東洋経済新報社, 1953~1954
田中惣五郎『日本軍隊史』理論社, 1954
細谷千博『シベリア出兵の史的研究』有斐閣, 1955
松下芳男『明治軍制史論』全二巻, 有斐閣, 1956

林克也『日本軍事技術史』青木書店, 1957

伊藤正徳『軍閥興亡史』全三巻, 文藝春秋新杜, 1957~1958

信夫清三郎·中山治一編『日露戦争史の研究』河出書房新社, 1959

福地重孝『軍国日本の形成』春秋社, 1959

松下芳男『三代反戦運動史』くろしお出版, 1960

秦郁彦『日中戦争史』河出書房新社, 1961

秦郁彦『軍ファシズム運動史』河出書房新社, 1962

堀場一雄『支那事変戦争指導史』時事通信社, 1962

日本国際政治学会太平洋戦争原因研究部編『太平洋戦争への追』全八巻, 朝日新聞社,
　　　　　1962~1963

梅渓昇『明治前期政治史の研究』未来社, 1963

島田俊彦『関東軍』中公新書, 1965

高橋正衛『二・二六事件』中公新書, 1965

児島襄『太平洋戦争』全二巻, 中公新書, 1965~1966

大谷敬二郎『昭和憲兵史』みすず書房, 1966

古屋哲夫『日露戦争』中公新書, 1966

松下芳男ほか『近代の戦争』全八巻, 人物住来社, 1966

防衛庁防衛研修所戦史室(部)『戦史叢書』全一〇二巻, 朝雲新聞社, 1966~1980

臼井勝美『日中戦争』中公新書, 1967

角田順『満州問題と国防方針』原書房, 1967

家永三郎『太平洋戦争』岩波書店, 1968

中塚明『日清戦争の研究』青木書店, 1968

伊藤桂一『兵隊たちの陸軍史』番町書房, 1969

高橋正衛『昭和の軍閥』中公新書, 1969

陸上自衛隊衛生学校編『大東亜戦争陸軍衛生史』全九巻, 陸上自衛隊衛生学校, 1969~1971

大濱徹也『明治の墓標』秀英出版, 1970

小山弘健『軍事思想の研究』新泉社, 1970

歴史学研究会編『太平洋戦争史』全六巻, 青木書店, 1971~1973

本多勝一『中国の旅』朝日新聞社, 1972

藤村道生『日清戦争』岩波新書, 1973

村上一郎『日本軍隊論序説』新人物住来社, 1973

高橋治『派兵』全四巻, 朝日新聞社, 1973~1977

大江志乃夫『国民教育と軍隊』新日本出版社, 1974

臼井勝美『満州事変』中公新書, 1974

佐藤徳太郎『軍隊·兵役制度』原書房, 1975

井上清『新版日本の軍国主義』全四巻, 現代評論社, 1975~1977

大江志乃夫『日露戦争の軍事史的研究』岩波書店, 1976

全国憲友会連合会編纂委員會編『日本憲兵正史』全国憲友会連合会本部, 1976

菊池邦作『徴兵忌避の研究』立風書房, 1977

松下芳男『暴動鎮圧史』柏書房, 1977

黒羽清隆『日中15年戦争』全三巻, 教育社歴史新書, 1977～1979

大江志乃夫『戒厳令』岩波新書, 1978

大濱徹也『天皇の軍隊』教育社歴史新書, 1978

刈田徹『昭和初期政治・外交史研究』人間の科学社, 1978

北岡伸一『日本陸軍と大陸政策』東京大学出版会, 1978

千田稔『維新政権の直属軍隊』開明書院, 1978

藤原彰『天皇制と軍隊』青木書店, 1978

大江志乃夫『戦争と民衆の社会史』現代史出版会, 1979

近代日本研究會編『昭和期の軍部』山川出版社, 1979

黒羽清隆『十五年戦争史序説』三省堂, 1979

竹橋事件百周年記念出版編集委員會編『竹橋事件の兵士たち』現代史出版会, 1979

河辺正三『日本陸軍精神教育史考』(復刻) 原書房, 1980

森松俊夫『大本営』教育社歴史新書, 1980

池田清『海軍と日本』中公新書, 1981

大江志乃夫『徴兵制』岩波新書, 1981

纐纈厚『総力戦体制研究』三一書房, 1981

大江志乃夫『昭和の歴史3 天皇の軍隊』小学館, 1982

太田昌秀『総史沖縄戦』岩波書店, 1982

工藤美知尋『日本海軍と太平洋戦争』全二巻, 南窓社, 1982

黒羽清隆『軍隊の語る日本の近代』全二巻, 1982

朴宗根『日清戦争と朝鮮』青木書店, 1982

藤原彰『太平洋戦争史論』青木書店, 1982

洞富雄『決定版南京大虐殺』現代史出版会, 1982

大江志乃夫『統帥権』日本評論社, 1983

小沢郁郎『つらい真実－虚構の特攻隊神話』同成社, 1983

篠原宏『陸軍創設史』リブロポート, 1983

野村実『太平洋戦争と日本軍部』山川出版社, 1983

三宅正樹編『昭和史の軍部と政治』全五巻, 第一法規, 1983

戸部良一ほか『失敗の本質』ダイヤモンド社, 1984

古屋哲夫編『日中戦争史研究』吉川弘文館, 1984

室山義正『近代日本の軍事と財政』東京大学出版会, 1984

沢地久枝『滄海よ眠れ』全六巻, 毎日新聞社, 1984～1985

大江志乃夫『日本の参謀本部』中公新書, 1985
古屋哲夫『日中戦争』岩波新書, 1985
近代戦史研究會編『日本近代と戦争』全七巻, PHP研究所, 1985~1986
江口圭一『十五年戦争小史』青木書店, 1986
篠原宏『海軍創設史』リブロポート, 1986
秦郁彦『南京事件』中公新書, 1986
松本清張『二・二六事件』全三巻, 文藝春秋社, 1986
吉沢南『戦争拡大の構図』青木書店, 1986
吉田裕『天皇の軍隊と南京事件』青木書店, 1986
纐纈厚『近代日本の政軍関係』大学教育社, 1987
吹浦忠正『聞き書 日本人捕虜』図書出版社, 1987
藤原彰編著『沖縄戦－国土が戦場になったとき』青木書店, 1987
本多勝一『南京への道』朝日新聞社, 1987
吉見義明『草の根のファシズム』東京大学出版会, 1987
藤原彰・本多勝一・洞富雄編『南京事件を考える』大月書店, 1987
藤原彰編『沖縄戦と天皇制』立風書房, 1987

제3부 전후를 대상으로 전후에 간행된 도서

1. 재군비 문제

国立国会図書館調査立法考査局『再軍備に関する国内論調』1951
小堀甚二『再軍備論』国民教育社, 1951
佐野学『日本再武装論』酣燈社, 1951
入江啓四郎『日本講和条約の研究』板垣書店, 1951
岡倉古志郎『日本再軍備』月曜書店, 1951
山川均『日本の再軍備』岩波書店, 1951
横田喜三郎『自衛権』有斐閣, 1951
国際法学会編『平和条約の総合研究』有斐閣, 1952
毎日新聞社編『対日平和条約』毎日新聞社, 1952
佐藤達夫『戦力・その他』学陽書房, 1953
有田八郎『どうするか？日本の再軍備』法政大学, 1954
山内一夫『政府の憲法解釈』有信望, 1965
林修三『自衛隊と憲法の解釈』有信望, 1968
大谷敬二郎『憲法秘録』原書房, 1968

フランク・コワルスキー『日本再軍備』サイマル出版会, 1968
読売新聞戦後史班編『「再軍備」の軌跡』読売新聞社, 1981
杉村敏正『防衛法』有斐閣, 1985

2. 자위대

安田武『少年自衛隊』東書房, 1956
宇都宮静男『自衛隊と民主政治』自由アジア社, 1959
高橋甫『ミサイル戦争と自衛隊』新読書社, 1959
田畑茂二郎『安保体制と自衛官』文化書店, 1960
和田尚志『防衛大学校』不味社, 1960
防衛庁人事局編『自衛隊十年史』大蔵省印刷局, 1961
堂場肇『日本の軍事力自衛隊の内幕』読売新聞社, 1963
加藤陽三『自衛隊』有斐閣, 1963
星野安三郎『自衛隊』三一書房, 1963
加藤陽三『日本の防衛と自衛隊』朝雲新聞社, 1964
蔵原惟堯『自衛隊の海外派兵』朝日新聞社, 1964
小谷秀二郎『憲法と海外派兵論議』鹿島研究所出版会, 1964
杉田一次『陸上自衛隊の現状と日本の防衛』鹿島研究所出版会, 1964
日本民主法律協会恵庭対策委員会『裁かれる自衛隊』労働旬報社, 1965
渡辺洋三・松井康裕編『恵庭事件』労働旬報社, 1966
日本評論社編『恵庭裁判－憲法第九条と自衛隊－』日本評論社, 1966
北海道平和委員会恵庭事件対策委員会『恵庭は告発する』汐文社, 1966
深瀬忠一『恵庭裁判における平和憲法の弁証』日本評論社, 1967
風早八十二他『政治反動と治安対策』労働経済社, 1968
槙智雄『防衛の努め』甲陽書房, 1968
朝日新聞社編『自衛隊』朝日新聞社, 1968
毎日新聞社編『素顔の自衛隊』毎日新聞社, 1968
毎日新聞社編『国民と自衛隊』毎日新聞社, 1969
毎日新聞社編『安保と自衛隊』毎日新聞社, 1969
林茂夫他『自衛隊の七〇代戦略』汐文社, 1970
日本弁護士連合会報告『沖縄の基地 公害と人権問題』南方同胞援護会, 1970
藤井治夫『自衛隊の作戦計画』三一書房, 1971
吉原公一郎『自衛隊の肖像』波書房, 1971
日本共産党中央委員会出版局編『四次防と自衛隊』日本共産党中央委員会機関紙経営局,
　　　1971

小西反軍裁判支援委員会編『自衛隊 その銃口は誰に』現代評論社, 1972
日本共産党国会議員団編『沖縄米軍基地』新日本出版社, 1972
林茂夫他『自衛隊 その知られざる実態』日本青年出版社, 1972
吉原公一郎『戦後「日本軍」の論理』現代史資料センター出版会, 1973
藤井治夫『自衛隊と治安出動』三一書房, 1973
藤井治夫『自衛隊クーデタ戦略』三一書房, 1974
小山内宏『自衛隊図鑑』主婦と生活社, 1974
藤井治夫『自衛隊を裁け その軍事機密の追及』三一書房, 1974
土田隆『自衛隊は役に立つか』經濟往来社, 1975
沖縄県渉外部基地渉外課編『沖縄米軍基地』1975
吉原公一郎『黒い軍隊』三省堂, 1976
小松七郎『基地の海 九―九里米軍基地闘争の記録』千葉平和委員会, 1976
東京弁護士会編『沖縄基地確保新法案批判』東京弁護士会, 1977
山崎カヲル『新「国軍」用兵論批判序説』鹿砦社, 1977
坂田道太『小さくても大きな役割』朝雲新聞社, 1977
オリエント書房編集部編『日本の防衛戦略』オリエント書房, 1977
沖縄県渉外部基地渉外課編『米軍沖縄基地関係資料』1977
小谷秀二郎『防衛力構想批判』嵯峨書院, 1977
海原治『日本防衛体制の内幕』時事通信社, 1977
「赤旗」特捜班『影の「軍隊」』新日本出版社, 1978
稲垣治『自衛隊の「戦争計画」』鹿砦社, 1978
酉修『自衛隊法と憲法第九条』教育社, 1978
小西誠編『自衛隊の兵士運動』三一書房, 1978
菊池征男『素顔の自衛隊』ワールドフォトプレス, 1978
藤井治夫『戦争計画―自衛隊戦えば』三一書房, 1978
剣持一巳『核戦略体制と自衛隊』三一書房, 1979
沖縄県環境保健部公害対策課編『基地公害資料 騒音編』1979
林茂夫『最新自衛隊学入門』二月社, 1979
加藤陽三『私録・自衛隊史』政治月報社, 1979
久保綾三『独占資本の雇兵軍』十月社, 1979
宮崎弘毅『日本の防衛機構』教育社, 1979
田中伸尚『自衛隊よ、夫を返せ』現代書館, 1980
小川雷太『日本の空は守れるか―外から見た航空自衛隊』航空新聞社, 1980
佐瀬稔『自衛隊三十年史』講談社, 1980
草地貞吾他編『自衛隊史―日本の防衛の歩みと性格』日本防衛調査協会, 1980
藤井治夫『自衛隊は必ず敗ける』三一書房, 1980

山下純二『戦う自衛隊』立風書房, 1980

草地貞吾他『自衛隊史』日本防衛調査会, 1980

小西 誠『反戦自衛官』1CA出版, 1980

松川久二『自衛隊に反対する沖縄』大永(沖縄), 1980

土井寛『自衛隊』朝日ソノラマ, 1980

瀬間喬『自衛隊を裸にする』ワールド教育出版, 1981

老川祥一『自衛隊の秘密』潮文社, 1981

海原治他『討論・自衛隊は役に立つか』ビジネス社, 1981

新井章『憲法第九条と安保・自衛隊』日本評論社, 1981

瀬間喬『自衛隊を裸にする 誰も知らない汚濁の内幕』ことば社, 1981

『自衛隊一九八二 ユニフォーム・個人装備』ワールドフォトプレス, 1981

老川祥一『自衛隊の秘密 東西軍事バランスの変化の中で』潮文社, 1981

小沢和夫『自衛隊のみたソ連軍 陸海空の対ソ防衛戦略』原書房, 1981

桑江良逢『幾山河 沖縄自衛隊』原書房, 1982

石井良一『告発！自衛隊 防災の名による治安出動 着々とすすむ「有事」国民浸透作戦をあばく』
        1982

『自衛隊の戦略・戦術 一九八二』芸文社, 1982

内閣総理大臣官房広告室編『自衛隊・防衛問題に関する世論調査』1982

鷲見友好『日本の軍事費』学習の友社, 1982

毎日新聞社『日本の戦力 自衛隊の現況と三〇年の歩み』毎日新聞社, 1982

吉原公一郎『日本の兵器産業』ダイヤモンド社, 1982

桑島和夫『日本の防衛 小さくとも大きな戦力』長沢出版社, 1982

芙蓉書房プロジェクトチーム編『婦人自衛官その生活と意見』芙蓉書房, 1982

ヒサクニヒコ『自衛隊とびある記』永田書房, 1982

林茂夫・松尾高志『自衛隊』東研出版, 1982

佐藤和正『これが日本の自衛隊だ』講談社, 1983

森田俊男『自衛隊・徴兵制・現代戦争』平和文化, 1983

鎌田慧『日本の兵器工場』講談社, 1983

講談社編『日本の防衛力』講談社, 1983

日本兵器工業会編『日本兵器工業会三十年史』日本兵器工業会, 1983

森田俊男『自衛隊・安保条約 治安出動・有事立法・軍事同盟』汐文社, 1984

五十嵐肇『防衛最前線』広済堂出版, 1984

松本利秋『防衛は誰のために』広済堂出版, 1985

3. 미일안보 · 기지

高木惣吉『軍事基地』弘文堂, 1953

野清勝『立ち上がる基地日本』農林水産経済研究所出版部, 1953

基地問題調査委員会『軍事基地の実態と分析』三一書房, 1954

小川雷太『在日米軍－その新装備を衝く』航空新聞社, 1957

堀眞琴『基地－世界と日本』平凡社, 1957

読売新聞社政治部編『太平洋の鎖－日米安保条約の改廃』南方書房, 1957

入江啓四郎『領土·基地』三一書房, 1958

林克也『ミサイルと日本－基地の恐怖－』東洋経済新報社, 1958

服部卓四郎『軍事基地』日本外政学会, 1958

潮見俊隆『農村と基地と法社会学』岩波書店, 1958

田村幸策『安保条約問題と中立主義の批判』報国新聞社, 1959

国会図書館調査立法考査局編『日米安保条約改定問題資料集』1959

憲法調査会事務局編『日米安保関係文書集』1959

石本泰雄『条約と国民』岩波書店,1960

神山茂夫『安保闘争と統一戦線』新読書社, 1960

田畑茂二郎『安保体制と自衛隊』有信堂, 1960

寺沢一『安保条約の問題性』有信堂, 1960

田中直吉『新日米安保条約の研究』有信堂, 1960

平田善介『新安保条約の全貌』月刊時事社, 1960

研究者懇談會編『新安保条約』三一書房, 1960

信夫清三郎『安保闘争史』世界書院, 1961

三多摩平和委員會編『三多摩の軍事基地』1962

高野雄一『日米安全保障条約の法的諸問題-日本の安全保障』鹿島研究所出版会, 1964

鹿島守之助『安全保障条約と経済問題－日本の安全保障』鹿島研究所出版会, 1964

西晴彦『日米安全保障条約について－日本の安全保障』鹿島研究所出版会, 1964

西村熊雄『日米安全保障条約の成立事情－日本の安全保障』鹿島研究所出版会, 1964

床次徳二『日本の安全保障と沖縄問題』鹿島研究所出版会, 1964

沖縄·小笠原返還問題同盟編『沖縄黒書』労働旬報社, 1964

沖縄祖国復帰協議会·原水爆禁止沖縄県協議會編『沖縄県祖国復帰運動史』沖縄時事出版社,
    1964

中野好夫編『沖縄問題二〇年』岩波書店, 1965

比嘉幹郎『沖縄－政治と政党－』中央公論社, 1965

宮里政玄『アメリカの沖縄統治』岩波書店, 1965

潮見俊隆『日本の基地－その構造と実態－』東京大学出版会, 1965

畑田重夫『新安保体制論』青木書店, 1966
日本共産党中央委員会宣伝部編『日米安保条約をめぐる30間』日本共産党中央委員会宣伝部,
　　　　1966
有志の會編『一九七〇年の選択－日本の安全保障をどうするか－』経済往来社, 1966
阪中友久『在日米軍基地の現状と将来』朝日新聞社, 1967
共同通信社全部編『この日本列島－在日米軍・自衛隊・ベトナム戦争－』現代書房, 1967
日本平和委員会編『日本の黒書－われわれは告発する』労働旬報社, 1967
入江道雅『集団安全保障と日本の立場』有信堂, 1967
春日井邦夫『安保条約と基地問題』有信堂, 1967
上条末夫『軍事的にみた安保体制』有信堂, 1967
蔵原惟尭『日米安保条約の焦点』朝日新聞社, 1967
利光三津夫『左翼法律家の安保条約論批判』有信堂, 1967
中村勝範『共産党・社会党・マスコミの安保反対論』有信堂, 1967
中村菊男『安保体制の基本問題』有信堂, 1967
中村菊男『日米安保肯定論』有信堂, 1967
原豊『安保体制の経済的側面』有信堂, 1967
和田教美『一九七〇年の政治課題』朝日新聞社, 1967
和田教美『日米安保体制の再検討』朝日新聞社, 1967
加藤恭亮『沖縄－その受難の歴史－』ダイヤモンド社, 1967
阪中友久『アメリカ戦略下の沖縄』朝日新聞社, 1967
阪中友久『沖縄返還のプログラム』朝日新聞社, 1967
中本たか子『砂川の誇り』労働旬報社, 1967
毎日新聞社編『極東'危機'と米軍基地』毎日新聞社, 1967
稲泉薫『基地と沖縄経済』原書房, 1967
上田耕一郎『一九七〇年と安保・沖縄問題』新日本出版社, 1968
青島章介『基地闘争史』社会新報社, 1968
大久保泰『返還される小笠原』朝日新聞社, 1968
大浜信泉『沖縄問題の基本』原書房, 1968
青島章介他『基地闘争史』社会新報社, 1968
川口邦彦『沖縄人権問題の基本』朝日新聞社, 1968
河村宏男『沖縄返還の歩み』朝日新聞社, 1968
清川勇吉『北方領土と沖縄』朝日新聞社, 1968
九住忠男『安全保障論議における沖縄問題』原書房, 1968
九住忠男『問題解決の方向と沖縄基地』原書房, 1968
小谷秀二郎『日本の安全保障と沖縄基地』原書房, 1968
新崎盛暉『沖縄問題と七〇年安保』現代評論社, 1968

高瀬昭治『基地経済からの脱却』朝日新聞社, 1968

高瀬保『アメリカの極東戦略と沖縄』原書房, 1968

竹内叔郎編『沖縄の挑戦』宇野書房, 1968

中野好夫編『沖縄問題を考える』太平出版, 1968

中村菊男『国際政治における沖縄問題』原書房, 1968

波照間洋『沖縄返還』三一書房, 1968

牧瀬恒二『沖縄と日米独占資本』汐文社, 1968

八木勇『沖縄の法的地位』朝日新聞社, 1968

和田教美『政府の態度と各党の返還構想』朝日新聞社, 1968

青年法律家協会『沖縄返還と一体化政策』労働旬報社, 1968

日本評論社編『沖縄白書』日本評論社, 1968

琉球新報社編『基地沖縄』リイマル出版会, 1968

林茂夫他『一九七〇年と軍事基地』新日本出版社, 1968

時事問題研究所編『米軍基地－誰のためのものか』時事問題研究所, 1968

安保六八の記録『佐世保に関する私たちの報告書』対話の会, 1968

杉山茂夫『日米安保条約の問題点－国民講座・日本の安全保障 第4巻』原書房, 1968

酒井寅吉『七〇年安保とマスコミ－国民講座・日本の安全保障 第6巻』原書房, 1968

関 嘉彦『一九七〇年における選択－国民講座・日本の安全保障 第6巻』原書房, 1968

田沼肇『安保条約と日本の大衆運動』汐文社, 1968

中島誠編『全学連－七〇年安保と学生運動』三一書房, 1968

成田知巳『一九七〇年の課題』労大新書, 1968

利光三津夫『安保反対論の論理とその批判－国民講座・日本の安全保障 第6巻』原書房, 1968

畑田重夫『七〇年安保闘争の統一戦線』青木書店, 1968

原豊『日本安保条約の経済的側面－国民講座・日本の安全保障 第6巻』原書房, 1968

水口宏三『安保闘争史』社会新報社, 1968

読売新聞社編『国会安保論争史 1・2』読売新聞社, 1968

日本平和委員会『この安保条約』平和書房, 1968

渡辺洋三・岡倉古志郎編『日米安保条約－その解資料』労働旬報社, 1968

公明党『在日米軍基地の総点検』1968

社会問題研究所編『七〇安保闘争 アジア・核安保体制づくりとの対決』社会問題研究所, 1968

安保・沖縄問題研究會編『七〇年安保と朝鮮問題』労働旬報社, 1968

労働者教育協会『安保問題のすべて』学習の友社, 1968

いいだもも『七〇年への革命試論』三一書房, 1969

日本の安全保障編集委員會編『安保問題ハンドブック』原書房, 1969

国民の政治研究會編『安保論争 あなたはどうする 安保とは何か』エール出版, 1969

北海道平和委員會編『北海道黒書 安保体制下の自衛隊』労働旬報社, 1969

井出武三郎『安保闘争』三一書房, 1969

潮見俊隆他『安保黒書』労働旬報社, 1969

北田冨二『安保と日本の経済』日本青年出版社, 1969

渡辺洋三他『日米安保条約』労働旬報社, 1969

渡辺洋三他『日米安保条約全書』労働旬報社, 1969

牧瀬恒二『沖縄と三大選挙』労働旬報社, 1969

吉原公一郎『沖縄』三一書房, 1969

安保沖縄問題研究會編『七〇年安保と沖縄問題』労働旬報社, 1969

沖縄返還同盟『沖縄問題入門』新日本出版社, 1969

林茂夫他編『安保黒書』労働旬報社, 1969

服部学『安保条約と核問題』労働旬報社, 1969

田畑茂三郎『安保体制と自衛権』有信堂, 1969

毎日新聞社編『安保と自衛隊』毎日新聞社, 1969

毎日新聞社編『安保と米軍基地』毎日新聞社, 1969

毎日新聞社編『安保と防衛生産』毎日新聞社, 1969

毎日新聞社編『安保と政治』毎日新聞社, 1969

毎日新聞社編『岐路に立つ「安保体制」』毎日新聞社, 1969

毎日新聞社編『公明党政権下の安全保障』毎日新聞社, 1969

桜井愈『安保条約と自衛隊』労働旬報社, 1969

臼井吉見編『安保・一九六〇』筑摩書房, 1969

中村菊男『安保なぜならば』有信堂, 1969

徳留徳『砂川どきゆめんと 土と旗と農民の一四年』社会新報社, 1969

小山内宏『ここまできた日本の核武装』ダイヤモンド社, 1969

宮岡政雄『砂川闘争の記録』三一書房, 1970

岡崎万寿『統一戦線運動 安保廃棄への展望』新日本出版社, 1970

吉原公一郎『日米安保条約体制史 国会論議と資料1～4』三省堂, 1970

毎日新聞社編『安保関係資料集 日本の平和と安全・別巻』毎日新聞社, 1970

森田俊男『安保教育体制と沖縄問題』明治図書出版, 1970

安保沖縄問題研究會編『安保体制一九七〇』労働旬報社, 1970

日本弁護士連合会報告『沖縄の基地公害と人権問題』南方同胞援護会, 1970

『基地白書』相模原市, 1970

日本経済新聞社社会部編『これが米軍基地だ』日本経済新聞社, 1970

沖縄問題研究会『七〇年安保と朝鮮問題』労働旬報社, 1970

日本機関紙協会編『職場の安保闘争』日本機関紙協会, 1970

横浜青年安保学校編『青春と安保 七〇年のあさやけ』新日本出版社, 1970

野村平爾編『日米共同声明と安保・沖縄問題』日本評論社, 1970

内閣官房内閣調査室編『安保改定問題の記録』1971

毎日新聞社編『安保関係資料集 日本の平和と安全・別巻』毎日新聞社, 1971

琉球政府企画局『軍用地及び軍施設』1971

農民と都市を結ぶ青年の会『農民は基地と戦う』三一書房, 1971

不破哲三『沖縄基地とニクソン戦略』新日本出版社, 1972

沖縄県総務部編『沖縄の米軍基地関係資料』1972

立川市役所企画財政部企画課編『立川基地』1972

横浜市総務局渉外部編『横浜市と米軍基地』1973

東京都総務局基地返還対策室編『都内米軍基地資料』1974

沖縄県渉外部基地渉外課編『沖縄の米軍基地』1975

東京都総務局基地返還対策室編『都内基地のあらまし』1975

小松七郎『基地の海 九十九里浜米軍基地闘争の記録』千葉県平和委員会, 1976

東京弁護士会沖縄問題特別委員會編『日米地位協定と人権』東京弁護士会, 1976

横須賀市企画部基地対策課編『横須賀市と基地基地対策のあゆみと跡地利用』1976

東京弁護士会編『沖縄基地確保新法案批判』東京弁護士会, 1977

刑特法被告を支える市民の會編『キセンバルの火沖縄は訴える』現代書館, 1978

吉岡吉典『日米安保体制論 その歴史と現段階』新日本出版社, 1978

毎日新聞社政治部編『転換期の「安保」』毎日新聞社, 1979

日本共産党中央委員会出版局編『日米安保の新段階』日本共産党中央委員会出版局, 1979

稲垣治『在日米軍 日本有事にどう動くか』ダイヤモンド社, 1980

河口栄二『米軍機墜落事故』朝日新聞社, 1981

佐藤裕二他『秋田沖日米合同軍事演習 その記録とおそるべき背景』秋田書房, 1981

吉岡吉典『安保再改定論と日本の安全』大月書店, 1981

渡辺久丸『安保とその周辺』昭和堂, 1981

畑田重夫『安保のすべて』学習の友社, 1981

労働者教育協会編『核・安保問題 資料集』学習の友社, 1982

安藤登志子『北這士の女たち 忍草母の会の二十年史』社会評論社, 1982

多田実解説『日米安保条約』三笠書房, 1982

創価学会婦人平和委員會編『サヨナラ・ベースの街』第三文明社, 1982

朝日新聞社編『総点検・日米安保』朝日新聞社, 1982

大賀良平他『日米共同作戦 日米対ソ連の戦い』麹町書房, 1982

横須賀市転換対策部転用対策課編『横須賀市と基地』1982

斉藤文春編『大高根撃場 陣情書にみる接収地の苦悩』七つの石保存会, 1983

那覇防衛施設局編『沖縄における駐留軍用地特別法に基づく使用権限取得の記録』1983

沖縄県労働渉外部基地渉外課編『沖縄の米軍基地』1983

基地対策全国連絡会議編『日本の軍事基地』新日本出版社, 1983

御殿場市編『東富士演習場重要文書類集 下巻』1983
田山輝明『米軍基地と市民法 軍用地法制論』一粒社, 1983
大宮武郎『平和憲法と安保体制』中央書房, 1984
上田耕一郎『日米核軍事同盟』新日本出版社, 1986
西沢優『日米共同作戦 その歴史と現段階』新日本出版社, 1987
日本共産党中央委員会出版局編『三宅島－米軍基地化反対と自然保護』日本共産党中央委員
　　　会出版局, 1987

4. 방위 · 안전보장론

田岡良一『永世中立と日本の安全保障』有斐閣, 1950
古賀武『戦争革命の理論』東洋書館, 1952
辻正信他『自衛中立』亜東書房, 1952
土居明夫『米ソ戦と日本』黄土社, 1952
土居明夫『新軍備との対決－新しい日本の国防－』興洋社, 1953
国防と経済研究会『日本の防衛』日本防衛会, 1953
岡倉古志郎『第三勢力－中立と独立』要書房, 1953
高野雄一『国際安全保障の問題』日本評論社, 1955
藤原精二『戦争の分析と再軍備』成巧社, 1956
神谷竜男『国際連合の安全保障』有斐閣, 1956
高山岩男『中立の過去と現在』大学出版協会, 1956
田中直吉他『集団安全保障』日本外政学会, 1956
日本国際政治学会編『集団安全保障の研究』有斐閣, 1956
朝雲新聞社編『日本の防衛』朝雲新聞社, 1958
石本泰雄『中立制度の史的研究』有斐閣, 1958
大平善梧『日本の安全保障と国際法』有信堂, 1959
神山茂夫『日本の中立化と独立』新読書社, 1959
山口房雄『中立－この民族の課題』至誠堂, 1959
日本共産党『日本の中立化についての党の態度』1959
近藤俊清『日本の曲り角』有紀書房, 1959
辻寛一『くにのまもり平和日本の防衛を若い人々に訴う』新日本経済社, 1959
林敬三『国際軍事情勢の問題と日本の防衛』内外情勢調査会, 1959
日本社会党『日本の独立・平和・安全保障について』1959
時事通信社編『防衛読本』時事通信社, 1959
中外調査会『世界の軍事情勢と日本の国防』中外討査会, 1959
大平善梧『集団安全保障と日本の外交』一橋書房, 1960

高橋通敏『安全保障論序説』有斐閣, 1960

石堂清倫他『中立日本の構造』合同出版社, 1960

宇都宮徳馬『平和共存と日本外交』弘文堂, 1960

安全保障研究会編『安全保障体制の研究』時事通信社, 1960

田中直吉『中立主義』文教書院, 1961

辻正信『中立の条件』綿正社, 1961

前芝確三他『中立は実現できるか』三一書房, 1961

伊藤斌『防衛読本』防衛年鑑刊行会, 1961

田中直吉編『中ソの対中立化政策と日本の中立論』民主主義研究会, 1962

中村菊男『日本の中立は可能か』論争社, 1962

日本国際連合協会京都本部編『中立及び中立主義』日本国際連合協会京都本部, 1962

長谷川正安他編『安保体制と法』[新法学講座 第五巻] 1962

花見達三『日本侵略されないか』新紀元社, 1962

安藤徹『現代の軍事戦略と日本』岩波書店, 1962

大平善梧『民主体制と国家安全保障体制』民主主義研究会, 1963

市川泰次郎『日本安全保障の経済的諸問題』鹿島研究所出版会, 1964

田中直吉『日本の中立論』鹿島研究所出版会, 1964

上村伸一『日本の安全保障』鹿島研究所出版会, 1964

木村篤太郎.『国防に関する諸問題』鹿島研究所出版会, 1964

源田実『国防－局地戦全面戦と日本の立場』鹿島研究所出版会, 1964

下村定『日本の安全保障体制の現状および将来』鹿島研究所出版会, 1964

田中竜夫『日本の安全保障体制と台湾問題』鹿島研究所出版会, 1964

田村幸策『日本の安全保障の問題点』鹿島研究所出版会, 1964

船田中『安全保障と諸施策の再検討』鹿島研究所出版会, 1964

日本国際問題研究所·鹿島研究所編『日本の安全保障』鹿島研究所出版会, 1964

結城司郎『安全保障制度の可変性と日本』鹿島研究所出版会, 1964

大平善梧『正しい安全観と将来の対策』鹿島研究所出版会, 1964

北沢直吉『日韓国交正常化と日本の安全保障』鹿島研究所出版会, 1964

吉村健蔵『日本の安全保障と世論』鹿島研究所出版会, 1964

松下芳男『民族精神と国家の防衛』土屋書店, 1964

渡辺洋三『安保体制と憲法』労働旬報社, 1965

日本平和委員全編『アジア核安保体制と日本軍国主義復活』日本平和委員会, 1965

中村菊男『核なき日本の安全保障』時事問題研究所, 1965

時事問題研究所編『核なき日本の安全保障』時事問題研究所, 1965

飯村穰『兵術随想－日本の防衛を語る』今日の問題社, 1966

佐伯喜一『日本の安全保障』日本国際問題研究所, 1966

田中直吉『日本の防衛』田中書店, 1966

畑田重夫『新安保体制論』青木書店, 1966

安全保障調査会編『日本の安全保障』安全保障調査会, 1966

有志の会『昭和七〇年の選択－日本の安全保障をどうするか』経済往来社, 1966

四十五年研究会『日本の危機』日本国防調査会, 1966

花見達二『国防論争と安保闘争』時事新書, 1966

鹿島守之助『日本と西ドイツの安全保障』鹿島研究所出版会, 1967

岸田純之助『安全保障の側面からみた日本の技術』朝日新聞社, 1967

櫛田正夫『日本のいのちがそこにある』プレス東京, 1967

佐藤稔『日本の防衛作戦』自由国民社, 1967

杉田一次『忘れられている安全保障』時事通信社, 1967

高瀬昭治『安全保障とは何か』朝日新聞社, 1967

永井陽之助『平和の代償』中央公論社, 1967

武者小路公秀『国際政治と日本』東京大学出版会, 1967

和田教美『安全保障の非軍事的側面』朝日新聞社, 1967

小谷秀二郎『何を何から守るか』原書房, 1968

高山岩男『国際的中立の研究』時事通信社, 1968

不破哲三『日本の中立化と安全保障』新日本出版社, 1968

読売新聞政治部編『記録国会安保論争』読売新聞社, 1968

小谷秀二郎『防衛論とアジア』恒星社厚生閣, 1968

田中直吉『核時代の日本の安全保障』鹿島研究所出版会, 1968

土居明夫『新戦略と日本』時事通信社, 1968

中村菊男『安全保障の基本問題』原書房, 1968

安全保障調査全編『日本の安全保障』安全保障調査会, 1968

中村菊男『国民的課題としての安全保障』しなの出版, 1968

民主社会主義研究會編『一九七〇年の選択 日本の安全保障をめぐって』民主社会主義研究会,
        1968

安延多計夫『日本と世界の安全保障』自由アジア社, 1969

高見博編『七〇年安保 一問一答』総合ジャーナル社, 1969

中道政治研究會編『七〇年の選択と各党の主張』総合ジャーナル社, 1969

朝日新聞安全保障調査会『七〇年安保の新展開』朝日新聞社, 1969

日本安全保障編集委員會編『国民講座・日本の安全保障 第七～十一、別巻』1969

春日一幸『安保を何うする』民主中小企業政治連合会, 1969

有田喜一『自主防衛へ道』新世紀杜, 1969

西村友晴『自主防衛の問題点』新世紀社, 1969

時事問題研究所編『我が国の防衛』時事問題研究所, 1969

具島兼三郎『反安保の論理』三一書房, 1969

毎日新聞社編『自民政権の安全保障』毎日新聞社, 1969

毎日新聞社編『"社会党政"下の安全保障』毎日新聞社, 1969

毎日新聞社編『"民社党政権"下の安全保障』毎日新聞社, 1969

A·アクセルバンク『日本の黒い星 復活する軍国主義』朝日新聞社, 1969

和田教美『日本の選択』潮出版社, 1969

福島新吾『非武装の追求』サイマル出版会, 1969

樺俊雄他『反安保の論理と行動』有信堂, 1969

石原慎太郎他『いかに国を守るか』日進報道, 1970

安全保障研究會編『海洋国日本の将来』原書房, 1970

小谷秀二郎『国防の論理』原書房, 1970

産業政策研究所編『日本の防衛』産業政策研究所, 1970

西内雅『日本の防衛』日本教文社, 1970

防衛庁『日本の防衛』日本教文社, 1970

長谷川正安『国家の自衛権と国民の自衛権』勁草書房, 1970

毎日放送『七〇年への対話』ナカニシャ書店, 1970

吉原公一郎『七〇年代治安対策の実態』三一書房, 1970

日本防衛問題研究會編『七〇代の国防』日本防衛, 1971

サンケイ新聞「日本の安全」取材班『日本の安全』サンケイ新聞社出版部, 1971

産経出版東京部編『日本の安全と保障』産経出版社, 1971

原田稔久『未来国防論』原書房, 1971

都の森出版社編『日本の軍国主義を考える』産経出版社, 1971

小田実編『裁く 民衆が日本の軍国主義を』合同出版, 1971

山田浩『安全保障と日本の未来』法律文化社, 1971

木川田栄『軍国主義と日本鯉済』三一書房, 1971

産経出版社出版事業部編『日本の安全と保障 日本の新しい進路を探る』産経出版社, 1971

木下広居『軍国主義とは』日本民主協会, 1972

藤井治夫『日本の国家機密』現代評論社, 1972

小山内宏『日本は再び戦争をする』エール出版, 1972

海空技術調査會編『海洋国日本の防衛』原書房, 1972

村上薫『日本防衛の新構想』サイマル出版会, 1973

安全保障研究會編『安全保障をどうするか』時事問題研究所, 1973

海原治『日本列島守備隊論』朝雲新聞社, 1973

村上薫『平和国家の防衛論』サイマル出版会, 1975

畑田重夫他『日本の未来と安保』学習の友社, 1975

防衛を考える会事務局編『我が国の防衛を考える』朝雲新聞社, 1975

西修『国の防衛と法』学陽書房, 1975
読売新聞社編『有事にっぽん 想定「第二次朝鮮戦争」と日本の安全保障』読売新聞社, 1975
坂本善和『平和 その現実と認識』毎日新聞社, 1976
小山内宏『日本の防衛を考える』泰流社, 1976
経済団体連合会防衛生産委員會編『防衛力整備問題に関するわれわれの見解』経済団体
　　　　連合会防衛生産委員会, 1976
今井隆吉『国家意識なき日本人』高木書房, 1976
海原治『私の国防白書』時事通信社, 1977
猪木正道『安全を考える』朝雲新聞社, 1977
村上薫『日本生存の条件 経済安全保障の提言』サイマル出版会, 1977
太田一男『権力非武装の政治学』法律文化社, 1978
松井芳郎『現代日本の国際関係 安保体制の法的批判』勁草書房, 1978
林茂夫『国家緊急権の研究』晩声社, 1978
塚本勝一『朝鮮半島と日本の安全保障』朝雲新聞社, 1978
福島新吾『日本の「防衛」政策』東京大学出版会, 1978
岩野正隆『非在来型戦争 日本は次の大戦に生き残れるか』原書房, 1978
福田恒存『福田恒存・世相を斬る 日本の安全を考える』サンケイ出版, 1978
田原総一郎『憂鬱なる密閉軍団』潮出版社, 1978
軍事問題研究会『有事立法が狙うもの』三一書房, 1978
栗栖弘臣『私の防衛論』高木書房, 1978
久保卓也『国防論 八〇年代, 日本をどう守れるか』PHP研究所, 1979
海原治・久保卓也『現実の防衛論議』サンケイ出版, 1979
小山雅夫『戦後日本防衛年表』教育社, 1979
林茂夫『全文・三矢作戦研究』晩声社, 1979
関野英夫『ソ連が日本を侵略する日』国際商業出版, 1979
広瀬清志『統幕議長の地位と権限』教育社, 1979
吉原恒雄他『日本の安全保障と各党の防衛政策』教育社, 1979
冨山和夫『日本の防衛産業』東洋経済新報社, 1979
永松恵一『日本の防衛産業』教育社, 1979
三岡健次郎『日本の陸上防衛戦略とその特性』教育社, 1979
奥宮正武『日本防衛論』PHP研究所, 1979
苅部勤『米ソ海上戦略と日本の海上防衛』教育社, 1979
堀之北重成『防衛戦略入門』サンケイ出版, 1979
鴻池祥肇『いま、日本病を撃て 傍観者の時代への訣別』徳間書房, 1980
ガブリエル・中森『国防もう一つの考え方』1980
これからの日本・政策委員会編『これからの日本 激動下の祖国防衛』旭屋出版, 1980

内閣官房内閣審議室分室·内閣総理大臣補佐官室編『総合安全保障戦略』大蔵省印刷局, 1980

日本経済調査協議會編『わが国安全保障に関する研究会報告』日本経済調査協議会, 1980

関野英夫·斉藤二郎『赤い軍事大国の実力ーソ連軍は果たして強いか』学習研究社, 1980

大西公照『申立の論理』日刊工業新聞社, 1980

長谷川慶太郎『総合比較日本の国防力』祥伝社, 1980

前田哲男『太平洋に日章旗』情報センター出版局, 1980

海原治『誰が日本を守れるか！一億人の国防論』ビジネス社, 1980

石井洋『日本国防の経済学 有事即応力を総点検する』ダイヤモンド社, 1980

衛藤瀋吉他編『日本の安全·世界平和 猪木正道先生退官記念論文集』原書房, 1980

日本共産党中央委員会出版局編『日本の安全保障への道 日本共産党の独立·平和, 中立·自衛の政策』日本共産党中央委員会出版局, 1980

ハロルド·スヌー『日本の軍国主義』三一書房, 1980

池井優他『日本の政党と外交政策 国際的現実と落差』慶応通信, 1980

畑田重夫他『日本の防衛 青年をねらう八〇年代安保』学習の友杜, 1980

土田 隆『日本人はなぜ国を守らぬか 無防備国家の甘え』山手書房, 1980

清水幾太郎『日本よ国家たれ 核の選択』文芸春秋社, 1980

上田耕一郎『八〇年代と安保論争』大月書店, 1980

石橋政嗣『非武装中立論』日本社会党中央本部機関紙局, 1980

菊地謙治『複合侵略 日本の死命を制する戦略情報学』世界日報社, 1980

小野修『市民社会の平和と安全』昭和堂, 1980

村井幸雄編『東京発·北方脅威論』現代の理論社, 1980

田畑忍『非戦·永世中立論』法律文化社, 1981

前田哲男『ミリタリー·アンバランス』情報センター出版局, 1981

村上薫編『日本は今何を狙っているか』山手書房, 1981

吉岡吉典『安保再改定論と日本の安全』大月書店, 1981

佐藤昌一郎『地方自治体と軍事基地』新日本出版社, 1981

神谷不二他『日本の平和を考える』三修社, 1981

奥宮正武『いま防衛とは何か』PHP研究所, 1981

経済展望談話會編『日本経済と総合安全保障』東京大学出版会, 1981

吉留路樹『民衆の中の防衛論ーそれでも非武装中立だ』現代史出版会, 1981

畑田重夫『安保のすべて』学習の友社, 1981

小谷壕治郎『有事立法と日本の防衛』嵯峨書院, 1981

細田古藏『日本の防衛について』旭屋出版, 1981

安沢善一郎『起草および制定の事実に立脚した憲法九条の解釈』成文堂, 1981

創価学会青年平和会議·同平和委員會編『現代の平和を考える』潮出版社, 1981

日本戦略研究センター編『こうすれば日本は守れる』原書房, 1981

森田俊男『総合安保体制下の教育政策』労働旬報社, 1981
鎌倉孝夫『日本の軍事化と兵器産業』社会党中央本部機関紙局, 1981
村山節『歴史の法則と武装中立』新人物往来社, 1981
吉川達夫『日本の防衛・焦点と盲点』ダイヤモンド社, 1981
朝日新聞社編『アジア・日本の安全と平和 日米協力の道をさぐる』朝日新聞社, 1982
高山信武『いまなぜ防衛か』芙蓉書房, 1982
近藤隆之輔『永久平和への道』幻想社, 1982
左近允尚敏『海上防衛論』麹町書房, 1982
前田寿夫『軍拡! 日本の破滅』文化創作出版, 1982
国防問題研究會編『国防問題研究会講演録集』国防問題研究会, 1982
菊池武文『これで日本が守れるか』PHP研究所, 1982
藤原彰『戦後史と日本軍国主義』新日本出版社, 1982
北岡寿逸『ソ連の脅威と国防の急務』自由アジア社, 1982
山崎拓『転機に立つ日本の防衛』りーぶる出版企画, 1982
田中直毅『軍拡の不経済学』朝日新聞社, 1982
渡辺茂『日本が攻められたならあなたを誰が守るか』第一企画出版, 1982
村上薫『日本生存の戦略』サイマル出版会, 1982
岸田純之助他『日本の安全保障』大坂書籍, 1982
猪木正道他編『日本の安全保障と緊急提言』講談社, 1982
夏村繁雄『日本の防衛 いる装備いらない装備』日本文芸社, 1982
土井寛『日本ハリネズミ防衛論』朝日ソノラマ, 1982
産業政策研究所編『日本防衛技術フォーラム』産業政策研究所, 1982
前田哲男『日本防衛新論』現代の理論社, 1982
国際問題研究会『日米同盟の論理』日本工業新聞社, 1982
坂本義和『暴力と平和』朝日新聞社, 1982
高沢寅男『今こそ非武装・中立を』十月社, 1982
福島新吉『非武装のための軍事研究』彩流社, 1982
小西誠『小西反軍裁判』三一書房, 1982
上条末夫他『転換期に立つ日本の防衛』学陽書房, 1982
三好康之『世界的に狂っている国防論』勁草サービスセンター, 1982
NHK取材班『日本の条件 (5)外交』日本放送出版協会, 1982
坂本義和『軍縮の政治学』岩波書店, 1982
佐藤栄一編『安全保障と国際政治』日本国際問題研究所, 1982
バルメ委員会 森治樹監訳『共通の安全保障』日本放送出版協会, 1982
藤井治夫『なぜ非武装中立か』すくらむ社, 1982
緒方事務所編『防衛・再軍備問題』日外アソシエーツ, 1982

田畑 忍『世界平和への大道』法律文化社, 1982
盛善吉編『もう戦争はいらんとよ』連合出版, 1982
松下正寿編『防衛と言論の責任』学陽書房, 1982
勝田吉太郎『平和日本を撃つ』ダイヤモンド社, 1982
杉江栄一『軍縮－平和への戦略』新日本出版社, 1982
吉原公一郎『日本の兵器産業』ダイヤモンド社, 1982
岩崎允胤『恒久平和と人間の尊敬』白石書店, 1982
吉原公一郎『日米同盟への陰謀』新日本出版社, 1982
鴨武彦『軍縮と平和の構想』日本評論社, 1982
読売新聞社大阪社会部『武器輸出』新潮社, 1982
毎日新聞社軍事問題取材班『兵器ビジネス』筑地書館, 1982
リチャード・J・バーネット 梶田進訳『軍拡の危機』日本経済新聞社, 1982
朝日新聞社編『平和戦略』朝日新聞社, 1982
有馬元治『防衛戦略の転換を』(非売品), 1982
有馬元治『海洋国日本の防衛論』(非売品), 1983
阿曽沼広他編『海の生命線 シーレーン問題の焦点』原書房, 1983
上田哲『逆想の「非武装中立」』広済堂出版, 1983
筒井若水『自衛権 新世紀への視点』有斐閣, 1983
西修『憲法九条と自衛隊法』教育社, 1983
有斐閣編『憲法九条 いま、ふたたび平和を考えるとき』有斐閣, 1983
第九回防衛トップセミナー講演・討論集『国際情勢の変化とわが国の危機管理』隊友会, 1983
平和経済計画会議独占白書委員會編『国民の独占白書 第七号』御茶ノ水書房, 1983
世界経済情報サービス社編『今日の国際社会とわが国の安全保障』世界経済サービス社, 1983
上田哲『シーレーン・日本危機海域の擬装』広済堂出版, 1983
大賀良平『シーレーンの秘密』潮文社, 1983
労働者教育協会編『政府・独占の総合安保戦略』学習の友社, 1983
日本戦略研究センター編『タブーへの挑戦 はだかの防衛論』日本工業新聞社, 1983
関西経済同友会編『日本の安全保障はいかにあるべきか』関西経済同友会, 1983
日高義樹『日本の錯覚 夜郎自大の防衛論を斬る』PHP研究所, 1983
大嶽秀夫『日本の防衛と国内政治』三一書房, 1983
黒川修司『日本の防衛費を考える』ダイヤモンド社, 1983
石橋政嗣『非武装中立論』日本社会党中央本部機関紙局, 1983
朝日新聞名古屋本社社会部『兵器生産の現場』朝日新聞社, 1983
前田哲男『兵器大国日本』徳間書店, 1983
海原治『間違いだらけの防衛論』グリーンアロー出版, 1983
森哲郎『まんが版・非武装中立論 軍隊で国は守れない』日本社会党中央本部機関紙局, 1983

吉岡吉典『レーガン政権下の日米軍事同盟』新日本出版社, 1983

京都経済同友会総合安全保障問題研究委員会報告『わが国の安全保障を考える』京都経済同友会,
1983

加疎固二『我が国の防衛政策』日本教育新聞社, 1983

第一〇回防衛トップセミナー講演・討論集『新しい時代と日本の進路』隊友社, 1984

神山吉光『穴だらけの非武装中立論』閣文社, 1984

東中光雄『アメリカン・コントロールを撃つ』清風堂書店出版部, 1984

J・W・M・チャップマン『安全保障の新たなビジョン』潮出版社, 1984

秦豊『紙礫の政治学』技術と人間, 1984

栗栖弘臣『考える時間はあるいま必読！元統幕議長の日本安全保障論』学陽書房, 1984

竹田五郎『危機管理なき国家』PHP研究所, 1984

桃井真『戦略なき国家は、挫折する』光文社, 1984

「世界」編集部編『軍事化される日本』岩波書店, 1984

長谷川慶太郎『経済国防論』TBSブリタニカ, 1984

小川和久『原潜回廊』講談社, 1984

近江谷左馬之介『現代の軍国主義』十月社, 1984

朝日新聞社取材班『シーレーン防衛』朝日新聞社, 1984

古森喜久『情報戦略なき国家』PHP研究所, 1984

岡崎久彦『情報・戦略論ノート』PHP研究所, 1984

桧山雅春『日本の電子防衛戦略 専守防衛方法論』ビジネス社, 1984

前田哲男『武力で日本は守れるか』高文研, 1984

林大幹『防衛清話』大樹会, 1984

桃井真『危機のシナリオと戦略』PHP研究所, 1985

上田哲『軍事費「GNP1％」とは何か』日本マスコミ市民会議, 1985

永井陽之助『現代と戦略』文芸春秋社, 1985

中馬清福『再軍備の政治学』知識社, 1985

岩出俊男『自由陣営下の国家戦略』エイデル出版, 1985

都留重人述『世界平和における日本の役割』富山県教育委員会, 1985

第十一回トップセミナー講演・討論集『太平洋をめぐる新情勢と日本の安保』隊友会, 1985

日本戦略研究センター編『どう守る、日本の安全』PHP研究所, 1985

益田憲吉『日本がアメリカと別れる日』山手書房, 1985

足立純夫『日本の安全保障入門』エイデル研究所, 1985

海原治『日本の国防を考える』時事通信社, 1985

三原朝雄監修『日本の防衛はこれでよいのか』自由社, 1985

村上薫『ハイテク防衛のすすめ』サイマル出版会, 1985

白川元春編『防衛オンチ？日本』善久社, 1985

楢崎弥之助監修『防衛費GNP1％枠死守のための資料特集』社会民主連合, 1985
核軍縮を求める二十二人委員会·平和構想懇談会『「1％問題」と軍縮を考える緊急シンポジウム』
　　　岩波書店, 1985
桃井真『SDIと日本の戦略』岩波書店, 1986
前田寿夫『市民防衛白書 しのびよる戦争の恐怖』講談社, 1986
山村喜晴『食料とエネルギーと軍事』教育社, 1986
上西朗夫『GNP1％枠 防衛政寅の検証』角川書店, 1986
三根生久大『日本が戦場になる日』広済堂出版, 1986
日本国際政治学会編『平和と安全 日本の選択』日本国際政治学会, 1986
第一二回トップセミナー講演·討論集『米·ソ新時代と日本の安全保障』隊友会, 1986
板垣英憲『矢田次夫の日本防衛の構図』広済堂出版, 1986
植木光教『日本人の生存 総合安全保障論』国書刊行会, 1987
松前達郎『防衛の限界』東海大学出版会, 1987
上田耕一郎『平和と安全の「哲学」』新日本出版社, 1987
小泉親司『防衛問題の「常識」を斬る』新日本出版社, 1987

5. 핵정책 · 핵전략 · 반핵여론

岸田純之助『「核のカサ」と非核中級国家』朝日新聞社, 1967
岸田純之助『核の周辺』雪華社, 1967
坂本義和『核時代の国際政治』岩波書店, 1967
新名丈夫『現代の戦争』理論社, 1967
久野収編『核の傘に覆われた世界』平凡社, 1967
春日井邦夫『「核アレルギー」の形成過程』原書房, 1968
内閣官房調査室編『核戦略の推移と日本の安全保障に関する考察』1969
猪木正道『熱核時代の日本の防衛論』実業之日本社, 1972
小山内宏『米ソ核戦略と日本の防衛』毎日新聞社, 1975
直木公彦『核戦争 それでも, あなたは身を守れる!』1977
E·P·トンプソン他 山下史他訳『核攻撃に生き残れるか』連合出版, 1981
ローレンス·W·ベレイソン 室山正英訳『核と平和－自由世界は生き残れるか』学陽書房, 1981
平和運動三〇年記念委員會編『シンポジウム 核時代と世界平和』大月書店, 1981
渡辺洋三他『核時代の中の安保体制』労働旬報社, 1981
御田俊一『核戦略下の日本の国防』芙蓉書房, 1982
岩垂弘『核兵器廃絶のうねり』連合出版, 1982
豊崎博光『核よ驕るなかれ』講談社, 1982
毎日新聞社外信部編『核時代は超えられるか』筑地書館, 1982

日本科学社会議編『核－知る・考える・調べる』合同出版, 1982
大江健三郎『核の大火と'人間'の声』岩波書店, 1982
ラロック他『核戦争！』同時代社, 1982
服部学『核兵器』東研出版, 1982
金子徳好『反核でゼッケン』草友出版, 1982
福島新吉他『核・軍縮問題のわかる本』労働教育センター, 1982
国連事務総長報告 服部学監訳『核兵器の包括的研究』連合出版, 1982
高榎尭『現代の核兵器』岩波書店, 1982
小川岩雄他『原爆投下と科学者』三省堂, 1982
御田俊一『核戦略下の日本の国防』芙蓉書房, 1982
山口勇子『原爆瓦』汐文社, 1982
近藤和子・福田誠之助編『ヨーロッパ反核 七九－八二』野草社, 1982
グラウンド・ゼロ『核戦争』サイマル出版会, 1982
服部学他編『核は核で防げるか』三省堂, 1982
栗原貞子『核時代に生きる』三一書房, 1982
岩松繁俊『反核と戦争責任』三一書房, 1982
安斎育郎『中性子爆弾と放射線』連合出版, 1982
吉川勇一他『反核の論理』柘植書房, 1982
長尾正良『戦争か平和か 反核・草の根運動のために』学習の友社, 1982
服部学『人間が危い「核」のはなし』水曜社, 1982
服部学『ノーモア核兵器 広島・長崎は最小の核戦争だった』草土文化社, 1982
社会新報ヨーロッパ反核取材班『生き残る道－ヨーロッパ反核の潮』労働教育センター, 1982
中条一雄『私のヒロシマ原爆』朝日新聞社, 1982
伊藤成彦他編『反核と第三世界』岩波書店, 1983
長尾正良『反核と平和』新日本出版社, 1983
E・P・トムスン 河合秀和訳『ゼローオプション一核なきヨーロッパをめざして』岩波書店, 1983
石川巌『核さがしの旅』朝日新聞社, 1983
佐藤昌一郎『反核時代』青木書店, 1984
具島兼三郎『全面核戦争と広島・長崎』岩波書店, 1984
前田哲男『「核時代」の問題意識』情報センター出版局, 1985
朝日新聞外報部『米ソ核戦略の新展開』朝日新聞社, 1985

찾아보기

(ㄱ)

가네코 잇페이 51
가데나 231
가미무라 겐타로 96
가쿠에이 237
가토 요조 51
간바(樺) 사망사건 124
강경파 189
경단련 81
경비부 22
경제협력개발기구(OECD) 188
경직법 122
경찰대 37
경찰예비대 49, 50, 57, 76
고문단 54
고코 기요시 72
고토다 마사하루 51
공세작전 31
공안위원회 130
공중급유기 255
공직추방 35
관구대 76, 127
관구총감 51
관동군 24
관할구 127
괌 독트린 164
광란 물가 188
교도학교 25
구리스 발언 199
구잠특무정 40
국가안전보장회의 44
국경수비대 24
국방의 기본방침 107, 111, 168, 238

국방회의 89, 176
국체(國體) 27
군관구(軍管區) 29
군국주의 33
군사원조사령부(MACV) 154
극동군사령부 116
극동위원회 34, 39
근위사단장 28
금위부 37
기무라 도쿠타로 73, 83, 98
기반적 방위력 193
기술연구소 79
기시 노부스케 75, 102

(ㄴ)

나가누마(長沼) 나이키 소송 182
나가사와 히로시 61
나이키 에이잭스 129
나카소네 야스히로 72, 168, 233
남방군 21
남베트남민족해방전선 145
냄비바닥 불황 143
네리마 부대 56
녹풍회 67
뉴룩전략 115
니미츠 36
닉슨·사토(佐藤) 공동성명 190
닛쇼이와이 211

(ㄷ)

다나카파 233
다쓰미 에이치 71

달러쇼크 171
닷지라인 44
대강 223
대량보복 115, 126
대륙간탄도탄 222
대본영 21
대일 점령정책 33
대일강화조약 36, 65
대일이사회 34, 39
대정익찬회 35
더글라스 그루먼사 211, 213
덜레스 67
덩케르크의 비극 49
도마베치 기조 67
도요토미 히데요시 35
도쿠가와 무네요시 67
동남아시아군 최고사령관 29
동남아시아조약기구 117
드레이퍼 43
딘 소장 48

(ㄹ)

라록 229
라오스애국전선 179
라이샤워 125
러스크 68
레이건 · 스즈키 회담 222
로란 159
로열 43
로저스 168
록히드 사건 196
리지웨이 69
림팩 216

(ㅁ)

마셜플랜 43
마스하라 게이키치 51, 73, 98
마쓰노 라이조 211
마이티 마우스 129
마틴 대령 48
막료감부 73, 98
말렌코프 81
맥아더 33, 38, 49
맥아더 지령 58
메이데이 56
무기금수(武器禁輸) 3원칙 241
무조건 항복 29
미 극동군사령부 47
미 태평양육군 최고사령관 29
미 태평양함대 최고사령관 29
미사일 갭 116
미쓰야 연구 146, 199
미요시 야스유키 93
미일 공동작전체제 196
미일 작전조정소 148
미일경제협력간담회 72
미일공동방위체제 174
미일공동성명 168
미일공동작전 256
미일공동작전체제 211
미일공동통합연습 259
미일방위협력 189
미일방위협력을 위한 지침
 (가이드라인) 201
미일선박대여협정 100
미일선박대차협정 61, 78
미일안보사무레벨협의 233
미일안보위원회 112
미일안보조약 67, 165, 199

미일안전보장협의회 151
미일합동위원회 69
미중수교 182
미키 다케오 189
민사국 53
민스크(Minsk) 212
민족통일전선 179

(ㅂ)
반둥선언 104
방민군 21
방위2법 89, 97
방위5개년계획안 89
방위각료간담회 108
방위개혁위원회 255
방위계획의 대강 192, 193, 214
방위대학교 99
방위력정비계획 117
방위력정비소위원회 224
방위백서 174
방위생산위원회 72, 81
방위청설치법 90, 97, 126
방위협력소위원회 190, 196
배지 151
배지시스템 156
백파이어 212
버크 59
번디 152
베를린 어필 104
베트남전쟁 154
베트남화평확대회의 164
베평연 155
보안대 76
보안대학교 79
보안연수소 79
보안청 73

복원 27
복원국 57
복원성 37
복원청 37
본토방위 21, 24
북방영토 202, 211
불침 항공모함 240
브라운 196
브릿지스 67
비군사화 33
비에나 어필 105
비핵 3원칙 169, 230, 231

(ㅅ)
사나기(佐薙) 조사단 119
사세보 159, 231
사실부(史實部) 38
사이드와인더 112, 129
사카타 미치타 190
사토·닉슨 공동성명 166
상호방위원조협정 84
상호안전보장법 82
서부방면항공대 108
석유위기 188
세나가 가메지로 106
셰퍼드 49
소득배증계획 125
소련 극동군 최고사령관 29
소해부대 39
슐레진저 190
슐레진저·사카타 회담 190
스미스 지대 48
스즈키파 233
스톡홀름 어필 104
스푸트니크 1호 116

시게미쓰 마모루   75
신방위계획   243
신안보조약   125, 127
신자위대법   130

(ㅇ)

아시다 히토시   102
아쓰키(厚木) 비행장   33
아쓰키(厚木) 항공대   28
아키야마 몬지로   93
안보반대운동   130
안보효용론   144
안전보장실   250
안전보장회의   250
야나기자와 요네키치   60
야마나카 사다토시   181
야마모토 요시오   45, 60
야스쿠니신사   198
야스타케 사다오   55
에구치 미토루   51
에치슨   67
에토로프   211
엘스버그   230
연차방   193
오가타 다케토라   102
오산전투   49
오카자키 가쓰오   60, 68
오쿠보 다케오   59
오키나와   36
오키나와 반환문제   231
오키나와 반환운동   165
오히라 마사요시   195, 211
온건파   189
올림픽작전   33
와일리   67

요시다   49
요시다 시게루   45, 59
요시다(吉田) 내각   44
요시다 · 시게미쓰 회담   88, 91
요시즈미 마사오   81
요코스카   61, 159, 231
용병강령   215
우경화   196, 198
원수협   122
원자력잠수함   248
원자력항공모함   248
원잠기항저지 현민공투회의   165
웨이랜드   93
위사총대   37
윌로비(Wiloby)   38, 45
유도탄실험대   118
유사시   260
유사입법   199, 200
유엔안전보장이사회   47
유연반응전략   158
육군대학교   99
육군사관학교   58, 99
이승만 라인   149
이시바시 단잔   102
이와토경기   143
이자나기경기   163
이지스함   255
이치마다 히사토   67
이케다 하야토   67, 71
이케다(池田) · 로버트슨 회담   83
인양원호청   37, 57
일경련   102
일교조   103
일만의정서   68
일본열도 개조론   180

(ㅈ)

자위대	102
자위대법	90, 97, 126
작전계획	31
장비면의 대요	219
재군비	102
재군비론	87
전노	122
전략폭격기	222
전략핵	126
전범	35, 75
전수방위	168, 197, 240
전술핵	118
전시법안	147
전역핵	227
전진전략	158
전학련	123
전함 야마토(大和)	23
정면장비	225, 246
정치적폭력행위방지법안	138
제1공정단	131
제1차 방위력정비계획	110
제2차 방위력정비계획	128
제2차 한국전쟁	150, 153
제3차 방위력정비계획	156, 173
제4차 방위력정비계획	171
제6항공단	127
제7사단	50
제7혼성단	127
제8군사령부	147
제국국방방침	215
제네바협정	104
제도조사위원회	90, 95
조기강화	44
조선군	31
조선인민군	47
조정위원회	33
존스	222
주일미군	50
주재무관사무소(DAO)	179
중국 국민당	29
중기방위력정비계획	245, 248
중기업무견적	214
중동전쟁	179
중업	221, 223
중일수교	171, 182
중일평화우호조약	199
중일평화조약	202
지방군정부	34
진무경기	143
진수부	21

(ㅊ)

초수평선레이더	255
총대총감	51, 98
총대총감부	56
총평	103, 122
추방해제	57
치안출동	131
치안행동	124
칙어	27

(ㅋ)

카터 · 오히라 회담	218
칼사냥	35
케네디	125
케네디 전략	131
코로넷작전	33
코왈스키	49, 53

쿠나시리 211
킨 엣지 259

(ㅌ)

타타 129
태평양통합군 116
토마호크 228
통상전쟁 261
통합막료회의 98, 127, 139, 191
트라이던트형 222
트루먼독트린 43
특무정 58
특별소해대 59

(ㅍ)

패트롤 프리깃 61
펜타곤 보고서 230
평화헌법 44, 55
평화헌법옹호회 102
포스트 4차방 192
포츠담 정령 50
포츠담선언 28, 33, 65
폴라리스 잠수함 159
푸레프콘 207
플라잉 드래곤계획 150

(ㅎ)

하루카제 101
하야시 게이조 51
하토야마 이치로 75, 102
한국군 47
한국전쟁 80
한국조항 190

한미합동연습 216
한일기본조약 149
한일조약 150
한일회담 149
핫토리 다쿠시로 38, 45, 57
항공총군 21
항복문서 29
해군대학교 99
해군병학교 58
해상교통로(Sea Lane) 222, 233
해상방공 255
해상방공체제연구회 255
해상보안청 39, 50
해상자위대 127
핵전략체제 157, 231
핵전력 116
허큘리스 129
헌법 제9조 72
헌법개정 102
헐 99
현역병 25
현역지원병 25
호시나 젠시로 45, 81
호주 육군 최고사령관 29
호크 129
후쿠다 다케오 180, 196
훈련항공경계관제군 101
히라이즈미 기요시(平泉澄) 28
히메지 부대 56
힉키 71

(1)

1차방 126

(2)

2차방	126

(3)

3차방	154, 156

(4)

4자방	174, 175

(5)

53중업	214
56중업	218
59중업	243
5차방	214

(A)

AWACS	255

(E)

E2C	213, 215

(F)

F15	196

(G)

GHQ	34
GNP 1% 이내	245

(M)

MSA	77
MSA협정	84
MSA협정에 따른 비밀보호법	206

(N)

NATO	136

(P)

P3C	196

(S)

SDI	251

(Y)

Y위원회	60, 78

저자 약력

▌후지와라 아키라(藤原彰)
- 도쿄 출생(1922~2003)
- 1941년 육군사관학교 졸업, 중국 참전
- 1945년 육군대위로 전역
- 1949년 도쿄대학 문학부 사학과 졸업
- 1969년~1986년 히토츠바시대학 사회학부 교수 역임

- 주요저서
『일본군사사』(日本評論社), 『천황제와 군대』(青木書店), 『쇼와사』(岩波新書), 『아시한 영령들』(青木書店), 『중국전선 종군기』(大月書店), 『일본근대사』(岩波新書) 등

역자 약력

▌서 영 식
- 육군사관학교
- 한국외국어대학교
- 일본 도카이대학교
- 고려대학교 졸업
- 일본근대문학 전공(문학박사)
- 현재 육군 대령, 육군사관학교 교수

일본군사사 (下) 戰後篇

초판인쇄 2013년 8월 23일
초판발행 2013년 9월 5일

저   자 후지와라 아키라(藤原彰)
역   자 서 영 식
발 행 인 윤 석 현
발 행 처 제이앤씨
책임편집 최인노 · 김선은 · 주수련
등록번호 제7-220호

우편주소 ㉾ 132-702 서울시 도봉구 창동 624-1 북한산 현대홈시티 102-1106
대표전화 02) 992 / 3253
전   송 02) 991 / 1285
홈페이지 http://www.jncbms.co.kr
전자우편 jncbook@hanmail.net

ISBN 978-89-5668-975-3   93910   정가 25,000원